中国区域环境变迁研究丛书
"十三五"国家重点图书出版规划项目

历史时期董志塬地貌演变过程及其成因

姚文波　著

中国环境出版集团·北京

图书在版编目（CIP）数据

历史时期董志塬地貌演变过程及其成因/姚文波著.
—北京：中国环境出版集团，2020.8
（中国区域环境变迁研究丛书）
ISBN 978-7-5111-4402-7

Ⅰ．①历… Ⅱ．①姚… Ⅲ．①黄土地貌—地貌
旋回—研究 Ⅳ．①P931.6

中国版本图书馆 CIP 数据核字（2020）第 150326 号

出 版 人　武德凯
责任编辑　李雪欣
责任校对　任　丽
封面设计　彭　杉

出版发行　中国环境出版集团
　　　　　（100062　北京市东城区广渠门内大街 16 号）
　　　　　网　　址：http://www.cesp.com.cn
　　　　　电子邮箱：bjgl@cesp.com.cn
　　　　　联系电话：010-67112765（编辑管理部）
　　　　　发行热线：010-67125803，010-67113405（传真）
印　　刷　北京中科印刷有限公司
经　　销　各地新华书店
版　　次　2020 年 8 月第 1 版
印　　次　2020 年 8 月第 1 次印刷
开　　本　880×1230　1/32
印　　张　14　插页 21
字　　数　325 千字
定　　价　70.00 元

中国区域环境变迁研究丛书编委会

总　序

　　环境史研究是生态文化体系建设的一项基础工作，也是传承和弘扬中华优秀传统、增强国家文化实力的一项重要任务。环境史家试图通过讲解人类与自然交往的既往经历，揭示当今环境生态问题的来龙去脉，理解人与自然关系的纵深性、广域性、系统性和复杂性，进一步确证自然界在人类生存发展中的先在、根基地位，为寻求人与自然和谐共生之道、迈向生态文明新时代提供思想知识资鉴。

　　中国环境出版集团作为国内环境科学领域的权威出版机构，以可贵的文化情怀和担当精神，几十年来一直积极支持环境史学著作出版，近期又拟订了更加令人振奋的系列出版计划，令人感佩！即将推出的这套"中国区域环境变迁研究丛书"就是根据该计划推出的第一批著作。其中大多数是在博士论文的基础上加工完成的，其余亦大抵出自新生代环境史家的手笔。它们承载着一批优秀青年学者的理想，也寄托着多位年长学者的期望。

环境史研究因应时代急需而兴起。这门学问的一些基本理念自 20 世纪 90 年代开始被陆续介绍到中国，20 多年来渐渐被学界和公众所知晓和接受，如今已经初具气象，但仍然被视为一种"新史学"——在很大意义上，"新"意味着不够成熟。其实，在西方环境史学理念传入之前，许多现今被同仁归入环境史的具体课题，中国考古学、地质学、历史地理学、农林史、疾病灾害史等诸多领域的学者早就开展了大量研究，中国环境史学乃是植根于本国丰厚的学术土壤而生。这既是她的优势，也是她的负担。最近一个时期，冠以"环境史"标题的课题和论著几乎呈几何级数增长，但迄今所见的中国环境史学论著（包括本套丛书在内），大多是延续着此前诸多领域已有的相关研究课题和理路，仍然少有自主开发的"元命题"和"元思想"，缺少自己独有的叙事方式和分析工具，表面上热热闹闹，却并未在繁花似锦的中国史林中展示出其作为一门新史学应有的风姿和神采，原因在于她的许多基本学理问题尚未得到阐明，某些严重的思想理论纠结点（特别是因果关系分析与历史价值判断）尚未厘清，专用"工具箱"还远未齐备。那些博览群书的读者急于了解环境史究竟是一门有什么特别的学问？与以往诸史相比新在何处？面对许多与邻近领域相当"同质化"乃至"重复性"的研究论著，他们难免感到有些失望，有的甚至直露微词，对此我们常常深感惭愧和歉疚，一直在苦苦求索。值得高兴的是，中国环境史学不断在增加新的力量，试掘新的园地，结出新的花果。此次隆重推出的 20 多部新人新作就是其中的一部分——不论可能受到何种批评，它们都很令人鼓舞！

这套丛书多是专题性的实证研究。它们分别针对历史上的气候、地貌、土壤、水文、矿物、森林植被、野生动物、有害微生物（鼠疫杆菌、疟原虫、血吸虫）等结构性环境要素，以及与之紧密联系的各种人类社会事务——环境调查、土地耕作、农田水利、山林保护、矿产开发、水磨加工、景观营造、城市供排水系统建设、燃料危机、城镇兴衰、灾疫防治……开展系统的考察研究，思想主题无疑都是历史上的人与自然关系。众位学者从各种具体事物和事务出发，讲述不同时空尺度之下人类系统与自然系统彼此因应、交相作用的丰富历史故事，展现人与自然关系的复杂历史面相，提出了许多值得尊重的学术见解。

这套丛书所涉及的地理区域，主要是华北、西北和西南三大板块。不论从历史还是从现实来看，它们在伟大祖国辽阔的疆域中都具有举足轻重的地位。由于地理环境复杂、生态系统多样、资源禀赋各异，成千上万年来，中华民族在此三大板块之中生生不息，创造了异彩纷呈的环境适应模式，自然认知、物质生计、社会传统、文化信仰、风物景观、体质特征、情感结构……都与各地的风土山水血肉相连，呈现出了显著的地域特征。但三大板块乃至更多的板块之间并非分离、割裂，而是愈来愈亲密地相互联结和彼此互动，共同绘制了中华民族及其文明"多元一体"持续演进的宏伟历史画卷。

我们一直期望并且十分努力地汇集和整合诸多领域的学术成果，试图将环境、经济、社会作为一个相互作用、相互影响的动态整体，采用广域生态—文明视野进行多学科的综合考察，以期构建较为完整的中国环境史学思想知识体系。但是实现这个愿望绝不可能一蹴而就，只能一步一步去推进。就当下情形而言，应当采取的主要技术路线依然是大力开展区域性和专题性的实证考察，不断推出扎实而有深度的研究论著。相信在众多同道的积极努力下，关于其他区域和专题的系列研究著作将会陆续推出，而独具形神的中国环境史学体系亦将随之不断发展成熟。

我们继续期盼着，不断摸索着。

王利华

2020 年 3 月 8 日，空如斋避疫中

自　序

我的家乡位于陇东盆地中部，中国黄土高原上一个极其普通的小村庄。如果非要说出一点特色，那就是贫困。太多的记忆与贫困有关，其中最深刻的记忆是饥饿。

改革开放前，陇东当地人往往根据两个要素——胖瘦和穿着来判定一个人的身份。那时候几乎看不见胖子，偶尔看见一个，这人多半是干部或者工人——"吃公家饭"或"吃国家饭"的"公家人"。而拥有一张菜黑色脸的瘦子一定是农民。同样的结论从衣服上补丁的大小和多少亦可得出。这与当时的工资标准一样，阶级成分和等级地位决定一切。

上小学的时候有一个同班同学 A 君，家里人口多、饭量大，生活相对困难，几乎每次带到学校的馍都是菜团子。另一位

B 君家里有两位"吃商品粮的"①工人，固定供应的粮油能适当补贴一下，生活相对好一些。他带的馍含菜量小得多，偶尔还能吃上白面馍。有一天 B 君吃炒豌豆（在 20 世纪 70 年代是不可多得的食材），A 君眼巴巴地盯着 B 君不停咬合的嘴，跟在后面转圈子。最后实在忍不住了，就向 B 君索要却没有得到。对于从小饱受饥饿折磨的人来说，不吃嗟来之食纯属忽悠人的无稽之谈！

类似记忆大多具有鲜明的时代特色。小学时语文老师会经常布置"我的理想"之类的作文题目，当时许多人的真实理想与吃有关。"好好读书，长大了吃香的喝辣的"，是我人生第一篇作文（小学三年级时）中的理想，因充满小资产阶级思想而受到老师和同学批判。被批判的直接后果是对写作文充满了恐惧感。直到今天，还要再三斟酌写出每一句话，以防"因言获

---

① 二元户口时代的非专用名词。1955 年 8 月，国务院正式颁布《农村粮食统购统销定量供应暂行办法》和《市镇粮食定量供应暂行办法》两个文件，把粮食的计划供应指标与城镇户口直接联系起来。在农村，实行粮食定产、定购、定销（简称"三定"）的办法，明确农民自行解决吃粮问题；在城市，在"按户核实"供应的基础上，规定对非农业人口一律实行居民口粮分等级定量供应。1958 年颁布的《中华人民共和国户口登记条例》标志着中国城乡二元户籍管理制度的正式建立。条例规定：公民由农村迁往城市，必须持有城市劳动部门的录用证明、学校的录取证明或者城市户口登记机关的准予迁入的证明，向常住地户口登记机关申请办理迁出手续。这是控制人口迁移的基本制度，即农民要求迁入城市，需要先向拟迁入的城市户口登记机关申请，城市户口登记机关审查合格后，签发"准予迁入的证明"，若审核不通过，就不能迁入。由于城镇户口或非农业户口的粮油供应来自统购统销中的商品粮，所以，民间也将城镇户口或非农业户口称为"商品粮户口"，将相应的人称为"吃商品粮的"。

罪"。对那些连吃菜团子都不能管饱的孩子来说，谈理想与谈食品营养一样奢侈！

不仅缺吃少穿，没有柴火也是很多家庭要经常面对的难题。陇东农村用于生火做饭和烧煨火炕的燃料来源通常有三：煤炭、农作物秸秆、枯枝落叶和野草。煤炭只有极个别家庭使用得上。经历过那个年代的人都知道，其时物资紧缺，大多数商品按计划供应，购买时需要票证。买食品需要粮票（或粮食本）、副食票（或副食本），买布需要布票。包括煤炭票（或煤炭本）在内的各类票证，诸如棉花票、油票、肉票、自行车票、缝纫机票、手表票等，都由相关主管部门掌控，大多数农村人连指标都拿不到，遑论能否买得起。至于农作物秸秆，在饥荒盛行时期用作饲料尚且不足，如何会有足量的秸秆作为燃料？为弥补基本生活燃料之不足，上山砍柴就成了那些半大小孩放学后的主要工作。

众所周知，经过多年乱砍滥伐，山上树木极为稀少且属集体所有，不要说砍伐树木，劚树枝都属于偷窃或"挖社会主义墙角"行为，情节严重的会被送去劳教或劳改。①如果阶级成

---

① 劳动教养简称劳教，劳动改造简称劳改。前者是行政处罚制度，后者是刑罚执行制度，是 20 世纪 50 年代从苏联引进的罪犯管理手段。2013 年十八届三中全会提出废止劳动教养制度，2013 年 12 月 28 日，第十二届全国人大常委会第六次会议通过了关于废止有关劳动教养法律规定的决定，标志着实施五十多年的劳动教养制度依法废除。

分足够好①，捡拾枯枝落叶还是可以的，却因捡拾人数太多而成为稀缺物。所以上山砍柴，更多是奔着野草去的。在"以粮为纲"的年代里②，肥料十分紧缺。为了解决肥料不足的问题，生产队在农闲时经常组织社员将生长着野草的地表土甚至道路上的浮土，铲下来运到农田中当肥料使用。频繁的"搜肥"活动让野草成熟不了，可资利用的柴火大多是乘农忙间隙生长出来的、嫩到一掐就会流汁的青草，以及秋冬季节的干枯草叶、树叶。一年四季都有人在山上砍柴，秋冬季节的"清扫山坡"场面最令人震撼。很多人——有大人也有小孩——拿着木杆和扫把，先用木杆在地面上搅拌，再用扫把将打下来的干枯草叶清扫成堆，拿回家去煨火炕。有人戏说山坡比人脸都干净。这种"清扫"年复一年地进行，缺吃少穿的日子一年一年地重复，山坡也因此一年比一年荒凉。

---

① 根据中央人民政府《关于划分农村阶级成分的决定》精神，1950 年 6 月 30 日开始，进行了全国范围内农村阶级成分划分。即根据当时中国的土改现状和需要，将农村阶级划分成了"地主、富农、中农、贫农、工人"。中农又分"上中农、中农和下中农"。贫雇农、工人成分好，受到优待；地主、富农属于剥削阶级，按照具体情况对其采取镇压、批判、管制、劳动改造或劳动教育等手段；中农介于两者之间，上中农属争取对象，下中农有优待。一般情况下，因为"地富反坏右"是阶级敌人，不能与贫下中农争抢树枝，如果地主、富农捡拾树枝被举报，会受到批判。
② 1958 年 6 月由毛泽东提出"以粮为纲，全面发展"，1960 年 3 月正式写入《中共中央转发农业部党组〈关于全国农业工作会议的报告〉》中。参见高芸：《关于"以粮为纲"何时被写入政府文件的考证》，《中共党史研究》2008 年第 2 期。

也有一些与吃有关的令人愉悦的回忆。对于孩子们来说，仅次于过年的大喜事就是生产队分发口粮，这比参加生产大队和人民公社①批斗会还要开心。夏收或秋收之后，老队长会召开生产队干部会议，商议口粮分配方案，然后在某天放工时通知社员，晚饭后到场里（打碾粮食所在）。大家心照不宣，知道队长要偷着分粮了。与大人们不同，小孩子对于偷着分粮不能产生喜悦之情，高兴的是分粮过程和分粮结果。场是生产队最大的活动场所，遇到这种大型活动，家家户户都有人去场里，小孩也会跟着去。受大人情绪感染，在几盏摇曳昏暗的煤油灯灯影里，孩子们放肆地捉迷藏、玩游戏。即使淘气、捣蛋了，最多被满面笑容的大人呵斥几句，而不会动真格去收拾你。更为重要的是，分粮之后的几天内能吃上几顿没有野菜的饭；分了夏粮之后，还有机会吃上几顿清油细面。

---

① 按照 1962 年 9 月 27 日中国共产党第八届中央委员会第十次全体会议通过的《农村人民公社工作条例修正草案》，"农村人民公社是政社合一的组织，是我国社会主义社会在农村中的基层单位，又是我国社会主义政权在农村中的基层单位。农村人民公社是适应生产发展的需要，在高级农业生产合作社的基础上联合组成的。它在一个很长的历史时期内，是社会主义的互助、互利的集体经济组织，实行各尽所能、按劳分配、多劳多得、不劳动者不得食的原则。人民公社的基本核算单位是生产队。根据各地方不同的情况，人民公社的组织，可以是两级，即公社和生产队，也可以是三级，即公社、生产大队和生产队"。那时的公社是现在的乡（或镇），生产大队是现在的行政村，机构设置大同小异。生产队是现在的村民小组，与后者相比，机构设置要复杂一些，一般都设有队长、副队长、妇女队长、保管、会计、记分员（专职登记社员劳动工分）。实行半军事化管理，与工厂上班一样，出工和放工有统一时间规定。文中提到的社员是人民公社成员的简称，也特指人民公社时期的农民。

改革开放后，饥荒问题得到彻底根除。以包产到户为节点，食能果腹、衣可蔽体等基本需求得到满足似乎是一夜之间的事。几年之后，农民碗里有了肉，菜黑色的皮肤慢慢地被健康色替代。衣着变化也很明显，不仅补丁逐渐变少，色彩也鲜亮了许多。人与人之间的关系不再像斗眼鸡似的相互防备、相互争斗，而是满怀希望地过日子。这种祥和气象以改革开放最初十年最为典型。然而，尽管生活水平有了较大幅度提升，社会风气发生了巨大变化，但与国内其他地区相比陇东农村依然贫穷。

2002 年国庆期间"心连心"艺术团来革命老区甘肃庆阳演出，从演员那里经常听到的一句话是"这里咋会这么贫困"。实际上在黄土高原地区，无论是自然条件还是经济发展水平，陇东地区虽然比不上汾渭盆地（或平原），却比陕北、陇中、晋北、晋西北等黄土丘陵沟壑区更好。就甘肃省来说，平凉、庆阳两市素有"陇东粮仓"之称，据说在 20 世纪 90 年代之前，省委、省政府往各地州市派遣官员时，领导们的选择顺序是"先天水、后平凉，实在不行去庆阳"，是甘肃省相对富裕的地方。演出地所在的董志塬更是世界上最大的黄土残留塬，中国黄土高原相对富饶的土地之一，当地人甚至将其与关中平原相比，声称"八百里秦川，不如董志塬边"。①可在来自发达地区演员的眼中仍然贫困，事实也是如此。

　　笔者 2007—2008 年野外考察时沿途之所见进一步印证了陇东高原的贫困状况。无论是山坡、窑洞的"着装"，还是人的精神风貌，都缺乏富庶迹象。恶劣的生存环境、贫苦的生活现状，令人忧心不已。

　　类似的贫困现象在黄土高原具有普遍性。且不说"三年困难时期"的饥荒，即使在改革开放以后贫困形势依旧严峻。据中国科学院黄土高原综合科学考察队调查统计，1985 年全国农民人均纯收入为 397.6 元，黄土高原地区相当于全国平均值的 3/4，为 295 元，日均收入 0.81 元。收入最低的陕西榆林地区不及全国农民人均纯收入的 40%，仅为 158 元，日均收入 0.43 元，大约为黄土高原地区的 1/2。同年全国农民人均纯收入前三的依次是上海（805.9 元）、北京（775.1 元）、浙江（548.6 元），黄土高原地区农民人均纯收入分别是上海的 36.6%、北

---

① 这句话的出处有两种说法。一个是说董志塬塬面平坦、土层深厚、土壤肥沃、旱涝保收，比八百里秦川更富饶。这种说法与事实不太相符，董志塬的确比较富饶，却明显比不上关中平原。另一个是说有一个叫花子，在董志塬受到厚待，就随处宣讲董志塬好，其中一句就是"八百里秦川，不如董志塬边"。主要是表扬董志塬人的厚道。后者更靠谱一些。据笔者观察，董志塬和关中平原至少有一点比较相似，就是家乡自豪感，这里的人不是很愿意去外地生活。"关中八大怪"中有一怪"关中女子不外嫁"，能充分说明这一点。董志塬虽然没有如此明确的声张，但看不起周边地区的特点非常明显。

京的 38.1%、浙江的 53.8%,而榆林甚至不及上海的 20%。①2012年 3 月,国务院扶贫开发领导小组办公室在其官方网站发布的《国家扶贫开发工作重点县名单》②中全国有 592 个贫困县,贫困率 20.7%。黄土高原的 298 个县(旗、市、区)中③,贫困县 106 个,贫困率 35.6%,比全国平均值高出近 15 个百分点。以贫困闻名全国的"三西地区"(宁夏西海固 8 个县、甘肃河西走廊 19 个县市区、以定西为代表的甘肃中部 20 个县区),有"两西"位于黄土高原。虽然与改革开放前那种处于生死边缘的贫困有了很大差别,但贫困地区的本质并未改变。

我们都知道,黄河流域是华夏文明的摇篮。④10 世纪之前,作为民族文化发祥地之一的黄土高原一直是中国政治经济文

---

① 中国科学院黄土高原综合科学考察队编:《黄土高原地区城乡建设及繁荣农村经济的途径》,北京:中国经济出版社,1990 年,第 4 页。

② http://www.gov.cn/gzdt/2012-03/19/content_2094524.htm.

③ 中国科学院黄土高原综合科学考察队编:《黄土高原地区城乡建设及繁荣农村经济的途径》,北京:中国经济出版社,1990 年,第 4 页。

④ 夏鼐:《碳-14 测定年代和中国史前考古学》,《考古》1977 年第 4 期;苏秉琦、殷玮璋:《关于考古学文化的区系类型问题》,《文物》1981 年第 5 期;陈连开:《关于中华文明起源研究中的几个问题》,《北方文物》1990 年第 4 期;牟永抗、吴汝祚:《水稻、蚕丝和玉器——中华文明起源的若干问题》,《考古》1993 年第 6 期;史式:《关于中华文明起源问题之管见》,《浙江社会科学》1994 年第 5 期;严文明:《黄河流域文明的发祥与发展》,《华夏考古》1997 年第 1 期;严文明:《中国文明起源的探索》,《中原文物》1996 年第 1 期;孙周秦、宋进喜:《从大地湾遗址看中华文明的起源》,《天水师范学院学报》2008 年第 28 卷第 4 期;刘壮壮、樊志民:《文明肇始:黄河流域农业的率先发展与文明先行》,《中国农史》2015 年第 5 期。

化中心所在。①这是包括学术界在内社会各界早已达成的共识。但如前所述的发展现状很容易让人对黄土高原的历史定位产生怀疑：一个处于极端贫困状态的黄土高原，如何承担得起政治经济文化中心的重担？如何孕育得出辉煌灿烂的华夏文明？难道黄土高原曾经的辉煌建立在贫穷落后的基础上？答案是否定的。据《史记·货殖列传》和《汉书·地理志》记载，秦和西汉时期"故关中之地（故秦地），于天下三分之一，而人众不过什三；然量其富，什居其六"。②无论财富总量还是人均值都位居全国第一，是中国最富庶的地方。东汉时期的安定（治临泾，今甘肃镇原南）、北地（治富平，今宁夏吴忠西南）、上郡（治肤施，今陕西绥德）三郡之地，"沃野千里，谷稼殷积，又有龟兹盐池（今陕西榆林西北）以为民利。水草丰美，土宜产牧，牛马衔尾，群羊塞道。北阻山河，乘厄据险。因渠以溉，水春河漕。"③虽然没有说明在全国的排名和位次，但"牛马衔尾，群羊塞道"之景象无论如何都与贫穷关联不到一起。

① 冀朝鼎：《中国历史上的基本经济区与水利事业的发展》，朱诗鳌译，北京：中国社会科学出版社，1979年，第16-18页；[美] 何炳棣：《黄土与中国农业的起源》，香港：香港中文大学出版社，1969年，第11页；李学曾：《黄土高原是中华民族的摇篮和古文化的发祥地》，西北大学地理系黄土高原地理研究室编：《黄土高原地理研究》，西安：陕西人民出版社，1987年，第9-13页。
② 《史记》卷一二九《货殖列传第六十九》，北京：中华书局，1959年；《汉书》卷二八《地理志（下）》，北京：中华书局，1962年。
③ 《后汉书》卷八七《西羌传》，北京：中华书局，1965年，第2893页。

隋唐时期，包括黄土高原自然环境最恶劣的陇西盆地在内的陇右道富甲天下。"是时中国盛强，自安远门西尽唐境凡万二千里，间阎相望，桑麻翳野，天下称富庶者无如陇右。"[①]由此可推断黄土高原其他地方至少不会太贫穷。直到北宋时期，位处边陲的黄土高原依然为时人称道。"秦人之富强可知也。中产不可以亩计，而计以顷。上产不可以顷计，而计以赋。耕于野者，不虑为公侯。藏于民家者，多于府库也。"[②]"耕于野者，不虑为公侯"说的不仅是自然环境，也有社会环境。学术界对上述说法有一些争议。特别是关于"天下称富庶者无如陇右"之说，存在两种截然不同的看法。有人认为言过其实，也有人同意司马温公之说。但赵宋之前黄土高原并不贫困的看法，基本得到学术界认同。[③]

既然黄土高原曾经富庶过，为何如今变成了贫穷落后的地方？这是涉及面很广的一个复杂问题。其答案之多与著名的李

① 《资治通鉴》卷二一六，北京：中华书局，1956年，第6919页。
② 孔凡礼点校：《苏轼文集第四十八卷·上韩魏公论场务书》，北京：中华书局，1986年，第1393-1395页。
③ 史念海：《黄土高原历史地理研究·论唐代前期陇右道的东部地区》，郑州：黄河水利出版社，2001年，第693-776页；梁勤：《论唐代河陇地区经济的发展》，《陕西师范大学学报（哲学社会科学版）》1982年第4期；程民生：《中国北方经济史》，北京：人民出版社，2004年，第181页；宁可主编：《中国经济通史·隋唐五代经济卷》，北京：经济日报出版社，2008年，第635页；蓝文徵：《隋唐五代史（上编一册）》，上海：商务印书馆，1946年，第133-134页；赵丰：《唐代丝绸与丝绸之路》，西安：三秦出版社，1992年；黄新亚：《论唐初河陇地区经济的繁荣》，《陕西师范大学学报（哲学社会科学版）》1984年第1期。

约瑟难题不相上下。不同的人或者站在不同角度，都会持有不同看法。目前已经达成的共识是，日趋严重的水土流失导致自然环境恶化，并在经济社会发展领域引起一系列连锁反应，是富庶变贫穷的原因之一。1952 年以来在黄土高原地区进行的大范围水土流失综合治理试验，部分原因基于此认识。笔者以地貌环境为对象，研究历史时期董志塬地貌演变过程及其成因，就是期望在前人研究基础上对其自然环境恶化之状况有一个更加明确的认识。

地貌是历史时期黄土高原自然环境变化最明显的地理要素之一，研究地貌演变能更好地把握历史时期环境变化特征。但由于数据、资料获取途径有限，实例研究方面还有所不足。地图绘制工作也是难点，未能按预期完成所有地貌复原图，成图效果也不尽如人意。第二章第二节中实际上还有大量的后续验证工作要做，但因生活所迫，也没有精力完成。只好给读者提供一份不是很完善的作品，这让笔者深感抱歉。

虽然水平有限但运气挺好。有机会在恩师侯甬坚先生指导下完成此书，并列入"中国区域环境变迁研究丛书"出版，感到十分荣幸。也算是给多年研究工作的一个交代。

有人说时间会让记忆变为传说，历史变成神话。不知道类似回忆变为历史的概率有多大，作为亲历者，记录这段历史引发的痛苦回忆是难以承受的。生于斯，长于斯，此情怀非黄土人不易理解。鉴于文笔和情商都有限，借用艾青《我爱这土地》来表达一二。

假如我是一只鸟，

我也应该用嘶哑的喉咙歌唱：

这被暴风雨所打击着的土地，

这永远汹涌着我们的悲愤的河流，

这无止息地吹刮着的激怒的风，

和那来自林间的无比温柔的黎明……

——然后我死了，

连羽毛也腐烂在土地里面。

为什么我的眼里常含泪水？

因为我对这土地爱得深沉……①

姚文波

2017 年 11 月 24 日于西安

---

① 艾青：《艾青诗选》，北京：人民文学出版社，1997 年，第 153 页。

目　录

第一章 绪　论

第一节　董志塬概况

将黄土高原发展历史看作中国历史的缩影虽说会有一些争议，但昔日的政治经济文化中心地区转变为贫穷落后的代名词则无可辩驳。而且黄土高原经济社会的发展变化与其自然环境状况的变化趋势基本一致，这是值得高度关注的一个问题。

历史时期黄土高原地区环境状况恶化的起始时间不太好确定。1871 年（同治十年）前后，德国地理学家费迪南德·冯·李希霍芬注意到，山西黄土高原中北部地区存在相当严重的水土流失、土壤肥力降低、土壤沙化等问题[①]，据此推测此类问题应该早就存在且不局限于山西。研究表明，环境恶化既是黄河下游决溢泛滥灾害频发

[①]　［德］费迪南德·冯·李希霍芬：《李希霍芬中国旅行日记》（全 2 册），［德］E.蒂森选编，李岩、王彦会译，华林甫、于景涛审校，北京：商务印书馆，2016 年，第 420、553、562 页。

之根源所在，也是黄土高原由富庶演变为贫穷落后的重要原因。[1]要想恢复黄土高原昔日的荣耀，就需进一步了解历史时期自然环境的变化情况及其与人类社会发展之间有何关联。本书以环境变化最明显、最直观的地貌因素为切入点展开研究，期望形成更加明确的认识。黄土高原地域广阔，全方位展开研究工作有些不切实际，只能选取有代表性的地形区作为研究对象。选择黄土高原地区地貌的典型代表——董志塬为研究对象，基于如下理由。

第一，董志塬位于黄土高原中部，泾河之北、马莲河以西、蔡家庙沟以南、蒲河以东。大致位于北纬34°50′～37°19′，东经106°14′～108°42′（图1-1）。无论地理位置、气候、植被、水土流失情况等自然要素，还是人口密度、土地利用状况等社会生产要素，基本上都处在黄土高原中间水平，具有较强的代表性。

陇东黄土高原属于鄂尔多斯台向斜的一部分，是一个标准的、未经褶皱变动的前震旦纪陆台，中生代才发展成一个大型内陆盆地。该区早更新世至全新世新构造运动表现为间歇性、大面积抬升。第四纪以来该区地面高程普遍达到海拔1 000 m以上。其中六盘山为第四纪抬升中心，抬升幅度每年达20 mm左右。[2]北部白于山一带，抬升强度也较大，每年平均3 mm。[3]不均衡抬升造成陇东高原地势西北部高、中部和东南部较低。董志塬位于陇东高原中部，是世界上最大的黄土残留塬。南北向延伸，海拔1 000～1 400 m。其中庆阳市附近海拔1 400 m，北端驿马镇海拔1 300 m，南端和盛镇海拔

---

① 梁四宝：《明代"九边"屯田引起的水土流失问题》，《山西大学学报（哲学社会科学版）》1992年第3期。

② 陈永宗、景可、蔡强国：《黄土高原现代侵蚀与治理》，北京：科学出版社，1988年，第12页。

③ 中国科学院地质研究所：《中国大地构造纲要》，北京：科学出版社，1959年。

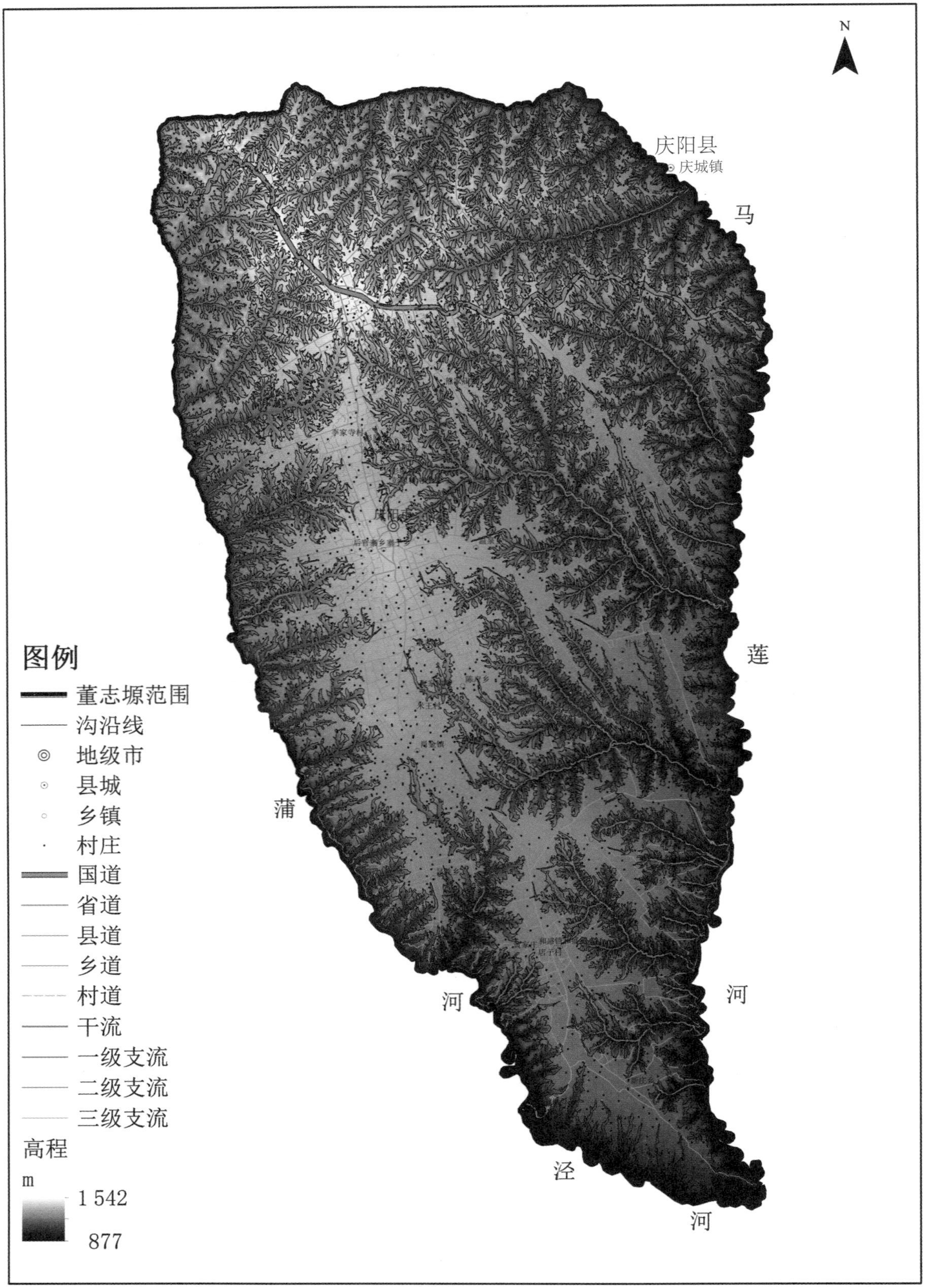

图例

▬	董志塬范围
—	沟沿线
◎	地级市
◉	县城
○	乡镇
·	村庄
▬	国道
—	省道
—	县道
—	乡道
—	村道
—	干流
—	一级支流
—	二级支流
—	三级支流

高程
m
1 542
877

图 1-1　董志塬轮廓与边界

1 200 m。①董志塬高出四周河谷大约 200 m，但与甘肃省平凉市崆峒区安国镇附近泾河上游谷地（海拔 1 600 m 左右）一级阶地相比，仍然低了近 200 m。如不考虑塬、梁、峁相对于河（沟）谷、沟壑的地表起伏，就整体而言，董志塬及其附近地区是陇东黄土高原地势最低的地区。

董志塬面积有两种不同数据。一种是庆阳市水保局最新统计资料（附表 1），总面积 2 765.5 km²。包括 11 个塬面在内的塬面面积 960.08 km²。其中，董志塬面积 946.25 km²，原与今董志塬是一个整体、今仅以崾岘相连的小块塬面共有 10 个，面积 13.83 km²。另一种是 1998 年版《庆阳地区志》数据。塬面北起庆城县（原庆阳县）驿马镇北塬头，南至宁县新华乡南塬嘴，南北长度为 42.5～110 km；东起合水县何家畔乡东塬畔，西至西峰区肖金镇西塬峁，东西宽幅为 0.5～50 km；面积 910 km²。造成以上误差的原因，不是说董志塬面积增大了，可能是当初统计方法落后，加之统计范围不同所致。本书采用最新统计资料。

董志塬属黄土高原沟壑地形区，塬、梁、峁地貌均有分布。塬面开阔平坦，较为完整，沟壑纵横于四周。沟坡和沟谷主要是马莲河、蒲河各级支流，其中马莲河支沟包括崆峒沟、火巷沟、齐家川、页山沟等，蒲河支沟有南小河沟、小河沟、响滩河、义门沟等。沟道长度＞500 m 的沟谷共有 3 249 条（附表 2），是研究黄土塬状地貌演变之理想场所。

董志塬地处暖温带半湿润易旱气候区，年平均气温 8.1℃，年降水量 579 mm，为旱作农业区；≥10℃积温为 3 394℃，无霜期 184

---

① 甘肃省庆阳地区志编纂委员会：《庆阳地区志·地理志·地貌》，兰州：兰州大学出版社，1998 年，第 259-262 页。

天，年日照时数 2 423 小时，平均太阳总辐射量为 129 J/cm²；由于具有温带大陆性气候特征，所以该区降雨集中，年际变化大，年内分配不均，7—9 月降水量占全年降水量的 60%～70%，基本处于黄土高原中间水平。

董志塬土壤以黑垆土、黄绵土为主。黑垆土主要分布在塬面及阳坡地上，有机质含量较为丰富。黄绵土主要分布在塬面及坡面上，有机质含量低、耕性好。两种土壤均质地疏松，颗粒多为 0.02～0.002 mm，粉粒多，黏粒少，孔隙度大，抗蚀性差，易被水力冲刷搬运，但适宜林草生长。当前植被以人工林为主。乔木树种主要有刺槐、侧柏、油松、杨树、柳树，灌木林主要以沙棘为主，经济林主要有苹果、杏树、梨树、葡萄、槐树、枣树、花椒等。人工草以紫花苜蓿为主，天然草被有针茅、白羊草、蒿类等[①]。其土壤、植被基本处在温带落叶阔叶林带向温带荒漠草原带的过渡带上。

董志塬水土流失区域面积占总土地面积的 100%（2 765.5 km²）。根据该区不同地貌单元的侵蚀强度分级统计，轻度侵蚀占水土流失总面积的 24.3%；中度侵蚀占水土流失总面积的 26.8%；强度侵蚀占水土流失总面积的 21.8%；极强度侵蚀占水土流失总面积的 21.4%；剧烈侵蚀占水土流失总面积的 5.7%。平均侵蚀模数 5 500 t/（km²·年），平均径流模数为 32 500 m³/（km²·年）。年产泥沙 1 315 万 t，年产径流 7 699 万 m³。严重的水土流失状况已经制约了庆阳市经济社会的可持续发展。自 1949 年以来，已采用多种措施控制塬面切割，防止水土流失，在一定程度上改善了塬面环境状况。但塬面的水土流失仍然十分严重，滑坡、滑塌经常发生，各个沟头不断向董志塬腹

① 黄委会西峰水土保持科学试验站：《黄河水土保持生态工程——泾河流域砚瓦川项目区可行性研究报告》，内部资料，2006 年。

地延伸，使塬面被切割得支离破碎，严重威胁着董志塬人民的生存。如火巷沟沟头已侵入庆阳市市区，有把城市一分两半之势。总体衡量，董志塬水土流失状况在整个黄土高原地区处于中间水平。

董志塬今天的行政区划，分别归属于甘肃省庆阳市西峰区之全部辖区及庆城、宁县、合水三县之局部（图1-1）。截至2006年，研究区总人口61万人，其中农业劳动力28.2万人，人口密度257人/km²。总土地面积236 900 hm² [①]，其中农地面积82 674 hm²，占34.9%；林地面积31 204 hm²，占13.2%；草地面积14 589 hm²，占6.2%；荒地面积77 232 hm²，占32.6%；其他用地面积31 201 hm²，占13.2%。

董志塬是甘肃省庆阳市自然条件最好的区域之一。虽为雨养农业，但因降雨较充沛，塬面广阔，条件优越，农业生产相对发达，粮食产量较高。但因人均耕地面积少（人均0.17 hm²）[②]、海拔高、地下水位低、水资源短缺，人均收入并不高。以2006年为例，该区粮食总产量为24.5万t，人均产粮437 kg，农民人均纯收入1 821元。仅就农业发展来讲在黄土高原地区属中上水平。该区交通主要以公路为主，G309国道横穿北部，S202省道纵贯南北，县乡公路主干线4条，乡镇和村大多数都通砂石路，交通比较便利。水利工程主要有电力提灌站、人畜饮水解困工程、"121"雨水集流工程、淤地坝建设工程等。移动通信网络覆盖全部区域，行政村均通了电话，群众电话拥有量在90%以上。[③]从社会经济发展水平来看，董志塬也基本处于黄土高原的中间水平。

---

① 1 hm²=15 亩=10 000 m²。
② 此数据来自官方统计资料。实际人均耕地面积大于此数，据笔者调查，可能达到了4亩/人左右。
③ 黄委会西峰水土保持科学试验站：《黄河水土保持生态工程——泾河流域砚瓦川项目区可行性研究报告》，内部资料，2006年。

第二，地貌演变是地球内外营力长期作用于地表的结果，与漫长的地貌发育史相比，有文字记载以来的历史时期过于短暂，因此千年时间尺度上的地貌过程研究是地貌发育和演变研究中的一个特殊命题。这不仅指研究方法，也包括研究意义。环绕董志塬发育的泾河上中游部分一、二级支流和大多数三、四级支流流域现代侵蚀沟都是历史时期形成的，具备了开展这项研究工作的前提条件。本书将研究时段和研究对象确定为历史时期黄土塬状地貌的演变与复原，不仅是填补区域研究空白，也是希望在研究方法上有所突破。

人类社会早期，无论人口数量、规模，还是干预自然的能力都极其有限，环境的自我修复能力足以将人类活动的痕迹从大自然记忆中抹平。是时人为因素对地貌演变的影响甚微，甚至可以忽略，自然因素的作用更大更明显，地貌的演变更多地遵循自然规律。当人口数量、规模以及生产技术达到一定水平，人类活动就成为塑造地貌不可忽视的外力因素，特别是其与自然因素相叠加，导致地貌的发育和演变过程超出了自然演变范畴，形成了一些新特点。张修桂先生明确指出，"从全新世开始，已经不是单纯的地貌自然演化了，人类参与了整个地理环境的改造过程，……这种人的能动性，有的是促进地貌环境朝着有利于人类生存方向发生良性改造，有的则朝着恶化方向蜕变"。①对于这一时段，根据地貌自然演变规律无法准确推演地貌的实际演变进程，这种情况在现代侵蚀严重的黄土高原表现得尤为突出。在本书中，笔者试图用历史地理学方法来破解这一难题。

第三，研究区资料丰富，为研究工作提供了便利。虽然将研究时段设定在秦汉以来的两千多年，但因研究区存在大量先秦时期古遗

---

① 张修桂：《中国历史地貌与古地图研究》，北京：社会科学文献出版社，2006年，第5页。

址，个别地点研究时段可延伸至先秦时期。西周至隋唐时期，董志塬临近京畿，经济、社会、文化发展水平较高，留下了大量古城址、古墓葬等考古文物信息和较为翔实的文献资料；赵宋以来的志书文献等可资利用的历史文献资料也算丰富。此外，董志塬是国家水土保持重点治理区域之一，中国科学院水土保持研究所、水利部黄河水利委员会（以下简称黄委会）以及各级政府所属水利、水保部门的研究机构，在此实测、观察、研究，获取了连续 50 多年的观察和实验数据。

董志塬的水土流失治理从 20 世纪 50 年代开始。1951 年 10 月，黄委会在陇东黄土高原的董志塬腹地西峰镇（现甘肃省庆阳市西峰区）组建西峰水土保持工作站，拉开了董志塬水土流失治理的序幕。甘肃省庆阳市董志塬上的南小河沟小流域就是这一地区的典型代表。36 km^2 的南小河沟，治理前沟壑纵横，水土流失十分严重。自 20 世纪 50 年代这里被黄委会列为水土保持综合治理示范区以来，治理程度已达 58%，粮食产量比治理初期提高了两倍多，木材蓄积量达 12 400 m^3。流域内的杨家沟是以林草措施为主的综合治理支毛沟的先进典型，林草覆盖率达 80%以上，拦泥效率达 85%，基本上实现了沟沟岔岔有植被，洪水泥沙不出沟。1982 年 3 月被《人民日报》誉为"黄河中游上的一块翡翠"，在全国引起了轰动，许多国内外专家、学者都慕名前来参观考察。

在黄委会治理的同时，甘肃省、庆阳市也高度重视董志塬的保护与治理，大抓梯田建设，将塬面耕地坡度＞5°的坡耕地全面修成梯田。截至目前，董志塬已修成梯、条田 67 630 hm^2。同时，从 20 世纪 80 年代开始大抓植树造林，共完成水土保持综合治理面积 113 423 hm^2，治理程度 47.9%。其中，营造水保林 17 657 hm^2、经济林 13 547 hm^2，人工种草 14 589 hm^2，修梯、条田 67 630 hm^2，建淤地坝 62 座，修建小型水保拦蓄工程 3 194 座（处、眼）。[①]

这些工作一方面有效遏制了塬面的萎缩，另一方面积累了大量一手研究资料。

以上三点对地貌复原工作而言，弥足珍贵。但是尽管研究条件成熟，研究成果却不是很多。针对完整地形区的地貌复原研究更处于空白状态。因此开展历史时期董志塬地貌演变过程及规律研究，有助于我们进一步体察历史时期黄土塬状地貌的演变特点。

曾昭璇等认为，地貌学不少理论问题难以得到验证，历史地貌研究可弥补这一缺憾[②]，笔者附议。黄土高原沟壑的形成和发育机理，就是缺乏验证的。坡面许多沟壑的发育不受侵蚀基准面控制。一般从坡面汇流开始，片流向下坡汇集，形成暂时性线状流水和细沟侵蚀。如果条件适宜，细沟再进一步发展为浅沟、切沟，甚至发育为冲沟、河沟。也有相当数量沟（河）谷，一旦沟（河）口附近侵蚀基准面下降，就会引起沟（河）口段沟（河）床比降增加，引发新一轮下切侵蚀。侵蚀裂点逐渐向流域上游后退，发生溯源侵蚀。沟（河）床比降越大，下切侵蚀、重力侵蚀越严重。随着溯源侵蚀的进一步发展，沟（河）床比降将逐渐缩小，下切侵蚀力度也会随之减小，而侧向侵蚀则会扩大，V 型谷逐渐向 U 型谷转变。以上这些从地貌发育理论上能说得通，却很难得到验证。至于沟壑的地貌年龄，更是无从知道。通过历史地貌的复原研究，总结历史时期地貌的演变规律，对这一难题的研究工作会有所帮助。

董志塬位于东亚季风区边缘，生态环境脆弱，对全球变化反应敏感，在半湿润半干旱地区具有典型性和代表性。深入研究区域自

---

① 庆阳市水土保持局：《中国黄土高原甘肃省董志塬保护项目立项建议书》，2008 年。
② 曾昭璇、曾宪珊：《历史地貌学浅论》，北京：科学出版社，1985 年，第 28-29 页。

然环境变化与人类活动之间的关系，特别是地貌演变与人类活动之间的相互影响、相互作用，对于揭示地貌演变过程、机制，印证现代地貌理论及其对于全球变化的响应，具有重要意义。

着眼于人地关系研究是本书意义所在。人地关系备受地学界乃至整个学术界关注。人与自然和睦相处，是人类社会发展过程中的最高追求。当人类社会步入历史时期，自然因素不再是造成地貌环境变化的唯一要素，地貌环境变化与人类活动的关联很紧密。2000年时间尺度上的历史地貌演变研究，无疑会涉及人类活动在地貌演变中所起的作用。人地矛盾越突出、人类改造自然的能力越强、改造的力度越大，人类活动的影响越不容忽视。当人类活动与自然要素叠加在一起发挥作用时，黄土高原的地貌演变和土壤侵蚀就会呈现出更多新特征。学术界关于历史时期人类活动在黄土高原地貌变迁过程中作用的估量存在分歧。陈先德、王涌泉等认为，黄土高原土壤侵蚀剧烈、水土流失严重的主要原因是自然因素，即使"将来水土保持生效，水土流失仍是不可避免的"。[1]与之相对立，史念海、朱士光等认为人为因素影响巨大。黄土高原水土流失之所以严重，与长期以来人们不合理利用土地，大肆毁林毁草开荒，广种薄收，搞单一粮食生产有很大关系。[2]景可、陈永宗则认为人类历史早期，

① 王涌泉：《黄河自古多泥沙》，《地名知识》1982年第2期；陈先德等：《跨世纪治理黄河大举措》，《黄河 黄土 黄种人》1993年创刊号。
② 史念海：《黄土高原历史地理研究》，郑州：黄河水利出版社，2001年；朱显谟、任美锷：《中国黄土高原的形成过程与整治对策》，《中国历史地理论丛》1991年第4辑；文焕然、何业恒：《历史时期"三北"防护林区的森林》，《河南师大学报》1980年第1期；侯仁之：《从人类活动的遗迹探索宁夏河东沙区的变迁》，《科学通报》1964年第3期；朱士光、张利铭：《绿化黄土高原是治理黄河之本》，《中国林业》1980年第8期；朱士光：《内蒙古城川地区的古今变迁及其与农垦之关系》，《农业考古》1982年第1期；朱士光：《西汉关中地区生态环境特征与都城长安相互影响之关系》，《陕西师范大学学报（哲学社会科学版）》2000年第29卷第3期；朱士光：《汉唐长安城兴衰对黄土高原地区社会经济环境的影响》，《陕西师范大学学报（哲学社会科学版）》1998年第27卷第1期。

以自然因素为主，随着人类活动日益频繁，人为因素的比重在加大。[①]由于对此问题的认识，涉及今后黄土高原发展方向的选择，因此是一个不容回避的现实问题。笔者期望通过复原研究董志塬的历史地貌，得出更为明确的结论。

水土保持就是通过合理利用土地，防止土壤侵蚀，提高或保持土壤稳定的生产能力。[②]在陇东黄土高原，黄委会西峰水土保持科学试验站最早提出了"固沟保塬"的治理方向，这在黄土塬区具有普遍意义。[③]即通过水保措施的实施，保证塬面遭受侵蚀的力度、沟道的溯源和下切侵蚀、沟谷面状侵蚀量都减小到最低程度。可是，这个最小的侵蚀量应该是多少？"固沟保塬"的具体目标是什么？需要大量历史地貌复原研究成果来回答。更重要的是，历史时期黄土高原的环境要素变化受到人类活动深度干扰，而人类活动的影响力度有多大，在今后的生产、生活活动中应如何避免这些问题的发生等，都是各界关注的焦点。从研究方法角度考察，近数十年虽然获取了大量实地观测和试验数据，却因资料的时间跨度不够，无法得出足够令人满意的成果。故有必要借助历史地理学方法，使人们对历史时期黄土高原地貌演变及其成因有一个更为明确的认识。

总之，高精度地貌复原研究，重现地貌演变过程，有利于分析

---

① 景可、陈永宗：《黄土高原侵蚀环境与侵蚀速率的初步研究》，《地理研究》1983 年第 2 卷第 2 期。
② 吴以敩、张胜利：《略论黄河流域水土保持的基本概念》，《人民黄河》1981 年第 6 期。
③《从南小河沟土壤侵蚀特点及治理成效看黄土高原沟壑区综合治理方向》，黄河水利委员会西峰水土保持科学试验站编：《水土保持试验研究成果汇编（1952—1980）》（第一集），内部资料，1982 年，第 46-54 页；陈永宗：《掌握水土流失规律是实施水土保持的基础》，《中国水土保持》1981 年第 6 期。

人类活动影响下黄土高原地貌的演变过程，区分人文因子和自然因子在黄土高原历史地貌演变中所起作用之大小，为黄土高原生态环境恢复、水土保持工作提供必要的参考性指标和意见。较为科学的历史地貌复原研究，也有助于我们进一步了解历史时期黄土高原的水土流失情况，探索土壤侵蚀的演变规律，为探讨水土流失成因提供坚实可靠的依据。进而为黄土高原经济社会发展、人民生活水平提高，甚至为恢复黄土高原昔日荣光提供一些技术层面的支持。

最后就本书的研究思路做一些说明。

一是地貌年代的确定和历史地貌的复原研究。复原历史时期的地形地貌，首先遇到的就是时间问题。因此，地貌复原工作及地貌发育过程研究，首先要确定地貌年龄，这是本研究能否成立的关键所在，也是难点之一。

历史时期，董志塬的地貌过程主要表现为以沟状侵蚀为特征的侵蚀活动，因此本书涉及的地貌年龄，主要是指现代侵蚀沟的形成时间。

确定地貌年龄主要通过两种途径。

一种途径是基于历史时期人类活动遗迹。如果人类活动遗迹与其所在地特征地貌之间存在时间关联，那么该地的人类活动遗迹可作为确定地貌年龄的标志物，确定了标志物的年代，就等于确定了该特征地貌的年龄。正因如此，确定标志物与特征地貌之间的关系就极其关键。例如，标志物与古代侵蚀沟或现代侵蚀沟之间有什么关联？其存在能否说明古代侵蚀沟或现代侵蚀沟的形成年代？等等，需要慎重论证才行。确定标志物的年代，分两个步骤。第一，找到标志物。本书所用的标志物主要是历史时期的古城址、古墓葬等人类活动遗迹，在特殊地点还会找到有时间记录的淤地坝之类的遗迹。第二，对标志物进行年代鉴定，即对古墓葬、古城址等进行年代考证。

另一种途径是利用现代侵蚀沟地貌年龄的计算公式确定地貌年龄，这将在第二章第二节作详细介绍。本书所涉及的地貌年龄上限以研究结果为准，下限则统一确定在2008年。

在确定地貌年龄的基础上，进行样点的地貌复原研究，再将样点复原结果拓展至整个董志塬。复原地貌的基础工作是构建小流域侵蚀模型。将给定地点地形地貌复原到给定时段（这里不说时间，是因为目前作者还无法复原到一个给定时间，只能复原到一个时间段），从而建立起标志物所在小流域的侵蚀模型。以样点模型为基础，再去复原董志塬的地形地貌。

就样点流域而言，只要能够确定其地貌年龄，就可按照下列次序去复原地貌。首先在航拍图上量算地表已经形成的现代侵蚀沟的侵蚀量；其次将所得的现代侵蚀沟的侵蚀物重新恢复原位，就可复原地貌到某时期。至于现代侵蚀沟以外部分，限于条件，只能复原部分样点流域。

着眼于侵蚀区复原地貌，是地貌复原研究中的一个突破，但这种方法也有不足。例如，地表侵蚀量的测定、复原计算过程等存在的误差较大，因此复原工作效果依然达不到令人满意之水平。

二是通过地貌的复原研究成果，进一步分析黄土高原地貌演变的原因，并界定自然与人文因素所起作用之大小。根据地貌复原研究，特别是从样点区地貌的演变过程中总结历史时期董志塬地貌演变规律、探究其形成和演变原因是本书的主要任务之一。

地貌形态千差万别，但地貌演变的驱动力只有两类，即内营力作用和外营力作用。地貌的形成和发展是内外营力相互作用的产物，董志塬也不例外。具体而言，内营力主要指构造运动，主要表现为地壳的升降和地震。外营力则指来自地球外部的营力，与地貌发育有关的因素有岩石性质、气候、植被、土壤和人类活动。[①]其中，人类活动最为特殊，既可以促进地貌过程的发展，也可抑制这一过程。历史时期董志塬人类活动频繁，无疑对地貌的形成和发育产生过影响。考察人类活动的影响力是本书研究重点。在探讨地貌过程成因时，毫无例外地要涉及一个老话题，即对于董志塬来说，在影响地貌演变的因素中，人为因素究竟占多大份额？期望通过各种实例研究来推进这方面认识。

第二节　相关概念界定

地貌学是研究地球表面的地貌结构、成因、发展历史和现代动态的科学。因而，地貌学的研究对象是地貌，即各种规模地表起伏的总和。[②]

历史地貌学是研究历史时期地貌变迁的科学，有广义和狭义之分。广义的历史地貌学是针对"地貌发育史"而言的，是地学史的最后一章，研究时代上至第三纪甚至白垩纪。狭义的历史地貌学则

---

① ［苏］O. K. Леонтьев Г. И. Рычаговг：《普通地貌学》，朱新美译，李世玢校，北京：人民教育出版社，1982年，第27-39页；杜恒俭、陈华慧、曹伯勋主编：《地貌学及第四纪地质学》，北京：地质出版社，1981年，第10页。

② ［苏］O. K. Леонтьев Г. И. Рычаговг：《普通地貌学》，朱新美译，李世玢校，北京：人民教育出版社，1982年，第1页。

指历史时期的"地貌发育史",研究时段在一万年上下。[①]本书的历史地貌研究,属于狭义历史地貌学范畴,时间段局限在五千年以内,主要是近两千年来黄土地貌的发育历史。

地貌演变过程是指以水、风为介质的泥沙、溶质的迁移以及与之相伴的地表形态的塑造。历史时期黄土高原地区地貌演变过程最主要的表现是以水力为主要运营力的地表侵蚀、搬运和沉积过程。对于陇东黄土高原来说,以地表侵蚀、搬运过程为主,沉积过程微弱。泾河流域的泥沙主要沉积在泾河下游的关中平原和黄河下游的冲积平原。

土壤侵蚀是指地表土壤受外力如降雨、冰冻、风力、重力等作用,发生各种形式的破坏移动。一般把以水力作用为主引起的土壤侵蚀称为水蚀,以风力作用为主引起的土壤侵蚀称为风蚀,以重力作用——滑坡、崩塌为主引起的土壤侵蚀称为重力侵蚀。[②]陈永宗等认为,土壤侵蚀有广义和狭义之分,狭义的土壤侵蚀是指土壤被外营力分离、破坏和移动;广义的土壤侵蚀包括土壤和成土母质在外营力作用下的分离、破坏和移动。黄土高原侵蚀历史悠久、过程迅速,原始土壤几乎全部被破坏,目前的侵蚀过程既发生在耕作层,又主要发生在母质层,已经完全超出了狭义土壤侵蚀的范畴。[③]因此,本书中土壤侵蚀的概念与广义土壤侵蚀基本一致。

---

① 曾昭璇、曾宪珊:《历史地貌学浅论》,北京:科学出版社,1985年,第1-2页。

② 骆鸿固:《水土保持名词解释》,《山西水土保持科技》1981年第1期。

③ 陈永宗、景可、蔡强国:《黄土高原现代侵蚀与治理》,北京:科学出版社,1988年,第1页。

泥沙输移比（D_r）是指流域某一断面的输沙量（Y）与断面以上流域总侵蚀量（T）之比：$D_r=Y/T$。[①]

将地质时期形成的沟谷定义为古代侵蚀沟，将人类历史时期以来形成的沟谷（包括在古代侵蚀沟基础上进一步发育而成的沟谷）定义为现代侵蚀沟。两者的区别很明显。一是沟坡坡度不同。前者坡度平缓，多为 15°～25°。后者坡度陡峻，多为 40°～45°，或者更大。二是地貌形态不同。除了因塬面、坡面汇流发育的沟谷，黄土高原大部分现代侵蚀沟是在古代侵蚀沟的基础上发育的。从横截面上看，古代侵蚀沟多为平底宽谷，横截面呈"＼＿／"形。现代侵蚀沟形态多为尖底沟谷，横截面多表现为 V 字形。叠加发育之后的沟谷呈"＼＿／"形（图 1-2）。三是地层倾角不同。古代侵蚀沟山坡上覆盖的马兰黄土或全新世黄土层倾斜度与谷坡倾角接近，或表现为两者的倾角变化趋势一致。但现代侵蚀沟山坡上的马兰黄土或全新世黄土超覆于下伏黄土层之上，其倾角没有随地形起伏而变化。

典型沟谷和非典型沟谷主要是针对地貌演变速度而言。典型沟谷是指受人类活动干预较多、发育速度比较快的沟谷；非典型沟谷则是指发育情况更接近自然状态的沟谷。

① 牟金泽、孟庆枚：《论流域产沙量计算中的泥沙输移比》，《泥沙研究》1982 年第 2 期；Fester G. R. & Lene L. J. User Requirements USDA-water Erosion Prediction Project（WEPP），NSEAL Report No.1. West Lafayette，1987；Williams J. R. & Berndt H. D. Sediment Yield Computed with Universal Equation. Jour. Hyd. Div. ASCE，1972，98（12）；Shen H. W. & Li R. M. Watershed Sediment Yield. In Stochastic Approaches to Water Resources，1976（2）；张凤洲：《谈泥沙输移比》，《中国水土保持》1993 年第 10 期；蔡强国、范昊明：《泥沙输移比影响因子及其关系模型研究现状与评述》，《地理科学进展》2004 年第 23 卷第 5 期；赵晓光等：《黄土坡耕地侵蚀输移特征》，《西北林学院学报》1995 年第 10 期（增刊）；景可：《泾河、北洛河泥沙输移规律》，《人民黄河》1999 年第 12 期。

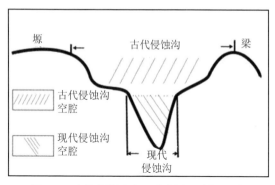

图 1-2　古代侵蚀沟与现代侵蚀沟剖面示意

第三节　研究现状综述

一、黄土研究简史

中国古代地理名著《尚书·禹贡》，依据土壤颜色、土壤肥力等要素对全国土地进行了分类、定性和排序。如雍州之域的黄土高原，"厥土为黄壤，厥田为上上"。[①]因近代兴起的土壤学对土壤分类的依据中也包含了土壤颜色、土壤肥力等指标，故《尚书·禹贡》是目前能见到最早的有关黄土的具有科学性的成果之一。历代文献中大量的"雨土"事件，可以看作不同时代史学家对黄土成因的一种记

[①]（明）郑晓：《禹贡图说》，序，文渊阁四库全书（电子版）；侯仁之主编，顾颉刚、谭其骧、侯仁之、黄盛璋、任美锷编著：《中国古代地理名著选读（第一辑）》，北京：学苑出版社，2005 年，第 1 页；容天伟、汪前进：《民国以来〈禹贡〉研究综述》，《广西民族大学学报（自然科学版）》2010 年第 1 期。

述。沈括《梦溪笔谈》对黄土直立性特点所作"立土动及百尺，迥然耸立"的形象描写[①]，可被看作是对黄土地貌的描绘。但这一切只能归结为经验型研究，对黄土的科学研究始自 19 世纪后半叶。从 1866 年（同治五年）美国学者 R. 庞培利开始[②]，先后有德国的费迪南德·冯·李希霍芬[③]、俄国的 B. A. 奥勃鲁契夫等对我国黄土进行了研究，其中 B. A. 奥勃鲁契夫的《鄂尔多斯、陇东和陕北之地形及地质》[④]《中国西北之黄土区》[⑤]就涉及了陇东黄土高原地貌。自 20 世纪 20 年代起，国内学者也开始对我国黄土进行关注和研究，但起初很少涉及黄土地貌。

新中国成立后，因治理黄河水患、防止黄土高原水土流失、解决粮食紧缺等多方面需要，国家层面高度重视黄土高原的土壤侵蚀问题，组织大型科考队对黄土高原进行全方位考察研究，取得了丰硕的研究成果。其中，刘东生等编著，由科学出版社出版的《黄河中游黄土》（1964 年）、《中国的黄土堆积》（1965 年）、《黄土与环境》（1985 年），是关于中国黄土的全面而奠基性的研究。另外，王永焱编著的《黄土与第四纪地质》（1982 年）、孙建中的《黄土学（上篇）》（2005 年）等，也从不同层面全面而系统地研究了黄土高原。

---

① （宋）沈括：《梦溪笔谈》卷二四《杂志一》，侯真平校点，长沙：岳麓书社，2002 年，第 175 页。

② Pumpelly R. Geological Researches in China Mongolia and Japan During the Years 1862—1865. Smithson Contribution to Knowledge，1866，15.

③ Richthofen F. V. On the Mode of Origin of the Loess Geol. Mag.9，1882.

④ Obrutschew B. A. Orographish und Geologischen Umerisz der Central Mongolei Ordes. Oest Kansu und Nord Shensi，1894，30.

⑤ Obrutschew B. A. Das Lossland des Nordwesterns Chinas Geog. Zeit.1，1895.

二、黄土地貌与土壤侵蚀研究现状

在黄土地貌研究领域,罗来兴、陈传康等最早提出了黄土高原地貌类型的划分方案[①];朱震达等地貌学家应用统计测量方法,研究黄土高原地貌特征,黄土沟谷的侵蚀深度、密度,黄土地貌的发育历史,并编制了黄土地区不同比例尺地貌类型图和分区图[②];罗来兴、朱震达等主持完成"黄土高原水土保持图"[③];等等。以上可被看作是我国黄土地貌领域最早的系统性研究成果,黄委会勘测规划设计院 1985 年编写的《中国黄土高原地貌图集》[④],则是黄土地貌的集成性成果。

关于土壤侵蚀过程和机理,陈永宗等提出的黄十区沟道小流域侵蚀方式垂直分带理论,龚时旸等对黄河泥沙来源的研究[⑤],

---

① 罗来兴:《划分晋西、陕北、陇东黄土区域沟间地与沟谷地的地貌类型》,《地理学报》1956 年第 22 卷第 3 期;陈传康:《陇东东南部黄土地形类型及其发育规律》,《地理学报》1956 年第 22 卷第 3 期。

② 朱震达:《应用数量方法来研究黄土丘陵区的侵蚀地貌》,《地理学报》1958 年第 24 卷第 3 期;中国科学院地理研究所:《黄河中游黄土区域沟道流域侵蚀地貌及其对水土保持关系丛论》,北京:科学出版社,1958 年。

③ 罗来兴、朱震达:《编制黄土高原水土流失与水土保持图的说明与体会》,《中国地理学会 1965 年地貌专业学术讨论会》,北京:科学出版社,1965 年。

④ 黄河水利委员会勘测规划设计院:《中国黄土高原地貌图集》,北京:水利电力出版社,1987 年。

⑤ 龚时旸、熊贵枢:《黄河泥沙来源和地区分布》,《人民黄河》1979 年第 1 期。

钱宁[①]、龚时旸[②]、牟金泽[③]、江忠善[④]等对黄土高原侵蚀营力、黄河泥沙输移、黄土高原高含沙水流的水动力特征等的研究都达到了世界水平，使黄土高原地貌与土壤侵蚀的机理研究不断深化。

此外，陈永宗、景可等从侵蚀地貌分类、侵蚀形态、侵蚀环境演变、侵蚀强度等多方面探讨了黄土高原地貌与土壤侵蚀问题。[⑤]齐矗华、甘枝茂等对黄土地貌演变与土壤侵蚀的关系等也做了深入、系统探讨。[⑥]

三、历史地貌研究现状

1982 年出版的《中国自然地理·历史自然地理》是该领域研究工作的总括性成果。1985 年曾昭璇等的《历史地貌学浅论》出版后，历史地貌学有了独立的学科理论，为以后的研究工作奠定了更加坚

---

① 钱宁：《泥沙运动力学的发展与前瞻》，《力学进展》1979 年第 4 期；钱宁、万兆惠、钱义颖：《黄河的高含沙水流问题》，《科学通报》1979 年第 8 期；钱宁、张仁、李九发、胡维德：《黄河下游挟沙能力自动调整机理的初步探讨》，《地理学报》1981 年第 36 卷第 2 期；王兴奎、钱宁、胡维德：《黄土丘陵沟壑区高含沙水流的形成及汇流过程》，《水利学报》1982 年第 2 期。

② 龚时旸、蒋德麟：《黄河中游黄土丘陵沟壑区沟道小流域的水土流失及治理》，《中国科学》1978 年第 6 期。

③ 牟金泽、孟庆枚：《论流域产沙量计算中的泥沙输移比》，《泥沙研究》1982 年第 2 期；牟金泽、孟庆枚：《陕北部分中小流域输沙量计算》，《人民黄河》1983 年第 4 期；牟金泽、高懿堂：《无定河与永定河流域拦沙措施及减沙效益对比》，《人民黄河》1985 年第 3 期。

④ 江忠善、宋文经、李秀英：《黄土地区天然降雨雨滴特性研究》，《中国水土保持》1983 年第 3 期；刘志、江忠善：《雨滴打击作用对黄土结皮影响的研究》，《水土保持通报》1988 年第 8 卷第 1 期；江忠善、刘志：《降雨因素和坡度对溅蚀影响的研究》，《水土保持学报》1989 年第 3 卷第 2 期。

⑤ 陈永宗、景可、蔡强国：《黄土高原现代侵蚀与治理》，北京：科学出版社，1988 年。

⑥ 甘枝茂：《黄土高原地貌与土壤侵蚀研究》，西安：陕西人民出版社，1990 年；齐矗华：《黄土高原侵蚀地貌与水土流失关系研究》，西安：陕西人民出版社，1991 年；等。

实的理论基础。

1. 研究方法

侯仁之[①]、史念海[②]、王守春[③]、朱士光[④]等分别在沙漠变迁与黄土地貌演变方面做了大量开拓性实证研究，用历史地理学研究方法深入探讨人类活动对沙漠化和黄土高原水土流失的影响，同时对历史时期黄土高原侵蚀与堆积，黄河流域河道演变，以及影响地貌与土壤侵蚀的气候、植被等环境因子都作了研究，使历史时期黄土地貌与土壤侵蚀演变研究进一步深入。其中，史念海根据历史文献确定地貌年代、计算沟谷溯源侵蚀速度的研究方法属于开创性成果。

2. 研究内容

黄土高原历史地貌的研究内容包含四个方面。

（1）历史时期黄土塬区地貌演变特征与规律研究

主要有史念海[⑤]、王元林[⑥]、桑广书[⑦]等通过对周塬、董志塬、陕

---

① 侯仁之：《从人类活动的遗迹探索宁夏河东沙区的变迁》，《科学通报》1964 年第 3 期；侯仁之：《从红柳河上的古城废墟看毛乌素沙漠的变迁》，《文物》1973 年第 1 期。

② 史念海：《周原的变迁》，《陕西师范大学学报（哲学社会科学版）》1976 年第 2 期；史念海：《周原的历史地理及周原考古》，《西北大学学报（社会科学版）》1978 年第 2 期；史念海：《河山集》（二集），北京：生活·读书·新知三联书店，1981 年；史念海：《河山集》（三集），北京：人民出版社，1988 年；史念海：《黄土高原历史地理研究》，郑州：黄河水利出版社，2001 年。

③ 王守春：《历史时期黄土高原的植被及其变迁》，《人民黄河》1994 年第 2 期；王守春：《论古代黄土高原植被》，《地理研究》1990 年第 9 卷第 4 期；王守春：《黄河下游 1566 年后和 1875 年后决溢时空变化研究》，《人民黄河》1994 年第 8 期。

④ 朱士光：《黄土高原地区环境变迁及其治理》，郑州：黄河水利出版社，1999 年。

⑤ 史念海：《河山集》（二集），北京：生活·读书·新知三联书店，1981 年；史念海：《河山集》（三集），北京：人民出版社，1988 年。

⑥ 王元林：《历史时期黄土高原腹地塬面变化》，《中国历史地理论丛》2001 年增刊。

⑦ 桑广书、甘枝茂、岳大鹏：《历史时期周原地貌演变与土壤侵蚀》，《山地学报》2002 年第 20 卷 6 期。

西富县与洛川之间的晋浩塬、山西平陆与芮城之间的闲塬、山西西南部的峨嵋塬、陕西定边县的长城塬等黄土塬今古地貌的对比，认为历史上黄土高原黄土塬分布相当广阔，塬面广大，不像现在到处是纵横的沟壑。对于历史时期黄土塬切割、破碎的过程，史念海[1]、王元林、张洲[2]都归因于沟壑的形成和发展，并在史料考证的基础上确定了一些沟壑形成的年代和发展速度。

（2）历史时期黄河中游河道变迁及渭河河谷地貌演变研究

主要有焦恩泽等[3]关于禹门口—潼关黄河小北干流历史时期的河道变化的研究，叶青超、李春荣、潘贤娣等关于黄河小北干流河道淤积量的研究。史念海[4]、宋保平[5]通过对壶口瀑布溯源侵蚀的研究分析了历史时期黄河水量、黄河泥沙含量的变化。中国科学院地理研究所渭河研究组的《渭河下游河流地貌》[6]，对渭河水系的形成、阶地的发育做了概括性研究。甘枝茂、桑广书等[7]借助多种方法，系统地恢复了晚全新世渭河西安段的河道变迁过程，并定量地计算出了不同时段河道北移的速率及由此而产生的河道侵蚀，是渭河河谷

---

① 史念海：《周原的变迁》，《陕西师范大学学报（哲学社会科学版）》1976 年第 2 期；史念海：《周原的历史地理与周原考古》，《西北大学学报（社会科学版）》1978 年第 2 期。

② 张洲：《周原地区新生代地貌特征略论》，《西北大学学报（自然科学版）》1990 年第 20 卷第 3 期。

③ 焦恩泽、张翠萍：《历史时期潼关高程演变分析》，《西北水电》1994 年第 4 期。

④ 史念海：《河山集》（二集），北京：生活·读书·新知三联书店，1981 年。

⑤ 宋保平：《论历史时期黄河中游壶口瀑布的逆源侵蚀问题》，《西北史地》1999 年第 1 期。

⑥ 中国科学院地理研究所渭河研究组：《渭河下游河流地貌》，北京：科学出版社，1983 年。

⑦ 甘枝茂、桑广书、甘锐等：《晚全新世渭河西安段河道变迁与土壤侵蚀》，《水土保持学报》2002 年第 16 卷第 2 期。

地貌历史演变研究的最新成果。耿占军[①]、段清波、周昆叔[②]、李令福[③]等也从历史地理角度研究了历史时期渭河中下游河道的变迁。

（3）黄土高原土壤侵蚀历史、侵蚀期、侵蚀速率研究

这方面研究的争议颇大。史念海等一些历史地理学家、生态学家甚至自然地理学家认为黄土高原侵蚀历史不过 2 000 年左右。[④]研究黄土高原侵蚀历史的地质、地理学家则认为黄土高原侵蚀历史由来已久，至晚自中更新世以来土壤侵蚀就已存在[⑤]，更新世以来黄土高原一直是一个强烈的侵蚀区。[⑥]袁宝印等[⑦]认为黄土高原出现明显的侵蚀是在第五层古土壤（S5），并进一步研究了黄土高原的侵蚀期。赵景波等[⑧]把黄土高原侵蚀期分为气候侵蚀期、构造侵蚀期、人为侵蚀期 3 种类型，认为黄土高原自发育以来经历了 6 次构造侵蚀期，

① 耿占军：《清代渭河中下游河道平面摆动新探》，《唐都学刊》1995 年第 11 卷第 1 期。

② 段清波、周昆叔：《长安附近河道变迁与古文化分布》，周昆叔：《环境考古研究》（第 1 辑），北京：科学出版社，1992 年。

③ 李令福：《从汉唐渭河三桥的位置来看西安附近渭河的侧蚀》，《中国历史地理论丛》1999 年增刊。

④ 史念海：《历史时期黄河中游的森林》，《河山集》（二集），北京：生活·读书·新知三联书店，1981 年；朱士光：《人类活动与黄土高原环境演变》，《黄土高原地区自然环境及其演变》，北京：科学出版社，1991 年；高博文：《搞好水土保持是实现黄土高原农业现代化和根治黄河的基础》，《西北地区农业现代化学书讨论会论文选集》（第六卷），1980 年；张维邦：《黄土高原生态环境的历史变迁》，张维邦主编：《黄土高原治理研究——黄土高原环境问题与定位实验研究》，北京：科学出版社，1992 年。

⑤ 陆中臣、袁宝印、历强：《黄土高原流域环境治理前景》，《黄土高原地区自然环境及其演变》，北京：科学出版社，1991 年，第 208-209 页；景可、陈永宗：《黄土高原侵蚀环境与侵蚀速率的初步研究》，《地理研究》1983 年第 2 卷第 2 期；中国科学院黄土高原综合科学考察队：《黄土高原地区自然环境及其演变》，北京：科学出版社，1991 年。

⑥ 刘东生：《中国的黄土堆积》，北京：科学出版社，1965 年。

⑦ 袁宝印、巴特尔、崔久旭：《黄土区沟谷发育与气候变化的关系（以洛川黄土塬区为例）》，《地理学报》1987 年第 42 卷第 4 期；邓成龙、袁宝印：《末次间冰期以来黄河中游黄土高原沟谷侵蚀堆积过程初探》，《地理学报》2001 年第 56 卷第 1 期。

⑧ 赵景波、杜娟、黄春长：《黄土高原侵蚀期研究》，《中国沙漠》2002 年第 22 卷第 3 期。

黄土高原现代侵蚀加速主要是人为侵蚀造成的。景可、陈永宗等[1]将黄土高原土壤侵蚀分为自然侵蚀和加速侵蚀，现今黄土高原的侵蚀量是自然侵蚀和加速侵蚀的总和，并从黄河冲积扇的泥沙堆积量得出了历史时期黄土高原侵蚀速率的演变。

（4）黄土高原土壤侵蚀原因研究

有关这一问题的研究，大致形成了自然、人为、两者并重三大流派。自然流派认为自然因素占主导地位。黄委会前主任王化云[2]认为黄河多泥沙的原因有四点：①黄土易受侵蚀冲刷；②黄河中游常常发生暴雨；③缺少植被；④坡面太陡。王涌泉进一步认为，①②条是主要原因，③④两条也有重要影响，但不能过分夸大它们的作用。陈先德等[3]认为，即使"将来水土保持生效，水土流失仍是不可避免的"。人为流派认为人为因素为主，史念海等人持此观点[4]，认为历史时期黄土高原水土流失之所以严重，主要是长期以来人们不合理利用土地，大肆毁林毁草开荒所造成的。也有学者认为两者并

① 景可、陈永宗：《黄土高原侵蚀环境与侵蚀速率的初步研究》，《地理研究》1983 年第 2 卷第 2 期；赵景波、杜娟、黄春长：《黄土高原侵蚀期研究》，《中国沙漠》2002 年第 22 卷第 3 期。
② 王涌泉：《黄河自古多泥沙》，《地名知识》1982 年第 2 期。
③ 陈先德等：《跨世纪治理黄河大举措》，《黄河 黄土 黄种人》1993 年创刊号。
④ 史念海：《黄土高原历史地理研究》，郑州：黄河水利出版社，2001 年；朱显谟、任美锷：《中国黄土高原的形成过程与整治对策》，《中国历史地理论丛》1991 年第 4 辑；文焕然、何业恒：《历史时期"三北"防护林区的森林》，《河南师大学报》1980 年第 1 期；侯仁之：《从人类活动的遗迹探索宁夏河东沙区的变迁》，《科学通报》1964 年第 3 期；朱士光、张利铭：《绿化黄土高原是治理黄河之本》，《中国林业》1980 年第 8 期；朱士光：《内蒙古城川地区的古今变迁及其与农垦之关系》，《农业考古》1982 年第 1 期；朱士光：《西汉关中地区生态环境特征与都城长安相互影响之关系》，《陕西师范大学学报（哲学社会科学版）》2000 年第 29 卷第 3 期；朱士光：《汉唐长安城兴衰对黄土高原地区社会经济环境的影响》，《陕西师范大学学报（哲学社会科学版）》1998 年第 27 卷第 1 期。

重。[1] 例如，景可、陈永宗[2]认为"黄土高原水土流失在无人类活动以前就存在了，尔后在自然和人类共同作用下，使水土流失加剧"。唐以前黄土高原人口少，"人类对土壤侵蚀的影响当可忽略"。此后由人类活动引起的加速侵蚀日益增加，迄今为止，人类参与的加速侵蚀已增加到25%。

四、不足与展望

尽管黄土高原历史地貌演变与土壤侵蚀研究取得了不少研究成果，但目前的研究主要集中在对黄土高原现代地貌和土壤侵蚀机理的探讨，从历史时期环境演变的角度研究黄土高原历史地貌和土壤侵蚀演变过程及规律仍比较薄弱。就黄土高原历史地貌演变的研究来看，还侧重于定性分析和描述，定量研究则比较薄弱：黄土塬墚面变化、黄土沉积区河流地貌演变仍以定性研究为主，沟谷演变有少量定量研究成果。点的研究方法较为成熟，面的研究比较薄弱：主要是针对沟头演进的研究，缺乏完整地貌类型区演变的研究。

复原研究黄土高原历史地貌，探求土壤侵蚀的演变过程与规律，特别是针对不同地貌类型区，将样点个案研究与较大范围的面状研究相结合，构建黄土高原历史地貌复原的指标体系；应用科学的研究手段，定性与定量研究相结合等，是需要进一步探索的研究思路。

历史时期黄土高原自然环境变化深刻，尤其是人类活动与自然

---

[1] 夏明方：《从清末灾害群发期看中国早期现代化的历史条件》，《清史研究》1998 年第 1 期；刘国旭：《试从气候和人类活动看黄河问题》，《地理学与国土研究》2002 年第 18 卷第 3 期。
[2] 景可、陈永宗：《黄土高原侵蚀环境与侵蚀速率的初步研究》，《地理研究》1983 年第 2 卷第 2 期。

要素相叠加，使黄土高原地貌演变和土壤侵蚀呈现出新特点。因此，复原研究黄土高原历史地貌，探索历史时期土壤侵蚀演变规律及原因，特别是分析人类活动影响下黄土高原历史地貌演变过程，区分人类活动与自然因素在黄土高原历史地貌演变与土壤侵蚀中所起的作用大小，为黄土高原生态环境恢复、水土保持提供参考值，不仅是必要的而且十分迫切。

第二章 研究方法

　　与黄土高原的其他地区一样，历史时期董志塬的地貌过程因叠加了人为因素而表现得复杂多样。客观地复原历史时期董志塬的地形地貌，就能发现历史时期陇东盆地地形地貌的演变规律，找到今天地貌的形成原因，区分人类活动与自然因素各自所占份额。具体的研究思路是通过样点流域地貌复原研究，进而研究整个董志塬。样点地貌复原研究的具体方法为：通过野外摄影地形、采集标本、鉴定遗址及文物、观察地理形势等，获取第一手资料。借助文献记载、古地图、文化遗址、碳十四年代鉴定等来初步确定地貌年代。以当代地貌发育理论为依据，构建黄土高原现代侵蚀沟地貌年龄的计算公式，进一步确定地貌年龄。根据得到的地貌年龄，测算其侵蚀速率。再以样点流域的平均侵蚀速率，计算董志塬现代侵蚀沟的侵蚀速率和塬面的变化速度。综合分析地理环境各要素在历史时期的变化，以求对其历史地貌有一个较为客观的复原。

第一节　概　述

历史地理学界研究黄土高原历史地貌演变所采用的方法，主要是依据古城池、古墓葬等人类活动遗迹提供的时间标志，确定地貌年龄，复原相关区域地形地貌。本书研究方法不局限于此。本书针对历史地貌演变研究的复杂性特征，有机结合了文物考古、文献考据、历史地理学、现代地理学、地名学、野外考察、GIS 制图法、图表法、人口学等多学科研究方法。通过样点研究探讨小流域土壤侵蚀量、侵蚀速率以及侵蚀原因，考察人类活动在土壤侵蚀中的作用力大小，进一步探索并求证黄土高原地貌演变的成因，量化自然因素和人文因素的比例。为了提高研究成果的科学水平，也采用了数学方法：基于河床地貌的溯源侵蚀原理和微积分思路，以现代侵蚀沟的空腔体积、实地调查所获得的沟头前进和沟床下切速度、水保部门实验观测的侵蚀模数值等数据为基础，构建针对现代侵蚀沟地貌年龄的计算公式（详见第二章第二节）。利用这个公式，可以计算现代侵蚀沟的形成年代、发育年龄和演变速度；可为地貌复原研究提供更多的样点选择余地，使其研究区域扩展至任何一个需要研究的沟谷。

文物考古法。文物考古法中最有价值的资料是有文字记载的出土文物，但要挖掘到这类资料，运气的成分更大些。大多数情况下只能根据文化层分布情况判断遗址具体位置，利用遗址地面残留物——建筑残件、器物碎片等来推断其大致的形成和发生时代。董志塬及其临近地区，是历史时期人类活动的主要场所，古城址、古墓葬分布广泛，考察并确定这些人类活动遗址，从其兴废变迁中推测、分析地貌演变过程和原因，是符合当地实际的有效方法。特别是在历史文献记录记载不清或缺失的情况下，效果尤为明显。例如，镇原县南川乡方家沟流域，是泾河二级支流，没有相关历史文献记录，但通过沟口现代侵蚀沟两侧汉墓群、沟掌的赫连伦墓地等，可以证明该沟现代侵蚀沟的形成时间上限是十六国时期，依此可将方家沟流域地貌复原至唐初。①平凉市崆峒区安国镇贺龙沟流域虽是泾河一级支流，却是一条小沟谷，沟口附近的汉代、北周时期的关城遗址，正当贺龙沟与颉河交汇处，沟口的东西两岸都有古城遗址分布，说明现代侵蚀沟切穿了古城址。则其现代侵蚀沟发育的时间是古城废弃以后，依此可将贺龙沟流域沟口附近现代侵蚀沟形成时间局限在北周以后，并可将其复原至唐初。但考古手段大多只能确定大概时代，而不能确定具体的时间。这就需要历史文献资料来提供更准确的时间信息。

文献考据法。对于历史时期的人类活动来说，经过科学考订的文献记录是最准确的信息源。它不仅会记录事件发生的结果，还会记录其发生过程，分析事件发生的原因，事件发生的时间可以精确到年，甚至月、日。②这是其他资料无法替代的。发生于董志塬的历史事件也一样，不同历史时期的人类活动及其对环境造成的影响都有可能在历史文献中留下记录。这类文献除通常所用的正史典籍外，也包括董志塬的地方志书、谱牒以及文书资料。对这些历史文献进行搜集、梳理，然后进行排比、分析和运用，最后用以复原研究区

① 姚文波、侯甬坚、高松凡：《唐以来方家沟流域地貌的演变与复原》，《干旱区地理》2010年第4期。
② 侯甬坚：《地理科学期望历史学界提供什么》，《历史地理学探索》，北京：中国社会科学出版社，2004年，第385-402页。

的历史原貌，是效率最高的研究方法。但是，历史文献在记录和传承上存在着无法否认的缺陷：一是关注度较低造成文献记载缺失。李唐以前相当长时期内，董志塬虽然靠近京畿却处于边缘地带，加之与地貌演变有关的地点，往往位置偏僻，故缺乏记载是正常的。二是时间太久造成文献损坏或损毁。一些关注度较高、有文献记录者，出现不记、漏记、缺记、误记，或者在数百年甚至数千年的传承过程中发生乱简或丢失现象，也不鲜见。①三是有些文献记录存在歧义。中国历史文献多由文人编纂，行文中鲜少使用数量词，而多用形容词和副词，导致许多记录无法准确理解。因此在文献记载缺失而又必须研究某事件或地点时，文献记载缺失带来的困难和问题，还需要用其他手段去弥补，包括依据地貌学原理考订历史地貌记录，分析历史地貌情况。

实际上，将考古手段与历史文献完美结合起来，才能尽展文物资料和历史文献之所长。通过文物所隐含的信息，纠正历史文献记述之不足；通过历史文献资料，对文物、古迹进行准确定位。另外，文物样品不能说话，需要借助科学的手段，去解读其中所蕴含的信息。这其中最可靠的，就是使用现代技术手段确定其绝对年代。但使用这种方法的限制因素太多。例如，使用碳十四测定含碳物质年龄是一种常见的测年方法，其难点在于不易找到未受污染的样品。董志塬大多数聚落遗址、古墓葬中的残留物，长久暴露于荒野，样品污染严重，无法使用。本书中所使用的测年手段，是立足于历史文献，结合考古方法、地层等技术手段，力争做到结论互补、互证。

历史地理学方法。与地质学、自然地理学不同，历史地理学更

---

① 侯甬坚：《地理科学期望历史学界提供什么》，《历史地理学探索》，北京：中国社会科学出版社，2004年，第385-402页。

注重地理环境中人类活动之影响。研究历史时期董志塬人民的生产生活活动变迁及其物质、文化遗存，研究不同历史时期该地的人口数量及变化，探讨其对地理环境造成的可能的影响，复原这些环境要素的变化过程，就可能寻找出地貌变迁的原因。通过典型个案研究，探究人口变动、土地利用、地貌变迁之间，人口变化、植被变迁、地貌演变之间的关系，考察人类活动在历史地貌演变中所起的作用，是本书最主要的研究方法之一。

现代地理学方法。利用水文部门、水保部门的实测资料，计算不同样点的土壤侵蚀量、侵蚀速率等指标，寻找地貌的演变规律，为地貌复原提供依据。例如，利用河流多年平均径流量和多年平均含沙量，推算水文站控制流域的侵蚀模数，即可估算该流域多年侵蚀总量。根据流域内多年平均降水量、径流量、含沙量，寻找降水量与含沙量的相关系数，可以探讨该流域历史时期气候变化对地貌演变的影响力。

利用地貌学原理，复原不同地形区的历史地貌。本书涉及的地貌理论主要是曾昭璇的"流水地形阶段发育理论"：地表流水地形的发育，是地表散流（或片流）、暴流（暂时性线状流水）、河流（永久性线状流水）分区合作的结果。散流作用于分水岭和山坡，暴流作用于山坡和谷地，河流作用于河谷和平原。[①]不同流水作用下的地貌特征不同。

沟壑的形成和发展是黄土高原历史地貌研究的核心问题。在黄土高原地区，面状侵蚀虽然比较重要，但其侵蚀量并不是很大，对地貌大势的影响也有限。这是经过实验观测以及本研究样点流域证

---

① 曾昭璇：《流水地形发育论》，《华南师范学院学报（社会科学版）》1959 年第 3 期。

实了的（后文将不断地加以论证）。古代侵蚀沟的形成时间久远，不属于历史地貌研究范畴。因此，历史时期黄土塬状地貌的演变主要是现代侵蚀沟发育过程的结果体现，知道了现代侵蚀沟的年龄和沟头前进速度，就等于搞清楚了不同历史时期黄土塬的大致面积和边界。对一个流域而言，侵蚀量主要来自现代侵蚀沟[1]，知道特定时期黄土高原现代侵蚀沟的侵蚀量大小，对研究黄土高原水土流失量和侵蚀速率的变化也十分重要。研究工作的难点在于，董志塬属于黄土侵蚀区，其侵蚀产物早就随着流水搬迁了，在无法知道历史时期地貌是何种形态的情况下是无法确定侵蚀沟形成年代的。历史文献中有关此类问题的记述太少，即使记述了，也无法满足研究的需求。史念海先生开创的利用包括古城遗址在内的古代人类活动遗迹来确定相关沟谷的发育情况的方法，有效地弥补了历史文献记载不足的缺憾。但是，黄土高原尽管古遗址很多，却不一定与地貌的发育有关。即使有关，也不一定能被发现。而且，与古遗址有关的沟谷发育，多数比较特殊，得出的结论也无法普遍推广。如何才能比较有效地解决这一研究难题呢？

黄秉维先生早在 1996 年就明确指出：

---

[1] 高海东、李占斌、李鹏等：《黄土高原暴雨产沙路径及防控——基于无定河流域2017-07-26 暴雨认识》，《中国水土保持科学》2018 年第 16 卷第 4 期；齐矗华：《黄土高原侵蚀地貌与水土流失关系》，西安：陕西人民教育出版社，1993 年，第 58-92 页；蔡强国、王贵平、陈永宗：《黄土高原小流域侵蚀产沙过程与模拟》，北京：科学出版社，1998年，第 135-148 页；《陇东黄土高原沟壑区南小河沟水土流失与治理》，黄河水利委员会西峰水土保持科学试验站：《水土保持试验研究成果汇编（1952—1980）》，内部资料，1982年，第 144-164 页。

我认识到提高科学水平的两类方向，第一类包括：①采用数学方法，②采用定位观测和试验，……④地貌学中关于内外营力的说明主要根据想象，而不是实验或严格的科学推导，消除这一缺点，可大大提高地貌学和自然地理的科学基础。第二类其实只是一种认识，……在基础较差地区，须依靠考察和野外试验来取得直接经验。[①]

可见，如何有效地使用数学方法，是提高学科科学水平的关键。此前研究中考察和野外试验作为地貌学领域的基本工作程序得到了普遍推广，但更重要的数学方法却未被地貌学研究广泛应用。在历史地貌研究中受多种因素制约，数学方法的应用水平就更低了。

本书中笔者通过构建数学模型，设计了黄土高原现代侵蚀沟地貌年龄的计算公式（详见第二章第二节），较好地解决了现代侵蚀沟形成年代的难题。经过对陇东黄土高原15个与古代人类活动有关的小流域进行验证，发现有13个小流域的计算结果与考古结果十分吻合，只有两个流域存在较大差异，但这种差异均能得到合理的解释，说明公式适用性较好，可以在陇东黄土高原推广使用。[②]由于条件所限，公式有待进一步验证，特别是现代侵蚀沟的概念，需要进一步准确定义。本书中，只在条件许可的地方，将其计算结果与历史文献和考古方法所得结果相互印证，以增加结论的可信度，并没有利用公式来扩大样本量。另外，通过不同方法得出的地貌年龄，实际

---

① 《黄秉维文集》编写组：《地理学综合研究——黄秉维文集·自述》，北京：商务印书馆，2003年，第Ⅰ-Ⅱ页。
② 为了更进一步确认公式的可靠性，笔者分别请西北农林科技大学土壤侵蚀专家李靖先生、中科院水保所土壤侵蚀专家田均良先生、复旦大学历史地貌学专家张修桂先生、陕西师范大学数学与信息科学学院曹怀信教授从不同角度给予了指导。

上无法准确到年，所以仅给出浮动范围；为了表述方便，都以地貌年龄的中间值作为现代侵蚀沟沟口附近的发育时间。

现代气象、水文资料以及其他实测数据，其连续观测时间局限在百年以内，很难用来研究历史时期的环境变迁。为了使研究结果更加客观可信，本书在引用这些数据时进行了仔细斟酌，尽可能消除引用数据的局限性。

地名学方法。地名是文化的一种反映，不仅能反映居民生活信息，也能反映一定区域的地貌特征。通过地名的变化，可为考察地貌的演变历程提供必要的信息。例如，"坪、塬"本是平坦地形的地名，现在许多称为坪、塬的地方，地形或者为沟壑，或者为梁峁，不再具有平坦特征，可依此推测历史时期该地的地形地貌特征。

野外考察方法。野外考察方法是地貌学的基本研究方法。"由于它可以从现场观察地理事物变迁的遗迹，从而探索变迁的原因和过程，更具有重要性"。[①]可以深入研究区域，结合考古学、地貌学、水文学、地名学等方法，针对古城址、古墓葬所在地点的地形，确认这些遗址分布地当初的地貌形态及其后来的变化，确定地貌复原的样点。推测遗迹所在的沟谷、山丘是否为某个时间段形成，以及当时的生活环境、生存条件等，为复原该地地理环境原貌寻找可信的证据，是必不可少的一个研究环节。"很难想象，不到野外去看地形会成为一个地貌学者"。[②]

野外考察工作大致分三个环节：一是搜集相关资料，如地方志书、谱牒、农牧业普查资料、文物普查资料、水利水保科研部门的

---

① 张修桂：《中国历史地貌与古地图研究》，北京：社会科学文献出版社，2006年，第9页。
② 曾昭璇、曾宪珊：《历史地貌学浅论》，北京：科学出版社，1985年，第11页。

实验观测资料、气象气候资料等。二是野外考察。从设计野外考察路线开始，到实地访谈、考察，所能依靠的无非是经验、亲和力和观察能力。其要点在于考察务必做到全面、细致，即便看似无用的信息，也要尽量搜集，以免遗漏而造成重复考察。三是做好日记。每天将考察、访谈所得记录下来，尽量做到事不过夜，以免遗忘。

2007年5月1日—2008年7月1日，笔者历时14个月，以董志塬为中心，北至马莲河发源地白于山，南至关中北山北麓，东至子午岭主峰雕岭关，西至六盘山山麓，考察了整个陇东盆地，行程近5 000 km。为了使野外考察取得较好效果，笔者每到一地，首先去当地博物馆、水利水保部门查阅资料，然后去实地考察。"工欲善其事，必先利其器"，GPS手持机、罗盘、海拔仪、200 m测绳、照相机、笔记本电脑等是不可或缺的，加上一些书籍，每天背负四五十斤重的大背包，穿行于荒郊野外，在师友们的帮助下顺利完成了野外考察工作。

考察中搜集到的考古资料，需要专业知识加以判断，笔者时常将文物样品带回博物馆，请当地专业人员鉴定。有时候一个样品请好几位专家鉴定，以保证鉴定结果的正确性。但是，仍然会有不同的鉴定结果出现。当地博物馆资深专家的鉴定结果，有时与中国社科院考古所的看法不一致，笔者多采用了当地专家意见。因为，各地文物具有不同特点，当地专业人士往往更具有权威性。[1]

GIS制图法、图表法、人口学等其他方法。利用ArcGIS、MapGIS、

---

[1] 在这方面庆阳市博物馆老馆长李红雄先生、陇东学院副教授张多勇老师帮助最大。特别是张多勇副教授，与笔者一同从长武出发，考察了黑河河谷、达溪河河谷、邵寨塬、朝那塬、早胜塬、子午岭以及彬县、旬邑县等地的许多古遗址，历时18天，行程近2 000 km。笔者从他那里学习了不少考古知识。

AutoCAD、CorelDRAW 等软件，将复原结果制作为地貌复原图。利用人口学方法统计、估算历史时期人口变化情况，探寻历史人口的变动与地貌变迁之间的间接联系。

第二节　现代侵蚀沟地貌年龄的计算方法

黄土高原千沟万壑的地貌形态与现代侵蚀密切相关，其中现代侵蚀沟的发育是历史时期地貌演变的主导因素之一。现代侵蚀沟是什么时候形成的，不仅是地貌演变研究不可回避的问题，也是确定中长时间尺度上水土流失速度的重要指标。但黄土侵蚀地貌的独特属性，使之不能与研究沉积地貌一样，通过地层沉积物所包含的信息来确定年龄。其侵蚀产物通过长距离搬运，混合沉积在流域下游凹地或平原，区分沉积物来源毫无可能，从下游沉积层入手的研究工作也无法获得上游侵蚀沟的初始形成年代。历史地理学者通常会选取与之相关的旁证信息，如古墓葬、古城址等人类活动遗迹，考察其与所在地地貌之间的关系，结合考古发掘及历史文献考证来确定地貌年龄。研究取得了令人瞩目的成就，其中以曾昭璇、史念海等的成果最为突出。[1]此方法存在一个难以克服的缺陷：方法单一，只能针对符合条件的古遗迹或有文献记载的地点进行研究。众所周知，这种样点的数量毕竟是有限的，加之在地域分布上的局限性，难以满足研究工作的要求；受其制约，相关研究成果的数量不是很

---

[1] 曾昭璇、曾宪珊：《历史地貌学浅论》，北京：科学出版社，1985 年，第4-5页；史念海：《河山集》（二集），北京：生活·读书·新知三联书店，1981 年；史念海：《河山集》（三集），北京：人民出版社，1988 年；王元林：《历史时期黄土高原腹地塬面变化》，《中国历史地理论丛》2001 年增刊；桑广书、甘枝茂、岳大鹏：《历史时期周原地貌演变与土壤侵蚀》，《山地学报》2002 年第 20 卷第 6 期。

丰富，其结论也很难进行普遍推广。因此，探索新的方法来弥补这一缺憾尤为必要。

笔者以现代侵蚀沟的空腔体积、实地调查的沟头前进和沟床下切速度、水保部门实验观测的侵蚀模数值等数据为基础，构建了针对现代侵蚀沟地貌年龄的计算公式。[①]利用这个公式，可以计算现代侵蚀沟的形成年代、发育年龄和演变速度，这将有益于黄土高原地区相关研究的进一步展开。可为地貌复原研究提供更多的样点选择余地，使其研究区域扩展至任何一个需要研究的沟谷。

一、公式推导

1. 假定条件
① 沟壑发展的纵向和横向发展比数是恒数。
② 沟壑的年侵蚀深度是一恒数。则侵蚀量大小由面积决定，面积大则侵蚀量大，反之则小。

假设条件基于河床地貌的溯源侵蚀原理[②]。一般情况下，当河流侵蚀基准面下降时，河（沟）床就会发生下切侵蚀，进而发生溯源侵蚀。随着裂点后移，新形成的下切沟的长度、宽度和深度会逐渐增大，直至达到新的平衡。在新的平衡未达成之前，沟谷的发展不会停止。

黄土高原的现代侵蚀，是一个长期的、缓慢的过程。尽管每年

---

① 受黄委会西峰水保站高级工程师宋尚智研究员"南小河沟流域沟谷发展年限计算公式"的启发构建此公式。参见宋尚智：《南小河沟流域水土流失规律及综合治理效益分析》1962年手稿，第69-74页。特此致谢。
② 杨景春、李有利：《地貌学原理》，北京：北京大学出版社，2001年，第23-24页。

的实际侵蚀情况并不相同，但为了计算其地貌年龄，假设现代侵蚀沟在纵向（长度）、横向（宽度）、垂直向（深度）的发展比数是一个恒定值。后文将进一步分析这一假设的合理性。

2．公式推导

设现代侵蚀沟空腔体积为 T_n、平均深度为 Q、纵向发展比数为 α、横向发展比数为 β，上口面积为 S。设第一年沟道总长为 A_1，第二年总长为 A_2，……，第 n 年总长为 A_n，其中 $A_1 \leqslant A_2 \leqslant \cdots \leqslant A_n$。第一年沟道平均宽为 B_1，第二年沟道平均宽为 B_2，……，第 n 年平均宽为 B_n，其中 $B_1 \leqslant B_2 \leqslant \cdots \leqslant B_n$。

由于沟谷的面积是随着水土的流失而逐年增大的，所以

$$A_i = (1+\alpha)A_{i-1}, \quad B_i = (1+\alpha)B_{i-1} \quad (i=1,2,\cdots,n)$$

因为

$$A_1 = \frac{1}{1+\alpha}A_2, \quad A_2 = \frac{1}{1+\alpha}A_3, \quad \cdots, \quad A_{n-1} = \frac{1}{1+\alpha}A_n$$

$$B_1 = \frac{1}{1+\beta}B_2, \quad B_2 = \frac{1}{1+\beta}B_3, \quad \cdots, \quad B_{n-1} = \frac{1}{1+\beta}B_n$$

所以

$$A_1 = \frac{1}{1+\alpha}A_2 = \frac{1}{(1+\alpha)^2}A_3 = \frac{1}{(1+\alpha)^3}A_4 = \cdots = \frac{1}{(1+\alpha)^{n-1}}A_n$$

$$A_2 = \frac{1}{1+\alpha}A_3 = \frac{1}{(1+\alpha)^2}A_4 = \frac{1}{(1+\alpha)^3}A_5 = \cdots = \frac{1}{(1+\alpha)^{n-2}}A_n$$

$$\cdots\cdots$$

$$A_{n-1} = \frac{1}{(1+\alpha)}A_n$$

$$B_1 = \frac{1}{1+\beta} B_2 = \frac{1}{(1+\beta)^2} B_3 = \frac{1}{(1+\beta)^3} B_4 = \cdots = \frac{1}{(1+\beta)^{n-1}} B_n$$

$$B_2 = \frac{1}{1+\beta} B_3 = \frac{1}{(1+\beta)^2} B_4 = \frac{1}{(1+\beta)^3} B_5 = \cdots = \frac{1}{(1+\beta)^{n-2}} B_n$$

$$\cdots\cdots$$

$$B_{n-1} = \frac{1}{(1+\beta)} B_n$$

虽然新增加的沟谷面积呈不规则形状，但按其形态可以将其概化成矩形。不规则沟谷是若干个矩形的复合体，地图上使用方格法量算面积就是依据此原理。同理，每年新增之现代侵蚀沟体积也可按棱柱体积计算。

为简化公式，令：$\gamma - \frac{1}{(1+\alpha)(1+\beta)}$。

则各年新增现代侵蚀沟体积之和，即现代侵蚀沟空腔体积，为：

$$T_n = \frac{Q}{n} \sum_{i=1}^{n} A_i B_i$$

$$= \frac{Q}{n} \left[\frac{A_n}{(1+\alpha)^{n-1}} \cdot \frac{B_n}{(1+\beta)^{n-1}} + \frac{A_n}{(1+\alpha)^{n-2}} \cdot \frac{B_n}{(1+\beta)^{n-2}} + \cdots \right.$$

$$\left. + \frac{A_n}{(1+\alpha)} \cdot \frac{B_n}{(1+\beta)} + A_n B_n \right]$$

$$= \frac{Q A_n B_n}{n} (1 + \gamma + \gamma^2 + \cdots + \gamma^{n-1})$$

$$= \frac{Q A_n B_n}{n} \cdot \frac{1-\gamma^n}{1-\gamma}$$

$$n \cdot \frac{T_n}{Q A_n B_n} = \frac{1-\gamma^n}{1-\gamma}$$

$$n \cdot \frac{T_n}{QS} = \frac{1-\gamma^n}{1-\gamma}, \quad \gamma = \frac{1}{(1+\alpha)(1+\beta)} \qquad （2-1）$$

式中，n 为现代侵蚀沟发育年龄；T_n 为现代侵蚀沟主干沟道空腔体积，m^3；Q 为现代侵蚀沟主干沟道平均深度，m；S 为现代侵蚀沟主干沟道上口面积，m^2；α 为现代侵蚀沟主干沟道纵向发展比数；β 为现代侵蚀沟主干沟道横向发展比数。

α、β 理论上近似相等。其计算方法有两种：一种为采用年侵蚀量除以沟谷总侵蚀量。使用最后一年侵蚀量除以总侵蚀量（沟谷的空腔体积），是最简捷的方法。但最后一年侵蚀量是一个随机事件，带有很大的偶然性，如果出现极端情况，会影响计算结果。例如，近几十年来的水保工作，会使最后一年甚至最后十数年的实际侵蚀量变小，进而影响了计算结果。因此，采用最后一年侵蚀量并不是最好的选择。实际计算中可使用实验观测所得的现代沟谷多年平均的侵蚀模数来代替，沟谷侵蚀总量则可通过在大比例尺地形图上测量现代侵蚀沟的空腔体积来获得数据。具体计算公式如下：

$$\alpha = \frac{E_m \cdot S_o}{T_o \cdot P_d} \qquad （2-2）$$

式中，E_m 为侵蚀模数即单位面积年均侵蚀量，t/m^2；P_d 为黄土干密度，$1.3\ t/m^3$[1]；T_o 为现代侵蚀沟空腔体积，m^3；S_o 为现代侵蚀沟上口面积，m^2。

另一种为采用沟头年前进距离除以主干沟道长度。同样理由，

---

① 数值来源于方雨松主编：《庆阳地区：水资源调查评价及水利水保区划成果》，内部资料，2003 年；邢义川、骆亚生、李振：《黄土的断裂破坏强度》，《水力发电学报》1999年第 4 期；范敏、倪万魁：《黄土高原地区公路路基土性参数统计分析》，《地球科学与环境学报》2006 年第 28 卷第 2 期。

沟头的年前进距离不是指最后一年的数值，而采用多年平均值，可通过沟头调查来获得。这里采用主沟道长度，是因为虽然所有的沟谷都参与了沟状侵蚀过程，但是，分支沟谷形成时，主干沟谷已形成，故计入分支沟谷的长度是重复统计。主干沟道长度可在大比例尺地图上测量获得。具体计算公式为：

$$\alpha = l / L \tag{2-3}$$

式中，l 为沟头年均前进距离，m；L 为主干沟道总长度，m。

将数据代入式（2-1），求解方程 $\dfrac{T_n}{QS}n = \dfrac{1-\gamma^n}{1-\gamma}$ 的正整数解 n。由于不能用显式表示，所以求其近似解。"输入参数 T、S、Q、α、β（$0<\alpha$，$\beta<1$）及正整数 N"。计算 $\gamma = \dfrac{1}{(1+\alpha)(1+\beta)}$；并求解

$$\begin{cases} \min\left|\dfrac{T_n}{QS}n - \dfrac{1-\gamma^n}{1-\gamma}\right| \\ \text{s.t.} 1\leqslant n\leqslant N \end{cases} \tag{2-4}$$

其中 n 为正整数，关键是要求出取得最小值的那个 n。

式（2-1）、式（2-4）是本研究得出的现代侵蚀沟地貌年龄的最终计算公式，式（2-2）、式（2-3）是相关参数的计算公式。

二、公式验证

我们分两步验证公式的可靠性。第一步，验证现代侵蚀沟侵蚀量测量结果。利用 Google Earth 在董志塬及其周边地区，选择大约 3 000 km² 的样本区，测算每一个小流域现代侵蚀沟最新的沟道长度、上口宽度、深度、空腔体积等指标；利用 1978 年 1 月航拍、1979

年 7 月调绘、1981 年出版的 1∶50 000 地形图测算 1978 年相关数据。进而计算出样本区和黄土高原现代侵蚀沟侵蚀总量，以及近 40 年现代侵蚀沟的沟头前进、沟谷拓宽和沟床下切速度等指标。因条件所限，目前只获取了一部分数据。第二步，将测算出的相关数据代入式（2-1）～式（2-4）计算出地貌年龄。再用 3 000 年来的侵蚀总量与陈永宗等得出的黄河中下游沉积区沉积总量进行对照，如果两者结果相近或相同，则说明测算结果相对正确。实际上这一步工作仍未完成。目前能做到的验证工作，是将董志塬及其周边地区具有考古证据的现代侵蚀沟的考古结果与计算结果进行对比，判断计算结果的可靠程度。

1．计算过程——以南小河沟为例

（1）流域概况

甘肃省庆阳市西峰区南小河沟属黄河水系，泾河二级支流、蒲河一级支流，东西流向，流域面积 36.3 km²。现代侵蚀沟沟头处多为跌水，深 5～10 m，中游平均深度约 180 m。主沟头在西峰城区以西 2.5 km 处，主沟长 11.3 km。沟底海拔为 1 050～1 178 m，沟道比降 3%～4%，沟壑密度 2.68 km/km²。1954 年调查发现，该流域共有 231 个沟头，其中侵入塬面且比较活跃的有 45 个，平均前进速度 1.21 m/年。[①]

该流域位于典型的黄土高原沟壑区——董志塬中西部，由塬、梁峁、沟谷三种地貌构成。多年平均降雨量为 556.5 mm，属暖温带半湿润易干气候区。

从航拍图上测量南小河沟流域现代侵蚀沟参数见表 2-1。其中侵

---

① 宋尚智：《南小河沟流域水土流失规律及综合治理效益分析》，1962 年手稿。

蚀模数来源于 1955—1974 年近 20 年的观测实验平均值。

表 2-1　甘肃省庆阳市西峰区后官寨乡南小河沟现代侵蚀沟主干沟道相关数据[①]

长/m	上口宽/m	平均深/m	上口面积/m²	空腔体积/m³	侵蚀模数/(t/km²)
$1.126\,6 \times 10^4$	251.2 (15～455.4)	73.38 (5～134)	3.17×10^6	1.408×10^8	1.52×10^4

（2）计算结果

当沟道纵向或横向发展比数采用式（2-2）计算时，现代侵蚀沟空腔体积 $T_o = 2.802\,5 \times 10^8 \text{ m}^3$，现代侵蚀沟上口面积 $S_o = 36.3 \times 33.6\% = 12.2 \text{ km}^2$，侵蚀模数 $E_m = 15\,200 \text{ t/km}^{2}$[②]，黄土干密度 $P_d = 1.3 \text{ t/m}^3$[③]。

$$\alpha_{\max} = \frac{15\,200 \times 12.2}{280\,250\,000 \times 1.3} = 5.09 \times 10^{-4}$$

当采用式（2-3）计算沟道纵向或横向发展比数时，沟头年均前进速度是已知值。$l = 1.21 \text{ m}$，$L = 11.266 \text{ km}$，$\alpha_{\min} = 1.21 \text{ m}/11.266 \text{ km} = 1.074 \times 10^{-4}$。

则 $\alpha_{\text{mean}} = 3.082 \times 10^{-4}$。

$Q = 73.38 \text{ m}$，系数 $c = \dfrac{T}{Q \cdot S}$；γ 定义如题。计算：

①把 $T_n = 1.408 \times 10^8 \text{ m}^3$，$S = 3.17 \times 10^6 \text{ m}^2$，$Q = 73.38 \text{ m}$，$\alpha_{\min} =$

---

① 侵蚀量、流域面积、主干沟道长度等是笔者从 1：10 000 地形图上测量所得。
② 方雨松主编：《庆阳地区：水资源调查评价及水利水保区划成果》，内部资料，2003 年。
③ 邢义川、骆亚生、李振：《黄土的断裂破坏强度》，《水力发电学报》1999 年第 4 期；范敏、倪万魁：《黄土高原地区公路路基土性参数统计分析》，《地球科学与环境学报》2006 年第 28 卷第 2 期。

1.074×10^{-4}，β 看作与 $\alpha_{\min}$ 相等，预估年限 NN=7.0×10^{3}。代入式（2-4），

求得 c=0.605 3，γ =0.999 8，$\left| \dfrac{T_n}{QS} n - \dfrac{1-\gamma^n}{1-\gamma} \right|$ 的最小值 mv =0.054 1，

最小值点 n=mi =5 145（图 2-1）。

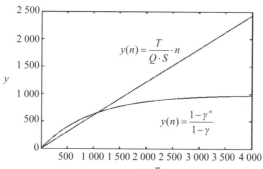

图 2-1　南小河沟现代侵蚀沟地貌年龄计算结果 1

② 把 T_n= 1.408×10^8 m³，S=3.17×10^6 m²，Q=73.38 m，$\alpha_{\max}$=5.09×10^{-4}，β 看作与 $\alpha_{\max}$ 相等，NN=4.0×10³。代入式（2-4），求得：c =0.605 3，γ =0.999 0，mv =0.128 7，mi =1 087（图 2-2）。

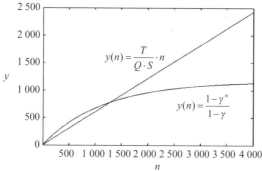

图 2-2　南小河沟现代侵蚀沟地貌年龄计算结果 2

③ 把 T_n= $1.408×10^8$ m^3，S=$3.17×10^6$ m^2，Q=73.38 m，α_{mean}=$3.082×10^{-4}$，β 看作与 α_{mean} 相等，NN=$4.0×10^3$。代入式（2-4），求得：c =0.605 3，γ =0.999 4，mv =0.052 1，mi =1 794（图 2-3）。

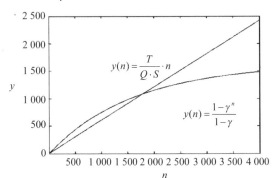

图 2-3 南小河沟现代侵蚀沟地貌年龄计算结果 3

（3）误差率计算及其结果分析

实测数据显示，南小河沟流域泥沙的 86.3% 来自现代侵蚀沟，12.3% 来自塬区，1.4% 来自坡面。[①]其年均侵蚀模数为 4 350 t/km^2，折合为 3 346.2 m^3/km^2。现代侵蚀沟侵蚀量 T_o=$2.802\ 5×10^8$m^3。则其实际地貌年龄 $n = \dfrac{T_o}{E_m × S_w} × (86.3\%)^{-1}$ =2 690 年。式中，E_m 为侵蚀模数，m^3/km^2；T_o 为现代侵蚀沟空腔体积，m^3；S_w 为流域面积，km^2。

相比之下，利用 α_{mean} 计算的地貌年龄误差更小，亦即 1794 年更接近南小河沟现代侵蚀沟的实际年龄，两者相差 896 年，将其视

---

① 《陇东黄土高原沟壑区南小河沟水土流失与治理》，黄河水利委员会西峰水土保持科学试验站：《水土保持试验研究成果汇编（1952—1980）》，内部资料，1982 年，第 144-164 页。

为误差值，则误差范围达 49.94%。

　　该误差与 α 和 β 的取值有关。计算结果①中的纵向、横向发展比数采用了沟头调查数据。沟头调查获得的数据只能说明近几十年来的平均状况，加之沟头接近流域源头区，集水面积有限，汇入沟头的径流量不大，导致沟头前进速度趋缓。因此 α 数值偏小，地貌年龄偏大。计算结果②中纵向、横向发展比数采用的侵蚀模数是1955—1974 年近 20 年的平均值。历史时期黄土高原土壤侵蚀日趋严重得到了学术界的公认[1]，故南小河沟侵蚀模数值偏大，α 数值也就偏大，地貌年龄偏小。相比之下，计算结果③中 α 取平均值所得的结果更接近实际一些。

　　南小河沟实际地貌年龄应为 2 690 年，其沟口附近现代侵蚀沟开始发育的初始年限为东周惠王十一年（公元前 666）前后，沟头平均延伸速度为 4.21 m/年。这个结果与来自 45 个沟头调查的平均延伸速度 1.21 m/年相去甚远[2]。沟头调查数据偏小是沟头距离流域源头太近造成的。越靠近流域源头，沟头附近的集水面积越小，汇入沟头的径流量就越小，沟头前进速度就越慢。故主干沟谷沟头平均延伸速度的计算结果大于调查数据是正常的。

　　2．其他现代侵蚀沟地貌年龄计算结果

　　以同样办法对董志塬及其周边地区具有考古证据的现代侵蚀沟进行测算，结果如表 2-2 所示。样本沟谷面积大约 190 km²，虽然还无法满足研究需求，也能说明一些问题。

---

① 陈永宗、景可、蔡强国：《黄土高原现代侵蚀与治理》，北京：科学出版社，1988 年，第 2-3、12-14 页；史念海：《河山集》（二集），北京：生活·读书·新知三联书店，1981年；史念海：《河山集》（三集），北京：人民出版社，1988 年；景可、陈永宗：《黄土高原侵蚀环境与侵蚀速率的初步研究》，《地理研究》1983 年第 2 卷第 2 期。
② 数据来自 1954 年南小河沟全流域调查。

表2-2　陇东盆地部分小流域现代侵蚀沟地貌年龄的考古与计算结果对照

沟名	位置	集水区面积/km²	考古证据	考古结果	公式计算结果
贺龙沟	甘肃省平凉市崆峒区安国镇	12.93	西汉泾阳县和北周朝那县、隋唐平凉县关城遗址	现代侵蚀沟在沟口附近的发育时间开始于唐开元五年（717年）以后，地貌年龄约1 291年	现代侵蚀沟在沟口附近的发育时间开始于南宋绍定四年（1231年）前后，地貌年龄777±388年。计算结果可信
官草沟	甘肃省庆阳市宁县中村乡肩底村和政平村	3.09	大唐故显国府折冲都尉张掖县开国男蔡墨墓	现代侵蚀沟在沟口附近的发育时间开始于唐垂拱三年（687年）以后，地貌年龄约1 321年	现代侵蚀沟在沟口附近的发育时间开始于宋政和六年（1116年）前后，地貌年龄892±445年。计算结果可信
彭原沟[①]	甘肃省庆阳市西峰区彭原乡	29.14	汉魏富平县城、唐宋彭原县城遗址	南支源头沟长3.65 km，沟口附近现代侵蚀沟发育始于北魏延和三年（434年）以后，地貌年龄约1 574年	共涉及五条分支沟谷。其中，主干沟全长9.05 km，沟口附近开始发育于西晋咸康五年（339年）前后，地貌年龄1 669±833年。计算结果可信
崆峒沟	甘肃省庆阳市西峰区董志镇	68.20	秦汉古城遗址	西支源头霸沟长5.7 km，沟口附近开始形成于三国末年（265年）以后，地貌年龄约1 743年	主干沟全长15.95 km，沟口附近开始发育于东周威烈王元年（公元前425年）前后，地貌年龄约2 433±1 215年。计算结果可信

① 姚文波、孟万忠：《西晋以来彭原古城附近沟谷的演变与复原》，《中国历史地理论丛》2010年第2辑。

沟名	位置	集水区面积/km²	考古证据	考古结果	公式计算结果
驿马西沟	甘肃省庆阳市庆城县驿马镇西侧	0.33	驿马古关城遗址	现代侵蚀沟在沟口附近的发育时间开始于清乾隆二十六年（1761年）以后，地貌年龄约247年。考古结果更可信	现代侵蚀沟在沟口附近的发育时间开始于1928年前后，地貌年龄80±40年
方家沟[①]	甘肃省庆阳市镇原县南川乡	4.93	沟口汉墓群、沟掌台地赫连伦墓	现代侵蚀沟形成于十六国时期夏真兴七年（425年）之后，地貌年龄为1583年	现代侵蚀沟在沟口附近的发育时间开始于唐乾符六年（879年）前后，地貌年龄1129±564年。计算结果可信
店子水沟	甘肃省庆阳市宁县和盛镇店子行政村店子自然村	9.87	店子镇古城遗址	沟口初始侵蚀时间是北周建德二年（573年）前后。地貌年龄1435年。考古结论更可信	沟口最初发育时间是唐贞观十九年（645年）前后，即战国末年（公元前226年）至北宋政和元年（1111年）之间。地貌年龄1345年（897～2334年之间）与考古结果相差90年，在可信范畴内
固益沟	甘肃省庆阳市宁县早胜镇	60.48	早胜古城遗址	沟口附近现代侵蚀沟发育的初始时间是公元前3954年，地貌年龄5962年	沟口附近现代侵蚀沟发育初始时间在公元前1652年前后，现代侵蚀沟的地貌年龄为3660±1827年。计算结果可信

① 姚文波：《赫连勃勃墓地考》，《甘肃社会科学》2008年第6期；姚文波、侯甬坚、高松凡：《唐以来方家沟流域地貌的演变与复原》，《干旱区地理》2010年第4期。

沟名	位置	集水区面积/km²	考古证据	考古结果	公式计算结果
鸦儿沟	陕西省咸阳市长武县西长塬	47.05	唐宜禄县城遗址、明清以来长武县城	沟口附近现代侵蚀沟初始发育时间是公元前4339年，地貌年龄大约6385年	现代侵蚀沟沟口最初发育的年代是公元前2204年—公元891年，地貌年龄为1117～4212年。计算结果可信
井沟	甘肃省庆阳市镇原县太平乡彭阳行政村	1.28	汉彭阳县、宋金彭阳县县城遗址	沟口附近现代侵蚀沟初始发育时间为东汉建宁元年（168年）到北宋至道三年（997年）间；地貌年龄为1840～1011年。考古结果更可信	沟口现代侵蚀沟初始发育年代为明嘉靖三十年（1551年）至清乾隆二十一年（1756年）。地貌年龄为252～457年

　　考古结果只能用来推断时间上限，对于现代侵蚀沟的地貌年龄，计算结果往往小于考古结果。两者差距的大小，取决于考古证据的可信度。

　　贺龙沟位于陇东盆地西部边缘，为泾河北支源头颉河的一级支流，海拔1592～1890 m。在贺龙沟沟口的颉河一级阶地上有座古城遗址，曾经是北周朝那县、隋唐平凉县关城所在地。贺龙沟从北周朝那县、隋唐平凉县关城遗址中间流过，将古关城遗址一分为二，沟口附近下切沟深度达8 m左右。紧挨着贺龙沟东岸、颉河北岸二级阶地上还有一座西汉泾阳县城遗址，部分西城墙所在位置已经坍塌到沟底。进一步研究发现，唐开元五年（717年）前后平凉县城从颉河北岸搬迁到南岸。因缺乏足够文献支撑，无法具体探讨唐平凉县的搬迁原因，但以目前地形来看，可能是贺龙沟沟口附近下切沟发育促成了这次搬迁事件。故可将唐开元五年（717 年）看作下切沟形成的时间上限。而计算结果显示现代侵蚀沟形成于 1231±388 年前后，地貌年龄 777±388 年，与考古结果相差约 514 年。综合分析发现，计算结果比较接近事实。陇东黄土高原上河流的溯源侵蚀主要受六盘山隆起的影响。第四纪以来六盘山地区的隆升速度远远大于陇东盆地中东部，达到每年 20 mm 左右。[①]但对近似南北流向的贺龙沟流域来说，其上下游所受影响的差别并不大。贺龙沟的下切侵蚀，主要是颉河的河床下切引发的溯源侵蚀。实地考察发现，2008 年，距离贺龙沟最近的颉河溯源新裂点大约位于贺龙沟沟口以东（更靠近颉河下游）3 km 处，目前控制贺龙沟现代侵蚀沟发育的基准面是上一轮发生于泾河干流的溯源侵蚀结果。基于此基准面，贺龙沟沟口附近的侵蚀沟深度约为 8 m，其现代侵蚀沟主干沟深度介于 8～10 m 的沟谷长度在 5 000 m 以上，只有其上游约 2 000 m 沟谷的深度大于 30 m，最深处也不超过 50 m。现代侵蚀沟深度和侵蚀量都不大。这与陇东盆地其他地区有着较大差别。正因为侵蚀量不大，所以长达 7 475 m 的沟谷，仅 777±388 年的时间就可形成现在的地貌形态，是一个可信的结果。

但是，驿马镇西侧沟的计算结果与实际情况出入较大。既与光绪《甘肃全省新通志》（1909 年）记述的时间不相符[②]，也与考古结果不相符合。因此计算结果误差较大，而考古和文献记述结果更接

① 陈永宗、景可、蔡强国：《黄土高原现代侵蚀与治理》，北京：科学出版社，1988 年，第 2-3、12-14 页；中国科学院地质研究所：《中国大地构造纲要》，北京：科学出版社，1959 年。
② （清）升允、长庚等纂修：《甘肃全省新通志》卷九《关梁》，宣统元年（1909 年）刊本，陕西师范大学图书馆藏。

近事实真相。此沟的形成和发育与侵蚀基准面变化没有关系，仅仅是因人为因素——城镇的超强集流作用所导致。井沟上中游虽然没有大型聚落，但因其属于冲沟形态，公式计算结果误差也比较大。

其他流域虽然各有特点，但公式的计算结果均比考古结果更接近实际情况。

三、讨论

1. 假定条件对沟谷年龄的计算结果影响有限

计算公式的两个假定条件：①沟壑纵向、横向发展比数是一恒数，②沟壑的侵蚀深度是一恒数，则侵蚀量大小由面积决定，面积大侵蚀量就大，反之则小。这两个假设条件都使用了平均概念。实际上，侵蚀过程并不是一个简单的平均发育过程。地质史上侵蚀、沉积的循环过程及其幅度，会对现代沟谷的发育产生影响。然而，虽然全新世以来一直存在黄土堆积[①]，但洛川剖面最年轻黄土层年龄为 1.3 万年的研究结果，表明全新世以来的黄土堆积很少会存留于地表。其原因是"现代黄土区的年侵蚀率，约为更新世以来的平均堆积速率的 39 倍"。[②]张德二对近 1 000 年来"雨土"记录的研究也发现，一次性降尘厚度只有"分余至盈尺"。[③]说明仅因散流的片状侵蚀，就很容易使全新世以来沉积的厚度有限的黄土在短时间内被侵蚀。全新世以来特别是有文字记载以来的人类历史时期，沟道的黄

---

① 刘东生等：《中国的黄土堆积》，北京：科学出版社，1965 年，第 72 页。
② 刘东生等：《黄土与环境》，北京：科学出版社，1985 年，第 332-335 页。
③ 张德二：《我国历史时期以来降尘的天气气候学初步分析》，《中国科学（B 辑）》1984 年第 3 期。

土堆积量与侵蚀量相比，更是微不足道甚至可以忽略的。

研究现代侵蚀沟的地貌年龄，首先要计算该沟谷的空腔体积。这些空腔中的土体，是经过了相当长的时间被一年一年"搬走"的。变化从沟口开始，随着时间的推移，沟道长度、沟谷深度逐渐增大，受其影响，现代侵蚀沟中的其他类型侵蚀活动也逐渐加剧，侵蚀量逐年增大。但这并不是说每年的变化量是相同的，恰恰相反，受年降水量特别是年暴雨次数和次暴雨量、流域内硬化地面面积等因素的影响，年度之间差别很大。由于现代侵蚀沟的形成时间很长，从总趋势看，多年平均侵蚀增长量仍呈线性变化。

使用平均概念研究沟谷发育过程会使研究失之于简单，但从计算地貌年龄角度，忽略其年度变化，按照从小到大以线性变化原理来计算符合模糊数学理念，能将复杂问题简单化。假定条件对沟谷发育年龄的计算结果影响不大。

2．沟头延伸速度日趋减小是合理的

与南小河沟一样，沟头调查所获得的沟头前进速度往往会小于公式的计算结果，充分证明计算结果是合理的。从现代侵蚀沟的发育情况看，随着主干沟道的延伸，分支沟谷数量会越来越多。虽然单个沟头的年均前进速度在变小，但随着分支沟谷数量的增加，整个流域的集水总面积和径流量反而会增加，流域总侵蚀量也会有所增加。黄土高原水土流失日趋严重[1]与沟头延伸速度趋缓现象并不冲

---

① 陈永宗、景可、蔡强国：《黄土高原现代侵蚀与治理》，北京：科学出版社，1988 年，第 2-3、12-14 页；史念海：《河山集》（二集），北京：生活·读书·新知三联书店，1981 年；朱士光：《人类活动与黄土高原环境演变》，《黄土高原地区自然环境及其演变》，北京：科学出版社，1991 年；景可、陈永宗：《黄土高原侵蚀环境与侵蚀速率的初步研究》，《地理研究》1983 年第 2 卷第 2 期；中国科学院黄土高原综合科学考察队：《黄土高原地区自然环境及其演变》，北京：科学出版社，1991 年。

突。现代侵蚀沟沟头溯源侵蚀速度越来越慢，既符合侵蚀规律，也证明计算公式是适用的。

3. 公式更适合用来计算受侵蚀基准面控制的现代侵蚀沟地貌年龄

受侵蚀基准面控制的沟谷，侵蚀从沟（河）口开始，逐步向上游发展[1]，有规律可循，适宜运用本公式予以推算。但当用公式来计算沟间地上的小冲沟或人类活动影响过大的沟谷的地貌年龄时，会造成较大误差。这是因为沟间地上支毛沟的形成和发育不受侵蚀基准面影响，而是受地表形态控制。也就是说要看地表形态是否有利于线状流水的形成。如果有利于线状流水的形成，则易形成侵蚀沟；特别是当集流面积较大或流域内存在较大面积的硬化地面时，所形成的足量的线状流水会加速沟间地沟谷的形成和发育。即侵蚀活动发生地点及其发展过程更多受制于径流量和小地貌形态的沟谷，公式计算结果存在较大误差。

4. 对计算结果影响较大的要素是沟道纵向发展比数和横向发展比数

公式中的现代侵蚀沟主干沟空腔体积 T_n、现代侵蚀沟深度 Q、现代侵蚀沟沟谷上口面积 S 等相关参数，只要测算误差不明显，不会对公式计算结果造成太大影响。相反，纵向发展比数 α 和横向发展比数 β 的影响比较明显。α、β 值是否准确，与其数据来源有关。也就是说，沟头前进速度、沟谷拓宽速度、流域侵蚀模数等几个数值具有决定性作用。已有的计算结果表明，用近数十年沟谷发展的平均值，可能造成 α、β 值偏小；使用侵蚀模数值换算，则可能造成 α、

---

① 金德生、张欧阳、陈浩等：《侵蚀基准面下降对水系发育与产沙影响的实验研究》，《地理研究》2003 年第 22 卷第 5 期。

β 值偏大。如果取 α、β 最大值和最小值的平均值，所得出的地貌年龄比较接近实际情况。使用考古结果得出的地貌年龄也比较接近事实。此外，利用最后一年的沟头前进距离，除以主干沟道总长度所求取沟道纵向发展比数 α，与沟头前进距离的多年平均值除以主干沟道总长度的结果有区别，意义也不一样。但公式中需要的计算方法是基于其发展比数是一恒数的假定，是平均概念。因此，实际计算中用多年平均值去除总量的方法是可行的。虽然如此，仍然存在误差。误差有多大，如何解决，有待进一步深入研究。

四、结论

基于河床地貌的溯源侵蚀原理，构建了现代侵蚀沟地貌年龄计算公式。经过在陇东盆地若干小流域验证，即将调查结果、考古结果与计算结果相对照，证明计算公式具有较好的适用性。公式所涉及的参数：侵蚀模数、沟头年均演进速度、沟谷面积、总侵蚀量等，比较容易获得，但适用区域有限，只适合计算受侵蚀基准面控制、发育于沟（河）谷地带沟谷的地貌年龄，用来计算谷间地上的小冲沟和人类活动影响较大的沟谷的地貌年龄，误差较大。另外，沟道纵向、横向发展比数所存在的误差，尚待进一步研究。

第三节　样点流域地貌复原研究方法简介

样点地貌复原研究涉及样点的选择和分类。本节讨论与其相关的具体方法和思路。

一、抽样方法

采用判断抽样方法。即选择具有代表性的典型个案进行研究，进而达到掌握区域总体情况之目的。一般来说判断抽样结果不宜大范围推广。为了增加样点研究的推广价值，在尽量增加样本数量的同时，会尽可能抽取"多数型"或"平均型"的沟谷作为样本，详细总结样点结论的规律性，以弥补其不足。

二、样点条件和数量

1. 样点条件

使用考古方法研究，其样点要求：①包含古遗址，如古墓葬、古城镇、古建筑（如民居：窑洞、宅院之类，寺庙）、关隘等。②古遗址位于现代侵蚀沟附近，或者部分被现代侵蚀所毁。③古遗址具备确定年代的条件，如碑文、特征性建筑物或器物、建筑残件或器物碎片、含碳物质等。

使用历史文献研究，只需要将文献明确记载的地貌发生了明显变化的地名加以考证，落实到相应位置即可。但类似记载比较少。本研究对历史文献的使用，更多是用来对考古样点进行论证，因此样点要求与考古方法相同。

使用现代侵蚀沟地貌年龄计算公式研究，其样点要求：①现代侵蚀沟的发育受侵蚀基准面控制并分布于沟（河）谷地带。②现有数据能支撑研究要求，如可掌握公式所涉及的参数，即侵蚀模数、沟头年均演进速度、沟谷面积、总侵蚀量等。这些数据多来自水文、水保部门的长期观测试验。

2．样本数量

从理论上讲，样本数量越大，利用其结果推论的结论越接近真实。限于条件和精力，本研究所选用的样点沟谷数量，占整个董志塬沟谷的1%左右，能基本满足研究要求。

三、样点简介

1．董志塬样点

董志塬样点沟谷数量85个，占深入董志塬塬面的3 249条沟谷总量的2.62%，样本数量能基本满足研究需求。其中，8个样点流域有考古资源可作为复原依据。如彭原沟流域，有东汉至北魏的富平县城遗址、唐至元代的彭原县城遗址；崆峒沟流域，有米王秦汉古城遗址、唐宋董志旧城遗址；驿马西沟，有明清驿马关城；店子水沟，有清代店子古镇；等等。另外还得到了77个沟头的调查数据。其中南小河沟流域，不仅有从黄委会西峰水保站获取的45个沟头调查数据，还有大量研究成果。

2．对比研究样点

与董志塬相邻的四条黄土塬上的5个对比样点沟谷，全部以考古资料作为复原证据。如平泉塬——镇原县南川乡方家沟流域，有古墓葬。孟坝塬——镇原县太平乡彭阳行政村村部所在地西侧的井沟流域，有汉代和宋金古城遗址。早胜塬——宁县中村乡肩底村官草沟，有古墓葬；早胜镇明代老城址西侧的固益沟流域，有古城遗址。长武塬——长武县城北、东门外之鸦儿沟，有古城遗址。

四、现代侵蚀沟空腔体积测算方法

结合当地的地形特点，在航拍图上测得相关现代侵蚀沟长度、深度、上口宽度。主干沟上口宽度的测量，从 V 型谷的最窄处谷沿线计量，其余部分计入分支沟谷。鉴于沟道有一定弯度，主干沟道的长度可分段测量。

V 型谷侵蚀量的测算，将其按三棱体对待或者折合处理为三棱体形状，再采用三棱柱、三棱台、三棱锥的体积计算公式进行计算。

$$V_{棱柱} = S \times H$$

$$V_{棱锥} = \frac{1}{3} S \times H$$

$$V_{棱台} = \frac{1}{3} H \times (S + S' + \sqrt{S \times S'})$$

式中，S 为上口面积，m^2；S' 为下底面积，m^2；H 为高，m。

实测中，对于形状典型的 V 型谷直接测算，对于不规则的沟谷，截补处理之后，再按三棱体进行测量、计算。

V 型谷谷沿线以上的山坡——此前研究中被称之为沟间地[1]——坡面上其他明显下陷但又非 V 型谷地形如滑坡等，测算过程中未计入 V 型谷而是计入了其他形式的侵蚀量，但在地貌复原图上，仍使用了与处理 V 型谷相同的方法进行复原。力求其结果接近事实，但

---

[1] 龚时旸、蒋德麒：《黄河中游黄土丘陵沟壑区沟道小流域的水土流失及治理》，《中国科学》1978 年第 6 期；陈浩、王开章：《黄河中游小流域坡沟侵蚀关系研究》，《地理研究》1999 年第 18 卷第 4 期。

误差在所难免。

基于测量数据，某流域 n 年来 V 型谷的侵蚀总量

$$T_v = \sum_{i,j,k=1}^{n} (A_i + B_j + C_k) \qquad (2\text{-}5)$$

式中，A_i 为三棱柱体积，m^3；B_j 为三棱台体积，m^3；C_k 为三棱锥体积，m^3。

V 型谷的年均侵蚀量

$$T_{v年均} = \frac{T_v}{t} \qquad (2\text{-}6)$$

式中，t 为侵蚀活动持续年数。

根据近数十年来流域年均侵蚀模数值，计算该流域的年均侵蚀量 $T_{年均}$

$$T_{年均} = E_m \times S' \qquad (2\text{-}7)$$

式中，E_m 为侵蚀模数，m^3/km^2；S' 为流域总面积，km^2。

某流域内除 V 型谷以外的其他区域的年均侵蚀量

$$\tau_{年均} = T_{年均} - T_{v年均} \qquad (2\text{-}8)$$

某流域内除 V 型谷以外的其他区域的多年侵蚀总量

$$\tau = \tau_{年均} \times t \qquad (2\text{-}9)$$

五、复原图制作方法

采用回填法制作地貌复原图。即把 V 型谷的侵蚀物回填入 V 型

谷内，流域内除 V 型谷以外的地面没有复原。地貌复原以后，虚拟出某一时期某流域的等高线地形图，形成地貌复原图。具体方法为：在 V 型谷的谷沿线上，按原来地形可能的模型，将谷沿两侧的等高线对接起来，缝合地面的 V 型侵蚀沟。事实上，V 型谷上口宽度的测量、侵蚀量的计算，也以此为依据，因此，复原图所反映的地形，与计算结果相比，虽有出入但尚可接受。

第三章 董志塬样点流域

　　关于历史时期董志塬的范围轮廓和面积大小，学术界存在两种不同看法。史念海先生认为，西周时期董志塬面积很大，当时称之为大原，范围包括"今泾水上游以北镇原县东西，固原和庆阳之间"。到了唐宋时期，"大原名称不复存在，见于记载的只有彭原"，这时的彭原仅仅是西周大原的一部分，再后来才改称董志塬。名称的改易，说明了塬日趋残破。[①]但以刘东生先生为代表的地质学派认为黄土塬是以中生代盆地为基础，在中新生代长期剥蚀的准平原面上发展起来的大型黄土沉积盆地。黄土塬和黄土沉积盆地是黄土区地质和地貌学上的同义语，地形上表现为平坦高地，高地边缘陡峻，腹部平坦，坡度不超过 1°，塬面近似于干黄土沉积的原始面。盆地内部河流的形成年代很早，例如洛河河谷形成于距今 50 万年前，洛河的一级支流如界子河、仙姑河与洛河形成年代大致相近。洛河的二级支流如黑木沟等，形成的年代也有 25 万年左右。[②]所以，历史时期的洛川塬，受古老的河谷和沟谷限制，其塬面不会超出这些老河

---

① 史念海：《黄土高原考察琐记》，《中国历史地理论丛》1999 年第 3 辑。
② 刘东生等：《黄土与环境》，北京：科学出版社，1985 年，第 28-31、42-43 页。

谷、沟谷之间。与洛川塬一样,董志塬也受环绕四周的河谷和老侵蚀沟控制,不可能达到"今泾水上游以北镇原县东西,固原和庆阳之间"如此大的范围。但是,大量发育的现代侵蚀沟造成塬面缩小也是事实。如果没有现代侵蚀沟,董志塬及陇东盆地内部的其他黄土塬,与老侵蚀沟的宽谷缓坡地貌相间分布,起伏比现在要小得多,完全当得起"沃野千里"这一形容。①

历史时期的董志塬面积有多大?萎缩幅度有多少?众所周知,黄土高原现代地貌发育是以正地貌的萎缩为主要特征,正地貌的萎缩是侵蚀作用的结果,其中沟状侵蚀占据整个侵蚀过程的主导地位。黄土塬作为黄土高原最主要的正地貌,在长期的侵蚀作用下,呈现不断缩小的趋势。为了能针对历史时期黄土塬的萎缩幅度给出一个较为确切的答案,本章将针对董志塬样点流域的演变情况进行研究。具体研究路径是从深入塬面的现代侵蚀沟着手,通过一定数量样点沟谷的复原研究,得出样点沟谷的各项参数值,计算出塬面的萎缩幅度,再将历史时期董志塬的塬面状况予以复原。

第一节　春秋以来南小河沟流域地貌的演变

一、流域概况

甘肃省庆阳市西峰区南小河沟属黄河水系,是泾河二级支流,蒲河一级支流,东西流向。位处董志塬中西部,由塬、梁峁、沟谷3

---

① 《后汉书》卷八七《西羌传》,北京:中华书局,1965 年,第 2893 页。

种地形构成。流域范围大致介于 S318、S303 和长庆公路（S202）之间（图 3-1），面积 36.3 km²。沟谷两岸呈不对称状，北岸小南岸大。其中塬面面积 20.64 km²，占 57%，梁峁坡面积 5.7 km²，占 16%，现代侵蚀沟面积 9.96 km²，占 27%。

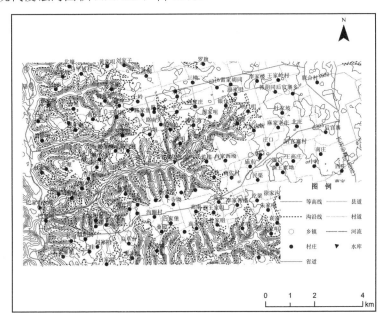

图 3-1 南小河沟流域地形

流域内塬面海拔 1 423～1 271 m，坡度 0°～3°。塬面上存在大小不等的集流槽，长度多为 300～4 500 m，深 0.5～10 m，走向基本与沟谷平行。塬面道路纵横交错，多为下陷的胡同，深浅不一。

现代侵蚀沟沟沿线与塬面之间的坡面坡度为 15°～25°，是坡农地主要分布区。沟沿线以下部分的坡面坡度为 40°～45°，主要是荒坡。

现代侵蚀沟沟头处多为跌水，深 5～10 m，中游平均深度约 180 m。主沟头在西峰城区以西 2.5 km 处，沟道总长 97.6 km。沟底海拔 1 050～1 178 m，沟道比降 3%～4%，沟壑密度 2.68 km/km²。[①]现代侵蚀沟主干沟道长 $1.126\ 6×10^4$ m，空腔体积 $2.82×10^8$ m³。

流域多年平均降雨量为 556.5 mm，属暖温带半湿润易干气候区。流域侵蚀模数值见表 2-1。

二、流域侵蚀情况

参照第二章第二节计算结果，南小河沟现代侵蚀沟实际地貌年龄约为 2 690 年（1 794～5 145 年）。则沟口附近现代侵蚀沟开始发育的初始年限为东周庄王十四年（公元前 683 年）前后，沟头平均延伸速度 4.19 m/年，平均下切速度 0.027 m/年，平均加宽速度 0.093 m/年。主干沟道现代侵蚀沟总侵蚀量 $1.408×10^8$ m³，侵蚀速率 $5.23×10^4$ m³/年。

根据南小河沟流域多年平均侵蚀模数，可计算出流域总侵蚀量 $T=3\ 346.2×36.3×2\ 690=3.269×10^8$ m³，则年均侵蚀量为 $1.215×10^5$ m³。在 1∶10 000 地形图上测出流域内全部现代侵蚀沟的空腔体积为 $2.802\ 5×10^8$ m³，则除现代侵蚀沟以外的地面的总侵蚀量为 $4.665×10^7$ m³。为了便于对比，南小河沟流域现代侵蚀沟及其以外的部分的数据统计在表 3-1。

---

① 陈席珍、宋尚智、常茂德：《南小河沟流域水土流失及其治理效益》，黄河水利委员会西峰水土保持科学试验站编委会编：《水土保持试验研究成果汇编（1981—1985）》（第二集），内部资料，1986 年，第 1-4 页。

表 3-1 春秋以来南小河沟流域不同地形区侵蚀情况统计

	面积/km²	侵蚀量/m³	地面剥蚀厚度/m	溯源侵蚀速度/（m/年）
南小河沟全流域	36.3	3.269×10^8		
V 型谷	9.96	$2.802\ 5 \times 10^8$		4.19
V 型谷以外的地面	26.34	4.665×10^7	1.889	

除现代侵蚀沟以外，2 690 年来南小河沟流域其他地面平均被侵蚀了 1.889 m，这一计算结果与方家沟流域 1 129 年以来 1.308 m 的侵蚀量接近（见第四章第四节）[①]，说明结果是可信的。这也进一步说明，造成南小河沟流域地貌演变的主要原因是现代侵蚀沟，面状侵蚀所造成的变化不大，甚至无法在 1∶10 000 地形图上表现出来。地貌复原工作只需要表现现代侵蚀沟的变化就可以了。

三、南小河沟流域地貌复原图

根据以上结果，虚拟出春秋时期南小河沟流域等高线。即按原来地形可能的模型，将 V 型谷谷沿线两侧的等高线对接起来，将南小河沟流域地貌复原至东周庄王十四年（公元前 683 年）前后（图 3-2）。

---

① 姚文波、侯甬坚、高松凡：《唐以来方家沟流域地貌的演变与复原》，《干旱区地理》2010 年第 4 期。

图 3-2　南小河沟流域地貌复原

说明：塬面上和沟头附近的等高线等高距为 5 m，沟谷中的等高距为 25 m。示意图只为说明沟谷的大致地形。

第二节　米王秦汉古城遗址、董志旧城与
崆峒沟的演变

　　陇东盆地是我国古代丝路贸易的必经之地，这里有泾河道、马莲河道、洪河道、茹河道和蒲河道等多条贸易通道，其证据之一是泾河、马莲河、洪河、茹河及蒲河等河谷地分布着数量众多的秦汉时期古城遗址。①这些古城遗址之所以多分布于河谷地带而不是黄土塬上，是因为黄土塬地势高亢，远离水源地，建城和通行条件相对较差。但也有例外，当河谷地带不便通行时，道路须经由山地、塬

---

① 张多勇：《泾河中上游汉代城址变迁研究》，硕士学位论文，兰州：西北师范大学，2006年，第6-7页。

区方能到达目的地。最典型的例子就是秦直道，没有穿行于河谷而
是在子午岭山脊之上。实地考察发现，董志塬西侧界河蒲河之马头
坡桥至河口河段为其下游，河谷地带道路崎岖，难以通行。推测在
陆上丝路贸易兴盛时期，商旅人士要从泾河道进入茹河道、蒲河道，
需绕道董志塬。坐落在董志塬中部古道边上的米王古城遗址能证明
这一点。以古城为证据来判断，类似的情况还有董志旧城、彭原古
城遗址、驿马古关等。说明董志塬曾经也是古丝路贸易的必经之地。

米王古城遗址无任何文献记载，当地文博部门也未登记在册。
笔者参与考察之后，还专门为庆阳市博物馆写了古城遗址调查报告。
由于将近有 1/4 的古城陷落在霸沟内，可以此城为依据，考察霸沟的
形成年代，进而复原崆峒沟流域地貌。

一、研究区概况

1. 崆峒沟流域概况

崆峒沟流域是泾河二级支流、马莲河西岸一级支流砚瓦川的源
头之一。位于甘肃省庆阳市西峰区和宁县境内，董志塬中东部。经
纬度位置：北纬 35°33′～35°40′，东经 107°39′～107°46′。

流域内主要为塬、沟两大地貌单元，现代侵蚀沟谷沿线与塬边
线之间的缓坡地形不明显，面积有限的缓坡坡度为 7°～25°。从沟谷
形态看，整个崆峒沟都具有现代侵蚀沟特征，但从沟谷两岸黄土地
层情况判断，现代侵蚀沟沟头应位于西峰区肖金镇米王行政村高车
东庄东南侧一带（图 3-3）。从这里往下游，虽然两岸沟坡陡峻，沟
谷基本呈典型的 V 字形，但在局部沟段，也零星存在一些缓坡。缓
坡上出露的地层或者与沟坡保持相同倾角，或者具有同样的倾斜趋

势。据此判断，崾峒沟中下游存在古代侵蚀沟。现代侵蚀沟是在此基础上发育而成的。

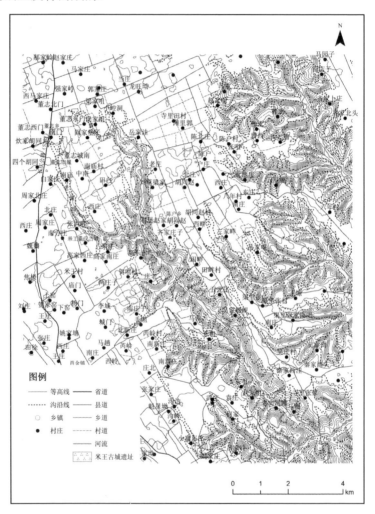

图 3-3　米王古城遗址位置及其附近沟谷

　　崆峒沟有两支较大的源头,一支源头是霸沟;另一支源头被史念海先生称为董志东门外的沟;两沟在今范家嘴以南、石堡赵家以西处汇合后,当地人称水沟;全流域统称崆峒沟。流域面积68.2 km²[①],沟底海拔 1 170～1 334 m,沟道平均比降 1.02%;主干沟道长15.95 km,宽50～1 500 m;现代侵蚀沟宽50～300 m。

　　据西峰气象站1937—2004 年(缺 1949 年)观测资料(共 67 年):流域多年平均降雨量579 mm,最大年降雨量852.8 mm(1964 年),最小年降雨量336.7 mm(1986 年)。

　　2.董志旧城概况

　　董志旧城可能是北魏云州城、北周丰义防、隋代丰义城、唐代丰义县和宋初彭阳县县治所在。[②]遗址位于今董志镇南 0.75 km、老城沟东岸(图 3-3)。其东、南、北三面城墙在 20 世纪 70 年代因搜肥活动[③]被毁。西城墙南段尚有一段残留,北段沉陷于老城沟内。残留城墙长 32 m、高 5 m、基宽 6 m、顶宽 4 m、夯层厚 20 cm。残留的北城墙长约 86 m,南城墙长约 212 m,东、西城墙长约 500 m,面积约 110 亩,具备县城规模。董志旧城护城壕清晰可辨。城内地面和地层中有大量唐代建筑残件,证明唐代曾在此处活动。现存城墙为宋代所筑,但无法确知城墙的修筑年代。

---

① 黄委会西峰水土保持科学试验站:《黄河水土保持生态工程——泾河流域砚瓦川项目区可行性研究报告》,内部资料,2006 年,第 10 页。

② 张多勇:《泾河中上游汉代安定郡属县城址变迁研究》,硕士学位论文,兰州:西北师范大学,2006 年,第 67-69 页。

③ 搜肥活动是指 20 世纪 70 年代农业学大寨运动中的一项"创新"活动。具体的做法,一是将农村土炕、锅台、老旧墙体等砸碎,堆放在露天,等雨水淋透之后,作为肥料;二是将山坡上、路边的草皮铲下来,直接作为肥料施加在农田中;三是将青草割下来堆放在事先挖好的坑中,加水发酵后作为肥料使用;等等。这类措施统称为搜肥活动。搜肥活动毁坏了许多古城墙、古庙宇。

董志旧城西北角陷落于老城沟内，可作为推测老城沟发育初始年限的证据。北宋建国于太祖建隆元年（960 年），如果以建隆二年（961 年）作为筑城时间，距今已有 1 047 年，那么，此时的董志旧城附近还未形成老城沟。

3. 米王古城遗址位置

董志旧城之南约 2.45 km、今董志镇南偏东方向 3.5 km 处，有一座古城遗址，因不知其名称及由来，暂命名为米王古城。古城位于肖金镇米王行政村张家沟畔自然村，崆峒沟西支源头老城沟（其下游段称为霸沟）西岸。北距今庆阳市区直线距离约 10 km。经纬度坐标：北纬 35°37′59.0″，东经 107°39′09.4″。

古城位置如图 3-3 所示，四至的确定基本上是以现存文化层分布情况做出的判断。但在北纬 35°38′05.0″，东经 107°39′06.5″处沟边剖面上，找到了护城壕遗迹，壕宽 12 m、深 5 m 左右，能准确定位古城北界。古城南北长 400～450 m，东西宽约 300 m，面积为 $1.2×10^5～1.35×10^5$ m² （180～202 亩）。古城东北角、中东部都已陷落沟内，但其余部分保存基本完好。

二、米王古城考证

图 3-3 所示的胡同两侧地层剖面出露许多灰坑，内涵丰富，文化层深 3 m 左右（图版 3-1）。古城东界、霸沟沟边断崖上的文化层厚度有 1.5～1.7 m。古城中东部、霸沟东岸有一座古堡，地面散落的瓦陶碎片甚多，但剖面上文化层不明显，可能是修堡子取土时将文化层剥蚀了。现在距地表 20～30 cm 的地层中还能零星见到同一时期的陶瓦碎片。

当地村民所提供的以及地层中所包含的各种文物信息，大致包括新石器时代的石器、贝壳和陶片，战国秦汉时期的建筑残件、铜钱和铁质农具，魏晋南北朝时期的陶罐、佛龛；但以战国秦汉时期遗物为主。

1．新石器时代文化遗存

从石斧、石杵、石础看（图版 3-2），该地自新石器时代起就有人居住；红色粗陶碎片上饰有篮纹，相当于齐家文化；贝币当属先周时期货币（图版 3-3）。

2．战国秦汉时期文化遗存

①钱币：从已见到的钱币判断，多为两汉时期之五铢钱、新莽时期的货泉（图版 3-4），也有唐宋、明清钱币。几年前，该村在古城中东部建了一座砖瓦厂，对古城内地层中文物毁坏严重，曾挖出了大量钱币，其中不乏新莽时期的布币等有价值文物。

②建筑残件：瓦陶片背侧多为绳纹，内侧既有素面，也有雨点、网格、斜断条纹路和粗布纹饰（图版 3-5）。网格纹饰为战国晚期和秦代特点，素面为典型的汉代特点，粗布纹饰的绳纹瓦，其时代应晚一些，当介于东汉末至魏晋南北朝之间。

张姓村民家中有几块完整的瓦和一段排水管。板瓦背为绳纹，内粗布纹，灰黑色，长 52 cm、宽 37 cm、弦高 8.5 cm。小筒瓦背为绳纹，内粗布纹，灰黑色，长 41 cm、宽 17.5 cm、弦高 7 cm。大筒瓦已经残缺，大约只剩余一半，其背侧为水波纹和三道弦纹，内侧光面，灰黑色，长 26.3 cm、宽 22.2 cm、残弦高 14.8 cm。云纹瓦当灰白色，直径 16 cm。排水管为浅土红色胶泥制品，外侧光面，管内侧局部有一些布褶皱纹，直径 17.5 cm，残长 40 cm。

③陶棺：李姓村民曾挖出一陶瓮，内存小孩尸骨（据目击者判断），当为陶棺。出土时是完整的，后残破，只剩上带口沿、下至瓮底的一小部分。其背侧绳纹，内光面，灰白色，残存部分带有两个绳眼（图版3-6）。

④金属器物：平田整地时，曾挖出了一些铸铁犁头、斧、铲，红铜质机弩、铃铛等（图版 3-7）。从形制、质地判断，当为战国秦汉时期之物。

据高车里（位于古城遗址以南城外）村民说，当地有很多汉墓，曾出土过铜鼎、剑、铜镜等物。

3．魏晋南北朝时期文化遗存

李姓村民院子出土了一个灰砖质佛龛（图版 3-8），高 17 cm，宽 11 cm，厚 3 cm。其正面上方有一佛两菩萨，佛高发髻，面像长而丰满，身着通肩袈裟，施禅定印，结跏趺坐在低矮方形座上；二菩萨头戴花冠，身着大衣，立于两侧；像下为两只护法神兽。砖呈浅灰色，质地很差，可能为民间之物。相距几米远处，还出土过一个陶罐，内装朱砂，陶罐已经毁坏，朱砂保存完好。据此判断，此院或为古庙、或为衙门所在。在李姓村民院外东北大约 5 m 处，还出土一小型陶罐（图版3-9），口径 10.5 cm，底径 14 cm，高 13.5 cm。这两件遗物的颜色、形制与其他不同，似为东汉后期或可迟至魏晋南北朝。

三、米王古城废弃年代与霸沟地貌年龄考证

1．古城废弃年代考订

由于无法获取未受污染的含碳物质，碳十四鉴定难以进行，只

有根据现有的出土文物，推测古城废弃年代。从考古证据看，遗址应起源于新石器时代，经商周秦汉，一直延续至魏晋南北朝时期。地面遗留的建筑残件以秦汉为主，鲜见魏晋南北朝及其以后遗物，故古城当为秦汉时期遗址，但未知其名称及详情。

由于部分绳纹瓦片内侧为粗布纹饰，故古城废弃年限可初步确定为东汉末年或三国时期，以三国末年（265年）论，距今有1700多年。

2. 古城废弃原因及霸沟的形成年代推测

如图3-3所示，今米王行政村张家沟畔组境内有一条与崆峒沟平行、走向接近西北—东南的胡同，据当地人讲，胡同原是南通宁州（今甘肃省庆阳市宁县）的大道。但今天作为南北通行大道的功能已经被长庆公路（陕西长武—甘肃庆阳）所取代，长庆公路南行至今宁县的长官路口，分道东行到达宁县。村道功能仍在，胡同深陷塬面以下3～7 m，两侧布满了窑洞住宅，已具备了进一步发育成为沟谷的条件。据此判断，秦汉时期崆峒沟曾经发挥过古道功能。

事实上，史念海先生早就论证过这条古道，认为今董志镇东门和南门外的沟谷"是宁州经过董志镇再向西北行的大路"。[①]即北上董志，西行经北石窟进入茹河道、蒲河道，北行经驿马关到庆州（今甘肃省庆阳市庆城县）、马岭的古道。因水土流失严重，古道逐渐演变为沟谷，崎岖难行，遂改道其西岸塬边。经过若干年之后，西岸塬边的道路又演变为今天的胡同。胡同南段称为高车里，未详该地名称由来，据当地村民讲，"同治回变"之后高家和车家并居此地，故名之。

---

① 史念海：《历史时期黄河中游的侵蚀与原的变迁》，《黄土高原历史地理研究》，郑州：黄河水利出版社，2001年，第1-30页。

　　与黄土高原其他地方一样，严重的道路侵蚀导致崆峒沟沿着古道发育，并最终导致古城遗址的中东部及东北角陷落沟内。目前还不能断定，古城废弃完全因沟谷发育引起，但霸沟的发育造成古城交通不便甚至东部塌陷，应是其中的一个原因，至少阻碍了古城的重新崛起。

　　霸沟呈弧形，全长 5.7 km。古城基本位于中游，至沟头 3.35 km，至沟边 2.35 km。自古城以东南的沟段，有几条较大的支毛沟，均是季节性干沟，是典型的现代 V 型侵蚀沟。近几年因董志镇及其附近公路的排水，主干沟道才开始出现长流水。

　　由于古城中东部及东北角已陷落沟底，推测古城兴盛时期，霸沟下游作为南下道路，最多具有胡同特征，而不会是沟谷。因此，该沟谷的形成时间上限，可以定在古城废弃以后，最多距今 1 743 年。以此年为准，则该沟沟头前进速度为 3.27 m/年。

　　沟头调查显示，自 1988 年暴雨造成今董志镇养老院南侧、霸沟沟头附近防护坝毁坏以后，仅 20 年时间沟头就前进了 50 m，前进速度为 2.5 m/年，与上述数值接近。

　　从董志旧城到霸沟沟口 4.8 km，以沟头前进速度为 3.27 m/年为准，在 1 047 年间霸沟沟头可抵达董志旧城南 1.4 km 处；以沟头前进速度为 2.5 m/年计，则只能到达董志旧城南 2.18 km 处。也就是说，到北宋建隆二年（961 年）筑建董志旧城时，霸沟的发育已造成米王古城部分塌陷，但还影响不到董志旧城，因此，董志旧城的择址就可以理解了。这与董志旧城废弃后，董志新城向北迁移是同样的理由。自然环境的变化，迫使人们不得不去适应它。

四、崾峒沟的地貌年龄

1. 崾峒沟的沟头平均前进速度和沟谷下切速度

据研究，董志东门外的沟沟头平均延伸速度为 4.55 m/年[①]。过去的 1 743 年中，崾峒沟另一分支霸沟沟头平均延伸速度为 3.27 m/年，近 20 年来为 2.5 m/年，沟头平均延伸速度为 3.44 m/年。

如前所述，霸沟为现代侵蚀沟。每隔 1 000 m 测一次沟谷深度，共测得 7 个点，然后取其平均值，平均深度为 74.4 m，平均下切速度为 0.042 7 m/年。

2. 崾峒沟相关侵蚀数据及公式计算结果

对崾峒沟主干沟道现代侵蚀沟每隔 1 000 m 测一次深度和宽度，共测得 17 个点，然后取其平均值，相关数值见表 3-2。

表 3-2 崾峒沟流域现代侵蚀沟主干沟道相关数据统计

长/m	平均宽/m	深/m	上口面积/m²	空腔体积/m³
15 950	352（50～700）	77.4（5～154）	5.59×10^6	2.68×10^8

根据崾峒沟沟头的前进速度，得到其纵向发展比数：$\alpha_{min} = 2.5/15\,950 = 1.57 \times 10^{-4}$，$\alpha_{max} = 4.55/15\,950 = 2.85 \times 10^{-4}$，$\alpha_{mean} = 3.44/15\,950 = 2.16 \times 10^{-4}$。$Q = 77.4$ m。

[①] 史念海：《历史时期黄河中游的侵蚀与塬的变迁》，《黄土高原历史地理研究》，郑州：黄河水利出版社，2001 年，第 209-210 页。

将以上数据代入公式 $n \cdot \dfrac{T_n}{QS} = \dfrac{1-\gamma^n}{1-\gamma}$ ， $\gamma = \dfrac{1}{(1+\alpha)(1+\beta)}$ ，[1]则崆峒沟地貌年龄最大为 3 347 年，最小为 1 840 年，平均为 2 433 年。

3．结果分析

史念海先生所计算的董志东门外的沟，全长 1 900 m，沟头平均延伸速度为 4.55 m/年。实地调查资料显示近 20 年沟头附近延伸 50 m 长，因此近 20 年来沟头平均延伸速度为 2.5 m/年。笔者所考察的霸沟全长 5.7 km，沟头平均延伸速度为 3.27 m/年。从概率层次分析，霸沟的结果更接近实际情况。

计入误差率，则为 2 433±1 215 年。沟头平均延伸速度为 6.56 m/年。

沟头平均延伸速度 6.56 m/年似乎偏大，考虑到崆峒沟是在古道基础上发育起来的，这条古道直到现在，其局部地段仍然作为乡间道路来使用；加之沟谷上游一带的米王古城、董志旧城、董志镇、长庆公路等大面积硬化地面的超强集流能力的影响，其沟头延伸速度较快，是可以接受的一个结果。

五、地貌复原图

根据以上结果，虚拟出战国时期崆峒沟流域的等高线。即按原来地形可能的模型，将 V 型谷谷沿线两侧的等高线对接起来，形成地貌复原图（图 3-4）。

---

[1] 样本沟谷采用的计算公式及其各项参数的计算方法，参阅第二章第二节、第三节。

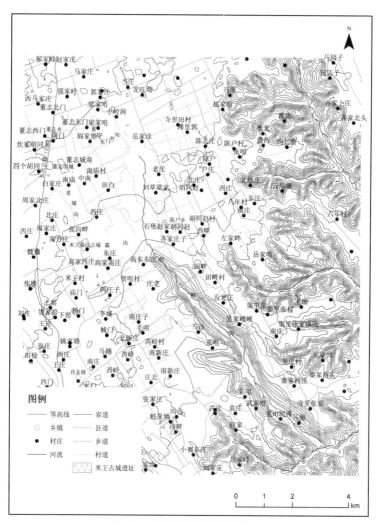

图 3-4 峁峒沟流域地貌复原

说明：塬面上和沟头附近的等高线等高距为 20 m。示意图只为说明沟谷的大致地形。

六、结论

崾峒沟现代侵蚀沟的地貌年龄为 2 433±1 215 年，其可能的最初发育时间为东周威烈王元年（公元前 425 年）前后，沟头平均延伸速度 6.56 m/年，平均下切速度 0.032 m/年，平均加宽速度 0.103 m/年。近 3 000 年来的侵蚀总量 $2.68×10^8 m^3$，年侵蚀速率 $1.1×10^5 m^3/$年。

第三节　西晋以来彭原古城附近沟谷的演变

作为世界上最大的黄土残留塬，董志塬在大量发育的深入塬面的现代侵蚀沟影响下，塬面正逐步缩小。甘肃省庆阳市西峰区彭原乡古城遗址附近彭原沟及其支流的发育和发展，就是董志塬历史地貌演变过程中的一个典型案例。史念海先生曾对彭原沟的发育有过研究，但只限于彭原沟支流背阴洼沟南岸的一个小毛沟。[1]本节将对整个彭原沟流域进行复原研究。通过这项研究，期望对唐代彭原[2]的地貌演变有一个更加明确的认识。

一、彭原古城及其四周地貌概况

在董志塬中部、今庆城县县城西南 50 km、西峰城区北 5 km、鄢旗坳东部，有两座古城遗址，庙头嘴古城位于李家寺行政村庙头

---

[1] 史念海：《历史时期黄土高原沟壑的演变》，《黄土高原历史地理研究》，郑州：黄河水利出版社，2001 年，第 179-224 页。

[2]（唐）李吉甫撰：《元和郡县图志》，贺次君点校，北京：中华书局，1983 年，第 66 页。

嘴组,位置偏北;南庄古城位于彭原行政村南庄组,位置偏南。

古城遗址所在属于泾河三级支流、马莲河二级支流的彭原沟(当地人称湫沟)流域,环绕遗址周围的沟壑,是彭原沟的支沟和毛沟。就今天地形而言,遗址所在地四周均已深沟环绕,平坦地面所剩不多,基本相当于古城面积或稍大。庙头嘴古城遗址仅西北部留下了150 m 宽的通道与董志塬相连,南庄古城遗址西部与董志塬相接处宽度也不足 500 m。相距仅 2 500 m 的两座古城遗址之间,现在横隔两道深沟,一曰大杜坪沟,也称跟集路沟,一名背阴洼沟(图 3-5)。

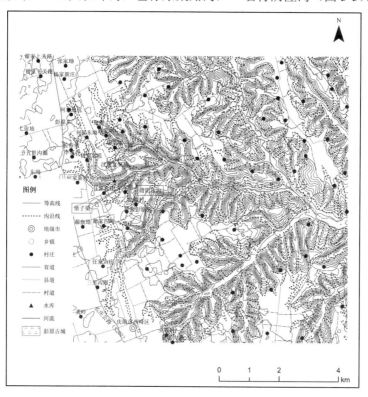

图3-5 彭原古城遗址位置及其附近沟谷

这些沟谷汇集到彭原沟，彭原沟汇入范家川（不同河段有不同名称，这里只列举了一个），范家川东南流汇入马莲河。沿马莲河河谷，直接可达宁县（古宁州）。上述河谷地带明显是前往宁州的古道。向四周辐射的每一个沟头的一端，也都与今天的市镇或较大的村庄相连。

从现在的形势看，此地缺乏建城的区位优势。古城的存在，在一定程度上说明了建城初期的地貌形态与今天不同。对古城遗址进行考证，确定其兴废年代和原因，是复原其地形原貌的首要工作。

二、遗址考察

1. 庙头嘴古城（GC1）

位于西峰区彭原乡李家寺行政村庙头嘴组。古城呈方形，东城墙基部的一小段和南城墙基部的大部分尚能看见，西城墙未能找到，北城墙及部分城内地面则已陷落路坳沟内。经 GPS 手持机定位，城墙东南角位于北纬 35°47′55.9″，东经 107°37′55.8″处，其基部一直保留至 20 世纪 70 年代。根据村民回忆的位置测量，城墙根部宽 17～18 m。就残留的部分城墙看，其夯层厚 5～12 cm。

考察发现的诸多证据，都能证明 GC1 是汉代城址。

（1）地层中包含的和地面散落的文化遗存，基本为汉代之物

从出露的地层剖面看，耕作层厚 0.9 m，文化层厚约 4 m。文化层内含有炭屑、牛骨、鸡骨、细砾石和大量建筑残件、陶器碎片等，建筑残件以大型绳纹板瓦为主，器物碎片具有汉代特征。与地面散落的遗物基本一致（图版 3-10）。李家寺行政村村部附近出土的窖藏

青铜器，也具有汉代特征（图版 3-11）。^① 地层中大面积含有气孔，无二次筑城迹象。

（2）古城规模具有汉代县城特点

GC1 东、南可根据残存城墙定界，但西、北界不易确定。

城北的路坳沟，与 GC1 有关的一段，沟宽为 90～180 m。其南岸沟边有一条乡间土路，路面宽 5～10 m 不等，道路上散落大量瓦陶片。瓦片皆背侧绳纹、内侧粗布纹，为典型汉代之物，陶片也具有明显汉代特征。

沿此路向东，大约在北纬 35°47′59.9″，东经 107°37′54.3″处，道路南侧土坎上有一豁口，土质松散，内含大量板瓦、巨石，文化层厚 3 m 左右，再向东即变为生土。此处当为东护城壕位置，壕宽 12 m。壕西侧有一高约 2.5 m 的生土垄，导致此处文化层呈峰状弯曲，可能为东城墙基部。这个位置与前述的城墙东南角基本处同一直线上，很好地确定了 GC1 东界。

密集分布的建筑残件和各种陶器碎片顺道路向其北侧的沟坡延续，直至现代 V 型侵蚀沟边缘，文化层厚达 10 m。充分说明路坳沟南坡曾经就是城内部分。

为了进一步确定城北界线，笔者考察了路坳沟北岸。现在的路坳沟北岸是黄土平梁地貌，介于其北侧的枣嘴沟和南侧的路坳沟之间。梁上地面虽散落汉代瓦砾，但未发现汉代地层，仅发现魏晋地层。另外，梁上有一条南北向的胡同（图 3-5），从路坳沟北岸开始一直向北延伸。除枣嘴沟处大约有 15 m 中断、梁上的胡同被填平外，枣嘴沟北岸的胡同，依然是当地一条较为重要的道路。胡同中出土

---

① 窖藏青铜器照片是庆阳市博物馆李红雄馆长提供的。凡是文中提供的其他文物证据均为笔者实地考察所得，并请李馆长做了年代鉴定。

的大量文物（图版 3-12），对 GC1 北界的确定有些帮助。

路坳沟北岸未发现汉代地层，说明这里已是城外。胡同南端接古城北门。根据胡同中出土的文物，推测今胡同可能为汉代古城北行的道路。路坳沟北岸沟边和平梁上的魏晋地层以及现存胡同的特征，则至少说明在魏晋时期，枣嘴沟还没有形成。

GC1 西边也临沟，即路坳沟北岸向北延伸的一条小毛沟，但文化层没有延续至沟边。西界虽未找到城墙遗迹，但文化层的突然中断，应可视为确定西界的依据。经测量，东西间距 400 m 左右。

南城墙距路坳沟南岸道路 165 m，道路宽 10 m，含文化层的沟坡宽 30 m，合计 205 m。

因路坳沟边未见到城墙痕迹，且文化层厚度没有变化，估计一部分城内地面、城墙和护城壕陷落于路坳沟内。古城北部路坳沟的位置表明它是以护城壕为基础发展起来的。

如前所述，城墙基部宽 17～18 m，护城壕宽约 12 m。如将护城壕定位在沟谷中间，则陷入沟谷的古城大概有 70 m 左右（包含 30 m 沟坡在内）。

如此，则 GC1 南北宽 275 m，东西间距 400 m 左右，古城面积大约为 $1.1×10^5$ m^2，折合为 165.165 亩，正符合汉代县城规模。

（3）古城四周分布有规模较大的汉代墓葬群

GC1 西、北 0.5～1 km 附近，枣嘴沟北岸、古胡同北端沟边一带，当地人修农田、修庄子时，曾发现多处汉墓，其中有一些已被盗，但规格都不是很高。GC1 东南侧直线距离 2 km 处，今彭原乡彭原行政村五组的前头嘴上，也有一个规模较大的墓葬群，其中汉墓占了相当比例，有地面散落的汉代陶器碎片和出露的墓穴为证。

以上证据至少能让我们断定，GC1 为汉代县城。

2．南庄古城（GC2）

位于西峰区彭原乡彭原行政村南庄组（四组），北临背阴洼沟，南临彭原沟。GC2 呈不规则方形，面积约 500 m×600 m（约合 450亩）。东北方位城墙走向为西北—东南，东南方位城墙走向为东北—西南。因流水侵蚀，城墙东部、东北部部分城墙已陷落沟内。20 世纪 70 年代的积肥活动，毁坏了东北和西南城墙，现在仅残留东南和西北沟边的部分城墙，但西北城墙的中间也已被一道长约 200 m、宽70～150 m、深 20～40 m 的沟壑切穿（图 3-5）。

残留城墙高 1～3 m 不等，夯层厚 8～12 cm（图版 3-13）。

城内地面遗留大量建筑残件，以粗布纹饰为主（图版 3-14）。

结合出露的地层剖面中的遗物和残留城墙，可以断定，GC2 应是魏晋隋唐宋时期城址。

三、文献考证

据《元和郡县图志》载，东汉富平县和唐宋彭原县曾设于此。

彭原县，本汉彭阳县地，在今县理西南六十里临泾县界彭阳故城是也。暨于后汉，又为富平县之地。后魏破赫连定，后于此复置富平县，废帝改为彭阳县，属西北地郡。隋开皇三年（583 年）罢郡，以县属宁州，十八年（598 年）改为彭原县，因彭池为名。原南北八十一里，东西六十里。[①]

_____

① （唐）李吉甫撰：《元和郡县图志》，贺次君点校，北京：中华书局，1983 年，第 64-66页。唐代 1 里大约相当于 531 m，详见陈梦家：《亩制与里制》，《考古》1966 年第 1 期。

却没有说明两座古城的关系及其具体位置。与《元和郡县图志》一样，一些历史文献和方志中的有关记载，也未明确指出汉代富平县与唐宋彭原县有两个不同的城址。如明嘉靖《庆阳府志》：

彭原废县，在府城西南八十里。后魏破赫连定，置彭阳县。隋改彭原。唐于此置彭州，元省。①

但也有文献认识到了这一点，并明确了其大致位置。
《太平寰宇记》：

彭原，本汉彭阳县地，后汉又为富平县地。后魏破赫连定后，于此复为富平县。废帝改为彭阳县，属西北地郡。隋开皇三年（583年）罢郡，以县属宁州。十八年（598年）改为彭原县，因彭池原为名，原在郡西。富平故城，后汉富平县，今废。②

乾隆《甘肃通志》：

彭原废县，在（庆阳府安化县）县西南八十里。本汉彭阳县地，后魏破赫连定，于此置彭阳县。隋改曰彭原，因彭池原为名。唐于此置彭州，元省。富平故城，在县西南，汉为北地郡治。永和六年（141年）徙冯翊，县废。魏收《志》：西北地郡领富平县，后废。《寰

① 嘉靖《庆阳府志》卷一七《古迹》，兰州：甘肃人民出版社，2001年，第397页。
② （宋）乐史撰：《太平寰宇记》卷三四《关西道十·宁州》，王文楚点校，北京：中华书局，2007年，第726-727页。

宇记》：富平，故在乐蟠县西八十里彭原县界。[①]

民国《庆阳县志》：

彭原废县，在县西南八十里，本汉彭阳县地。隋改曰彭原，因彭池原为名。唐武德初置彭州，贞观初废州为县，属宁州。肃宗图恢复，自灵州幸彭原，即此。宋属庆州，元省。富平故城，在县城西南。汉为北地郡治，永和六年（141 年）徙冯翊，县废。[②]

结合考古调查判断，《太平寰宇记》等文献记载是正确的。汉魏富平县与唐宋彭原县不是一个城址，富平故城位于宋宁州彭原县境内，今合水老县城（隋唐乐蟠县）西 80 里，庆城县西南。彭原废县则是宋宁州彭原县，位于今庆阳县（明清庆阳府安化县）西南 80 里的彭池原上。现存的两座古城遗址，一座为东汉富平县城（GC1），一座为唐宋彭原县城（GC2）。

四、古城迁徙时间

相距不到 3 km 的地面上，分布有两座古城，以及时间上所具有的继承特点，都告诉我们，东汉以后至隋唐之间，这里发生过一次城址迁徙事件。

---

① 乾隆《甘肃通志》卷二二《古迹》，（景印）文渊阁《四库全书》（第 557 册），台北：商务印书馆，1983 年。
② 民国《庆阳县志》卷二《舆地志·古迹》，兰州：甘肃文化出版社，2004 年，第 139-143 页。

1. 北魏复置富平县的时间

据史念海先生考证，北魏破赫连定的时间是北魏延和二年（433年），最早于次年"复置富平县"，北魏复置富平县的时间可能是北魏延和三年（434年）。[①]

2. 古城迁徙时间及原因

如前所述的文化地层情况，GC1 城内均以连续的汉代地层为主，没有魏晋地层，魏晋地层只有路坳沟北岸平梁上的沟边有一些不连续分布。GC1 西部边缘地面上虽也散落一些魏晋时期的建筑残件和器物碎片，但其量不大。因此，GC1 的废弃，应发生于东汉永和六年（141年）郡县内迁之后[②]。据《后汉书》卷六《孝顺孝冲孝质帝纪第六》，"（永和）六年春（正月）闰月，巩唐羌寇陇西，遂及三辅。……冬十月癸丑，徙安定居扶风，北地居冯翊"。[③]既然北地郡徙冯翊，富平县也可能于同一时期迁到了冯翊，《甘肃通志》的推测是有道理的。

北魏复置富平县时，最初可能设在今庙头嘴古城遗址（GC1），但因魏晋遗物太少，不足以支持北魏富平县长期置于此地。当属于临时性安置，后来就因故搬迁了。因此，城址迁徙当发生在北魏复置富平县以后至隋唐之间。由于魏晋建筑残件与隋唐时期的区别不明显，无法确定城址从庙头嘴搬迁到南庄的具体时间，只能以北魏延和二年（433年）作为城址迁徙的时间上限。

至于古城迁徙的原因，有如下三种可能：①城池残破，失去了利用价值；②城周沟谷的发育，导致交通不便；③两种原因都有。

---

① 史念海：《历史时期黄土高原沟壑的演变》，《黄土高原历史地理研究》，郑州：黄河水利出版社，2001年，第179-224页。
② 乾隆《甘肃通志》卷二二《古迹》，（景印）文渊阁《四库全书》（第557册），台北：商务印书馆，1983年。
③ 《后汉书》卷六《孝顺孝冲孝质帝纪》，北京：中华书局，1965年，第271页。

东汉的郡县内迁是羌乱造成的，其后又经历了东汉末年、三国、西晋时期的多次战乱。假如城郭为战乱所毁，而地貌形势依然完好，则在此重新筑城的可能性仍然存在。但 GC1 文化层显示，无二次筑城迹象。假如城郭依然完好，利用现有城址设县，是顺理成章之事。但城址南迁是事实，毋庸置疑。因此，第三种可能性更大些。

就现在的地形看，GC1 位于塬上，其南侧所临大杜坪沟（跟集路沟）是古代侵蚀沟。受城镇及其发达的道路系统的影响，山坡上的沟蚀会比较严重，进而导致入城交通不便，即使 GC1 还没有残破，也会影响县城的区位条件。如果再加上因战乱造成城池有所残破，需要重建新城，就不会选择老城原址了。但在北魏延和三年（434年），现代侵蚀沟的发育能否威胁到此地城池？需要进一步研究沟谷的发育才能知道。

五、相关沟谷形成年代确定

1. 大杜坪沟（跟集路沟）

（1）形成时间考证

如图 3-5 所示，GC1 西、北部的汉代墓葬，与 GC1 相距不远，也有道路相通，比较好理解。但大杜坪沟（跟集路沟）南岸、北距庙头嘴古城南城墙直线距离不足 2 km 处，却有汉代墓葬群，让人费解。

以今天地形看，古城遗址与墓葬区之间横隔一条宽约 1 050 m、深约 167 m 的大杜坪沟，沟坡陡峻，基本没有道路可供通行。现有的数量极少的羊肠小道，单人空手行走尚不容易，怎能抬棺而行？如果绕道，则路程长达 10.75 km。这对当时的普通人来说，是一件不容易的事。说明在庙头嘴古城废弃之前，跟集路沟的现代侵蚀沟还没有形成，最多是一个古代侵蚀沟。因此，需要进一步确定古代侵蚀沟沟头的位置。

考察沟谷两岸出露的地层剖面，发现庙头嘴古城南侧和前头嘴上的红层及其上覆马兰黄土基本与塬面平行。但自前头嘴以东，上覆黄土中所夹的红色条带开始倾斜，倾角约 15°，与山坡坡度（约 20°）接近（图版 3-15）。结合位于大杜坪沟和背阴洼沟之间的堡子梁形态，笔者认为，庙头嘴古城废弃之前，跟集路沟古代侵蚀沟沟头大致位于堡子梁、前头嘴、庙头嘴之间。从此往下游，虽然有古代侵蚀沟存在，但其宽度、深度都十分有限，不足以对交通构成障碍。如此，庙头嘴古城的墓葬区选择在前头嘴，就容易解释了。

那么，庙头嘴古城附近的跟集路沟现代侵蚀沟形成于何时？至少在古城迁址之时，古城附近一带的现代侵蚀沟还没有明显发育，未对南庄古城的交通构成威胁。即使在彭原沟的下游一带，现代侵蚀沟的发育也不严重，至少还没有威胁到交通的安全。否则不会选择南庄作为新城址。若以此时为时间上限，路坳沟与跟集路沟交汇处上游现代侵蚀沟的年龄上限为 1 574 年。以此点为准，其上游沟长 4 150 m，侵蚀速度为 2.637 m/年。沟谷平均深度约 72 m，平均下切速度为 0.045 7 m/年。

（2）公式计算结果

依据航拍图，将大杜坪沟相关数据计算统计如表 3-3 所示。

表 3-3　大杜坪沟现代侵蚀沟主干沟道相关数据统计

长/m	上口宽/m	平均深/m	上口面积/m²	空腔体积/m³
7.225×10^3	286.3（50～600）	91.6（3～150）	2.0×10^6	1.204×10^8

将以上数据代入公式 $n \cdot \dfrac{T_n}{QS} = \dfrac{1-\gamma^n}{1-\gamma}$ ，$\gamma = \dfrac{1}{(1+\alpha)(1+\beta)}$ ，经验算，现代侵蚀沟主干沟道纵向和横向发展比数近似相等。

将考古获得的数据代入公式，$\alpha = l/L = 2.637/7\,225 = 3.65 \times 10^{-4}$ 。$Q = 91.6\,\mathrm{m}$ 。则 $n = 1\,245$ 年。

计入误差率，大杜坪沟的地貌年龄为 $1\,245 \pm 622$ 年。按此推算，现代侵蚀沟沟口（与彭原沟交汇处）最初发育时间是唐天宝十二年（753 年）前后。其沟头延伸速度 5.803 m/年，平均下切速度 0.073 6 m/年，平均加宽速度 0.23 m/年。

（3）结果分析

从现在的沟谷情况看，大杜坪沟已经是实际上的主干沟，彭原沟沟口至大杜坪沟沟头的长度达 10 325 m，远大于彭原沟的 9 050 m。但因为下游沟段的名称所限，仍将大杜坪沟看作为分支沟谷。

至少在元代之前，由于两座古城的存在，南下宁州（今宁县）、北经驿马关至庆州（今庆城县），都要经由此沟。实际上，其道路功能从"跟集路沟"这一地名上，也能反映出一些端倪，只是这个地名的起源时间无法考证。后来因古城废弃，这条古道也随之废弃了。正如后面将要分析的，位于两座古城之间的背阴洼沟，也是在古道基础上发育起来的。如果大杜坪沟的现代侵蚀沟形成时间过早，势必影响唐彭原县的交通，唐彭原县的区位价值会降低。因此，计算结果与考古情况基本符合。

2．路坳沟

（1）形成时间考证

因 GC1 位于路坳沟一条支沟沟头附近，古城的存在，不能直接说明路坳沟的发育时间，但根据大杜坪沟的发育情况，可以间接推测，路坳沟的发育时间上限大约也是北魏延和三年（434年），地貌年龄为1 574年。在1∶50 000地形图上量得与古城有关的路坳沟沟长2 775 m，沟头延伸速度1.763 m/年。平均深度78 m，下切速度0.049 6 m/年。

（2）公式计算结果

依据航拍图，将路坳沟相关数据计算统计如表3-4所示。

表3-4　路坳沟现代侵蚀沟主干沟道相关数据统计

长/m	上口宽/m	平均深/m	上口面积/m²	空腔体积/m³
4.125×10^3	262.1（40～450）	92（5～180）	1.24×10^6	6.85×10^7

将考古获得的数据代入公式，$\alpha = l / L =1.763/4\,125=4.274 \times 10^{-4}$。$Q=92$ m。现代侵蚀沟主干沟道纵向发展比数和横向发展比数近似相等。

将以上数据代入公式 $n \cdot \dfrac{T_n}{QS} = \dfrac{1 - \gamma^n}{1 - \gamma}$，$\gamma = \dfrac{1}{(1 + \alpha)(1 + \beta)}$，$n=1\,317$年。计入误差率，则路坳沟的地貌年龄为1 317±658年，现代侵蚀沟沟口（与大杜坪沟交汇处）最初发育时间是唐天授二年（691年）前后。其沟头延伸速度3.13 m/年，其平均下切速度0.069 9 m/年、平均加宽速度0.198 m/年，年均侵蚀量5.201×10^4 m³。

（3）结果分析

根据考古结果分析，计算结果可能要比实际地貌年龄偏小。东汉富平县城位于路坳沟的一个支沟沟头，受入城道路和城市超强集流能力的影响[1]，路坳沟开始发育的年代还会早一些，但公式计算结果未能反映出这个情况。因此，路坳沟初始发育年代介于北魏延和二年（433 年）和唐天授二年（691 年）之间，其具体年份仍不好确定。

与大杜坪沟相比，路坳沟计算结果偏大。按一般规律，路坳沟沟口位于大杜坪沟上游，其形成时间应比大杜坪沟晚一些。但计算结果表明，它的开始发育时间比大杜坪沟早。计算结果可能更接近实际情况。

前面已经提到，大杜坪沟原本是北上庆州、南下宁州的古道，因此沟谷发育得比较快，沟头延伸速度为 5.803 m/年，大于路坳沟的 3.13 m/年，符合规律。

GC1 未搬迁以前，路坳沟是重要的入城及北上道路。路坳沟沟口一带的大杜坪沟本就存在古代侵蚀沟，入城道路需要从山坡上到塬上。坡面道路的集流，会造成道路附近的冲沟率先发育起来。因此，路坳沟现代侵蚀沟开始发育年代早于大杜坪沟，是有可能的。古城南迁之后路坳沟的古道功能有所弱化，现代侵蚀沟的发育速度趋缓也在情理之中。

3．背阴洼沟

（1）时间考证

背阴洼沟是大杜坪沟南岸支流，上游接近东西流向，至南庄古城，折向西南—东北。其沟口位于路坳沟与跟集路沟交汇点上游，因此形成时间肯定晚于 434 年。但其具体形成时间不好确定，只好以 434 年为其时间上界。此沟长度为 1 800 m，沟头前进速度为

---

[1] 姚文波：《硬化地面与黄土高原水土流失》，《地理研究》2007 年第 26 卷第 6 期。

1.144 m/年。平均深度为 62.8 m，平均下切速度为 0.039 9 m/年。

（2）公式计算结果

依据航拍图，将背阴洼沟相关数据计算统计如表 3-5 所示。

表 3-5　背阴洼沟现代侵蚀沟主干沟道相关数据统计

长/m	上口宽/m	平均深/m	上口面积/m²	空腔体积/m³
$1.8×10^3$	217（50～325）	62.8（5～112）	$5×10^5$	$1.885×10^7$

将考古获得的数据代入公式，$\alpha = l / L$ =1.144/1 800=6.353×10^{-4}。Q=62.8 m。现代侵蚀沟主干沟道纵向发展比数和横向发展比数近似相等。

将以上数据代入公式 $n \cdot \dfrac{T_n}{QS} = \dfrac{1-\gamma^n}{1-\gamma}$，$\gamma = \dfrac{1}{(1+\alpha)(1+\beta)}$，$n$=887 年。计入误差率，则背阴洼沟的地貌年龄为 887±443 年，其沟口最初发育时间是北宋宣和三年（1121 年）前后。沟头延伸速度 2.029 m/年，其平均下切速度 0.071 m/年、平均加宽速度 0.245 m/年。

（3）结果分析

背阴洼沟是大杜坪沟的支沟。从黄土地层判断，全段都具有现代侵蚀沟特征。从位置判断，正好位于唐彭原县城北侧，是进入北城门的道路，因此其发育也受了道路集流的影响。计算结果表明，其开始形成的年代晚于大杜坪沟，符合现代侵蚀沟的发育规律。

背阴洼沟沟口至大杜坪沟沟口段沟道长度约 2 150 m，与大杜坪沟全段的地貌年龄相差 358 年，则此段大杜坪沟沟头平均延伸速度为 6.006 m/年。从表象看，似乎稍稍大于 5.803 m/年这一全沟段的平均数值。但考虑到在相当长的一段时间内，大杜坪沟和路坳沟是北上驿马关、庆阳府的古道，此段沟道又属于大杜坪沟的下游，现代侵蚀沟裂点延伸速度理应比较快。之后则因古道废弃，其上游沟段发育的速度会相应变慢。

与路坳沟相比，背阴洼沟的计算结果也是可信的。路坳沟作为一条古道，其重要性比不上大杜坪沟，但比背阴洼沟重要一些。东汉富平县废弃以后，入城道路的重要性明显下降，因此与古城相关的支沟的发育非常缓慢。但因北上道路的存在，其主干沟道的发育速度仍然较快，达到了 3.13 m/年，比背阴洼沟 2.029 m/年的数值大。

从现在的位置判断，背阴洼沟可能只是唐宋元彭原县城鼎盛时期城北的一条道路，古城的废弃，意味着这条道路也废弃了，因此，其沟头延伸速度会明显趋缓。

4．彭原沟（湫沟）

（1）形成时间考证

GC2 东南墙的走向，基本与彭原沟的走向一致，说明古城建置时就受到该沟谷的制约。正如史念海先生所言，"古城建置时，安圫以下的沟壑已经形成，不过不像现在这样的深邃"。[1]此时的彭原沟，充其量只是古代侵蚀沟形态，还没有发育现代侵蚀沟。

那么，其古代侵蚀沟沟头的位置在哪里？GC2 东北城墙东侧有一条西北—东南走向的小毛沟（图 3-5），是在护城壕基础上发育起来的。护城壕东侧山坡的上半部，无论是坡度，还是黄土地层倾角，都体现出古代侵蚀沟的特征。而护城壕西侧及其上游沟谷两岸的黄土层呈水平状态，与塬面一致，且沟坡陡峻，已不具备古代侵蚀沟形态。可以推测，GC2 南侧的古代侵蚀沟已是沟头部分，宽度、深

---

[1] 史念海：《历史时期黄土高原沟壑的演变》，《黄土高原历史地理研究》，郑州：黄河水利出版社，2001 年，第 207 页。

度都不大，而现代侵蚀使原沟谷宽度大大增加，导致沟谷两岸出露了塬面黄土层。因此，彭原沟古代侵蚀沟沟头大致位于古城西南角附近。

临沟建城，既便于防御，又靠近水源，选择此地建城是上选。而古代侵蚀沟的存在，使 GC2 不能随意发展，才有了如此布局。

GC2 建成以后，彭原沟古代侵蚀沟谷地成为入城道路。从此路西南行，可到达西峰、董志，西行经南小河沟可达茹河谷地的汉宋彭阳县（镇原县太平乡彭阳行政村）、唐代临泾县（今镇原县）、固原等地。受道路侵蚀的影响，现代侵蚀沟发展得很快。

现今的沟头已抵达西峰城区北郊。今沟头一带被称为三里沟圈，是说其距西峰城区只有三里路，已承受了来自西峰城区和长庆公路（长武—庆阳）的部分地表径流。

可以肯定，GC2 附近现代侵蚀沟是古城建置以后开始发育的。但我们仍无法确定彭原沟现代侵蚀沟形成的确切年限，以北魏延和三年（434 年）作为其时间上限，则彭原沟的年龄大约为 1 574 年。从南庄古城西南角计，此沟长 3 650 m，沟头前进速度 2.319 m/年。平均深度 52.5 m，平均下切速度 0.033 m/年。

（2）公式计算结果

依据航拍图，将彭原沟全流域相关数据计算统计如表 3-6 所示。

表 3-6 彭原沟流域现代侵蚀沟主干沟道相关数据统计

长/m	上口宽/m	平均深/m	上口面积/m^2	空腔体积/m^3
9.05×10^3	217.5（30～430）	60.25（5～112）	2.15×10^6	8.71×10^7

将考古获得的数据代入公式，$\alpha = l / L$ =2.319/9 050=2.562×10^{-4}。

Q=60.25 m。现代侵蚀沟主干沟道纵向发展比数和横向发展比数近似相等。

将以上数据代入公式 $n \cdot \dfrac{T_n}{QS} = \dfrac{1-\gamma^n}{1-\gamma}$，$\gamma = \dfrac{1}{(1+\alpha)(1+\beta)}$，$n$=1 669 年。计入误差率，则彭原沟现代侵蚀沟地貌年龄为 1 669±833 年。也就是说，现代侵蚀沟沟口附近开始侵蚀的初始年代是西晋咸康五年（339 年）前后，其沟头平均前进速度为 5.42 m/年，其平均下切速度 0.036 m/年、平均加宽速度 0.13 m/年。

（3）结果分析

彭原沟与大杜坪沟交汇口以下沟段，其沟道长度为 3 100 m，两沟的地貌年龄相差 424 年。从彭原古城西南角至彭原沟与大杜坪沟交汇口的沟长 2 300 m，以彭原沟沟头的平均延伸速度计算，此段沟谷的发育时间大约需要 424 年。则彭原古城西南角上游的彭原沟（沟长 3 650 m）的发育需要 821 年，即大约自元至元二十四年（1287 年）前后开始发育。这与元至元七年（1270 年），彭原县废弃的年代接近。

为了进一步确认上述结果，我们将彭原沟与大杜坪沟交汇口上游的彭原沟段的相关参数：T_n=5.84×10^7 m^3，S=1.197×10^6 m^2，Q=65.375 m，发展比数 α=2.562×10^{-4} 代入公式，得出此段彭原沟现代侵蚀沟的地貌年龄为 1 205 年。则其下游段的地貌年龄为 464 年，仅与上述的 424 年相差 40 年。这充分说明，计算结果是可信的，且比较接近实际情况。

如前所述，北魏富平县是北魏延和三年（434 年）以后从今李家寺村庙头嘴组搬迁到今彭原村南庄组的，搬迁之时南庄附近地形条件肯定要比庙头嘴附近优越。到了唐天宝十二年（753 年）前后，彭原沟与大杜坪沟交汇处的现代侵蚀沟才开始发育，当初并没有想到，以后的彭原沟会逐渐成为深陷的 V 型沟而阻碍交通。元至元七年（1270 年），因南庄四周沟谷进一步发育，只有古城西部与董志塬相连，交通不便，唐以来的彭原县便彻底废弃了，代之而起的是今天的庆阳市（西峰区）。这与董志塬所有城址变迁的规律、原因基本一致，计算结果是可信的。

全长 11 266.1 m 的南小河沟流域现代侵蚀沟的地貌年龄 2 690 年，沟口附近现代侵蚀沟开始发育的初始年限为东周庄王十四年（前 683 年）前后，主干沟道沟头年均延伸速度为 4.19 m/年。而全长 9 050 m 的彭原沟，现代侵蚀沟地貌年龄为 1 669 年，沟口附近开始侵蚀的初始年代是西晋咸康五年（339 年）前后，沟头平均前进速度为 5.42 m/年。两者比较接近。

南小河沟流域也是在老侵蚀沟基础上发展起来的现代侵蚀沟。据考证，唐以来庆州（今庆城县）至原州（今镇原县）和渭州（今平凉市崆峒区）的道路，须经南小河沟。[①]因此，它的发育也受到古道路的影响。彭原沟作为古道，虽然废弃得较早，但今天的主沟头与庆阳市西峰城区相连，几个分支沟头都已接近西峰—庆城公路，非自然状态的来水量很大，加上董志塬分水岭东侧自然地面的集流作用，其沟道侵蚀状况与南小河沟接近。

5. 枣嘴沟

（1）形成时间考证

根据前述胡同与平梁上文化地层情况，可以确定枣嘴沟形成于北魏以后。由于枣嘴沟只是一条小毛沟，北魏以后的时间过于笼统，

① 史念海：《历史时期黄河中游的侵蚀与原的变迁》，《黄土高原历史地理研究》，郑州：黄河水利出版社，2001 年，第 1-30 页。

因此采用沟头调查数据。

沟头调查表明，近40多年来沟头前进了10 m，平均0.25 m/年。此段沟谷平均深度5 m，则平均每年下切0.125 m。胡同距今沟头约50 m，按此速度，胡同中断时间为距今200年左右。全长171 m的沟谷的地貌年龄大约648年。

（2）公式计算结果

依据航拍图，将枣嘴沟相关数据计算统计如表3-7所示。

表3-7　枣嘴沟现代侵蚀沟主干沟道相关数据统计

长/m	上口宽/m	平均深/m	上口面积/m²	空腔体积/m³
171.4	57.1（14.3～100）	25（5～45）	8.57×10^3	1.29×10^5

将考古获得的数据代入公式，$\alpha = l/L$ =0.25/171.4=1.46×10^{-3}。$Q = 25$ m。

将以上数据代入公式 $n \cdot \dfrac{T_n}{QS} = \dfrac{1-\gamma^n}{1-\gamma}$，$\gamma = \dfrac{1}{(1+\alpha)(1+\beta)}$，$n$=385年。计入误差率，则枣嘴沟地貌年龄为385±192年，现代侵蚀沟沟口开始形成于明天启三年（1623年）前后，其沟头延伸速度为0.445 m/年，其平均下切速度0.065 m/年、平均加宽速度0.148 m/年。

（3）结果分析

枣嘴沟虽然是一小冲沟，但其发育受人类活动影响较小，特别是近1 500多年来，除农耕活动和农庄、村道的影响外，受其他人类活动的影响很小。可以看作是真正意义上的自然状态的沟谷。公式计算得出的沟谷发育的各项指标，是五条沟谷中最小的，也正好反映出自然沟谷的发育特点。

但与实地考察结果相比，使用公式计算的地貌年龄偏小。笔者认为，计算结果更符合实际情况。因为今天的沟头附近有一处民居，已经居住了 20 多年，有效防止了沟头侵蚀，使近 20 多年来沟头没有前进。

如果将近 20 年来没有变化的部分计入，则依据调查数据得出的沟头延伸速度为 0.5 m/年，与计算结果十分接近。鉴于黄土高原沟谷的发育，不是简单的线性发育，而是带有很大的偶然性。有时候，一个沟头数十年没有变化，但一场大暴雨，却可以一次性前进很多。20 年不变化的沟头所在皆是，却并不说明沟头不活动。为了消除偶发事件的影响，笔者在研究历史时期现代侵蚀沟的发育时，尽量使用多年平均值，意在消除这种偶然性。因此，沟头调查数据中，使用了 40 年来的平均值 0.25 m/年。

计算公式验证结果表明，用之来计算山坡上冲沟的地貌年龄，会出现较大误差。但就枣嘴沟而言，虽然与其实际地貌年龄相比，可能还有一些出入，却仍比实地考察结果可靠。

6．讨论

根据 GC1 和 GC2 遗址的考证，彭原沟及其支流的现代侵蚀沟形成于北魏延和三年（434 年）以后，公式计算的结果支持了这一结论。但还有一些误差需要说明。为了简明，将以上计算结果列表如表 3-8 所示。

除枣嘴沟与实地考察不符以外，由于汉富平县的存在，路坳沟沟口开始发育的年代似乎应更早一些，但计算结果也没有支持这个结论。其他三道沟谷的计算结果与考古结果基本相符。

表 3-8　彭原沟及其支流现代侵蚀沟的发育情况

沟名	彭原沟（湫沟）	大杜坪沟	路坳沟	背阴洼沟	枣嘴沟	平均
地貌年龄/年	1 669± 833	1 245± 622	1 317± 658	887±443	385±192	—
发育初始年代（公元纪年）	339± 833	753± 622	691± 658	1 121± 443	1 623± 192	—
沟长/m	9 050	7 225	4 125	1 800	171.4	—
沟头延伸速度/（m/年）	5.42	5.803	3.13	2.029	0.445	3.367 4
平均深度/m	60.25	91.6	92	62.8	25	—
下切速度/（m/年）	0.036	0.073 6	0.069 9	0.071	0.065	0.062 6
平均宽度/m	217.5	286.3	262.1	217	57.1	—
加宽速度/（m/年）	0.13	0.23	0.198	0.245	0.148	0.190 2
空腔体积/m³	$8.71×10^7$	$1.204×10^8$	$6.85×10^7$	$1.885×10^7$	$1.29×10^5$	—
侵蚀速率/（m³/年）	$5.22×10^4$	$9.67×10^4$	$5.20×10^4$	$2.13×10^4$	335.06	—

六、地貌复原

根据以上结果，虚拟出西晋时期彭原沟流域的等高线。即按原来地形可能的模型，将 V 型谷谷沿线两侧的等高线对接起来，形成地貌复原图（图 3-6）。

图 3-6　彭原沟流域地貌复原

说明：塬面上和沟头附近的等高线等高距为 5 m。沟谷中的等高距为 25 m，即每隔四条
等高线，选择绘制一条，只为说明沟谷的大致地形。

七、结论

通过历史文献和考古调查，确定甘肃省庆阳市西峰区彭原乡的
两座古城遗址分别是东汉富平县城（GC1）和唐宋彭原县城（GC2），

唐宋彭原县是北魏延和二年（433 年）以后从今庙头嘴村搬迁到南庄村的。据此推断泾河四级支流、马莲河三级支流彭原沟（当地人称湫沟）流域的现代侵蚀沟，是北魏延和三年（434 年）以后开始发育的。利用黄土高原现代侵蚀沟地貌年龄计算公式，计算出彭原沟主干沟道现代侵蚀沟的地貌年龄为 1 669±833 年，开始发育的年代为西晋咸康五年（339 年）前后，其主要分支沟谷现代侵蚀沟的地貌年龄为 900～1 300 年。沟头平均延伸速度为 3.367 4 m/年，沟谷平均下切速度为 0.062 6 m/年，即平均每年下切 7 cm 左右。公式计算结果与考古结果基本相符，研究结果具有较高的可信度。

第四节　店子古镇的兴废与店子水沟的演变

一、店子水沟及店子古镇概况

店子水沟位于蒲河河口附近的东北岸，是泾河二级支流、蒲河一级支流，全长 5 900 m，东北—西南流向。沟底海拔 970～1 225 m，纵比降 4.32%。从形态上看，明显是一个古代侵蚀沟，但源头部分和古代侵蚀沟沟底发育了现代侵蚀沟。根据沟坡形态和黄土地层的特征，将古代侵蚀沟的沟头定位在距离水沟两个源头交汇点约 1 km 处（图 3-7），则此处距离今沟头 794 m。

店子水沟源头附近有一个村庄，是甘肃省庆阳市宁县和盛镇店子行政村店子自然村。该村位于今和盛镇西南 1 km，海拔 1 250～1 265 m。北、西、南三面为深 10～110 m 的沟壑（当地人称水沟），俯瞰呈"⊏"形，只有东部与太昌塬（董志塬南部）相连，村庄就位于残留的"匚"形中间凸出部——当地人口中的"塬嘴"处（图 3-7）。

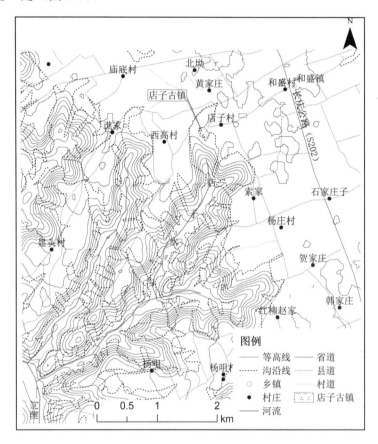

图 3-7　店子古镇位置及其附近地形

今店子村所在原本是一座古市镇，名曰"店子镇"。它北通肖金，南毗太昌，在和盛镇兴起之前，是此地的集市贸易中心。曾有"恒泰和"药铺、"世兴恭"山货铺和四家金铺，旅店、作坊等行业齐全，商业繁荣，贸易发达。店子镇古城原有四门，西、南、北三门因城周水土流失严重而先后陷落沟底；东门和其余城墙在1958年前后被人为拆毁。其东城门为砖匝隧洞，据说拆毁时，城阜门洞上方的砖质城徽为"店子镇"，此城徽下面还隐藏了另外一个鲜为人知的"黄家店子"古城标徽，说明古镇历史悠久。古镇城垣呈椭圆形，长轴（南北）约400 m，短轴（东西）近300 m①，面积为10 000～12 000 m²。但根据实地考察，似乎没有这么大。以残存的南城墙和村民记忆中的城东门位置为准，按当地地形推测城垣的最大规模，南北向约300 m、东西向约250 m（图3-7）。

二、店子古镇废弃原因及时间

昔日的店子古镇变成店子村是当地村民一个不愿回顾的隐痛。据民间传说，古镇之废弃，其交通、经贸中心地位被邱家寨（今和盛镇政府所在地）取代，主要是因为一次地质灾害——古镇西部大规模沉陷所导致。

有关此次地质灾害当地存在两种传说。一种说法是，古镇原有东、中、西三条街道，后来因城西下陷，西城墙和西街全部沉入沟底。另一种说法是，古镇原有两条街道，城陷时，只将西城墙及部分城内建筑陷落沟底。灾后清理废墟时，有一盏油灯尚未熄灭，说明是地面整体下陷，且深度不大。但形成的沟壑却阻断了古城东西通道，后来的道路不得不绕过沟头，改道城北。

灾害造成了无可估量的人员伤亡和财产损失。灾害发生的具体

---

① 《黄家庄史略》编辑组：《黄家庄史略》，内部资料，庆阳：《陇东报社》印刷厂 [准印证号：甘新出019字总685号（2000）034号]，2000年，第5-12页。

年份已无从考证，但从古镇兴废历史可推测，古城塌陷于清同治之后民国之前的 30 多年间。理由有二：

其一，董志塬是"同治回变"的重灾区，但灾后店子镇很快恢复了元气，说明古城下陷发生于"同治回变"以后。

自清同治二年(1863 年)四月回军进入董志塬，至同治八年(1869 年)清廷平息回变，董志塬一直是回军的根据地。这场浩劫导致董志塬十室九空，就黄家庄而言，原有住宅 40 余所，500 多口人，战争结束之后，生还者只有 13 户 40 多口人。[1]店子镇情况不会更好。然而，经过几十年休养生息，古镇又一次繁荣了起来，它又一次成为宁县西部重要的商贸、交通中心，外来经商者络绎不绝。村民张佩铭祖上是商人，就是同治末年由宁州蔡家坪迁居店子镇的。至民国三年（1914 年）古镇搬迁时，此镇规模已经不小了。

战乱之后，原居民返回原籍，自在情理之中，但作为商旅，有谁愿去一个残破而交通不便的古镇经商？事实上，后来店子镇的废弃与和盛镇的兴起，就足以证明此推断是不谬的。古镇能在战后迅速恢复元气，说明当时的店子镇还具有"招商引资"的地理优势，地质灾害尚未发生。所以，古城塌陷应发生在"同治回变"之后。

其二，清末民初的村民外迁和古镇迁徙，说明古城陷落发生在民国以前。

由于古镇西部地面陷落，为沟壑所困扰，店子镇逐渐丧失了昔日的区位优势。随着古镇的日益衰落，居民开始外迁，且多数外迁者选择了古镇（今店子村）东北侧 0.5 km 的黄家庄。今黄家庄的雒姓家族和张姓家族就是从店子镇迁来的，时间分别是清末和民国元

---

① 《黄家庄史略》编写组：《黄家庄史略》，内部资料，庆阳：《陇东报社》印刷厂印刷［准印证号：甘新初 019 字总 685 号（2000）034 号］，2000 年，第 13 页。

年（1912年）前后。黄家庄更靠近今天的和盛镇，仅相距0.5 km。

居民外迁的同时，店子镇的一些商号、店铺也开始外迁，店子镇东侧相距仅1 km的和盛镇正在悄然兴起。民国时期和盛镇的"恒泰和""世兴恭"等商号和店主，与原来店子古镇的商号完全一致，有可能就是从店子镇迁徙而来。迁徙时间不会很长，至少在"同治回变"以后。因为"同治回变"造成这一带人民家破人亡，流离失所，现在的店子、和盛一带住户多为后来移民，商号和店主同时得以保留的机会很小。到民国三年（1914年），店子镇的市镇整体迁徙至邱家寨，和盛镇正式成立。所以，店子镇地质灾害应发生于民国之前。

据说，这次古镇搬迁只是部分人的主张，另一部分人坚决反对，并因此造成一桩血案和为期三年的官司。店子古城的陷落与移镇邱家寨，是近百年来宁县西区首屈一指的大事。①

1966年的"破四旧"运动，使该村村民家谱全部被焚毁。加之时间久远，模糊不清的记忆无法将动迁村民一一统计，但外迁作为一件大事让当地人记忆犹新，至今仍有一些人感到愤愤不平。因此，上述口述史具有相当的可信度。

基于以上证据，推测此次地质灾害应发生在光绪年间。但光绪时期共有34年，将时间具体确定到哪一年更合理？考虑到"同治回变"以后，古镇恢复元气需要时日，因此，笔者将灾害发生年份确定为光绪十五年（1889年）。从同治八年（1869年）至光绪十五年（1889年），大致有20年时间，即用5年恢复、5年重建、10年发展，古镇

---

① 《黄家庄史略》编写组：《黄家庄史略》，内部资料，庆阳：《陇东报社》印刷厂印刷[准印证号：甘新初019字总685号（2000）034号]，2000年，第6-8页；《宁县志》编委会：《宁县志》，兰州：甘肃人民出版社，1988年，第74页。

当可恢复至战前水平。据此推算，古城西部陷落距今大约有130年。

三、古城西部陷落原因

城陷的原因，可从地陷前后的数日间当地人听见了附近漱池的隆隆水声（传说是因喇嘛盗了泉水中的宝物"金马驹"）来推测。店子镇西南方向紧邻一个古代侵蚀沟，此沟是古城以及四周数里范围内地表、地下水汇集之所。沟底有一眼水泉，是当地人的水源地。由于集流面积大，径流丰富，部分雨水和径流渗入地下，将黄土中可溶性钙质溶解带走，发生溶蚀作用并形成溶洞。或者沿着黄土及中间过渡土层的劈理下渗，并借助于其他外营力作用，发生地下水流的机械侵蚀，即所谓潜蚀作用，将劈理扩大。也或者是流水沿蚂蚁、鼠类等穴居动物掘成的洞穴贯入，引发了新的潜蚀，将洞穴扩大。总之，当地下空洞体积达到一定程度，再遇到诱发因子，例如暴雨，上方土体就会塌陷。这场地质灾害发生的原因正如此。

四、店子水沟沟头的侵蚀状况及数据

店子水沟是泾河二级支流、蒲河一级支流，东北—西南流注入蒲河。环绕古镇形成两个源头，北支源头在古镇西部塌陷沟和北护城河、古道路基础上发育而来，南支源头仅以南护城壕为基础发育。考察其形态，环绕古镇的沟谷均为现代侵蚀沟。

古镇地势较低，为董志塬分水线以西及今和盛镇部分径流汇集之所，集流面广，来水量大。自古镇西部下陷成沟以后，因侵蚀基准面下降，南北护城壕进一步演变为沟壑。古城西部陷落以前，店子镇东西通道穿行城内，城陷以后，改道城北护城壕外侧，此道路进一步演变为今天的胡同。由于胡同易于集流，成为本区主要的汇流槽，导致古镇北侧沟头前进速度快，沟道较长。而南侧沟的汇水区主要是店子村及其附近塬面，集水区面积小，来水量不大，沟头发展相对缓慢，更接近自然沟谷的发育速度。

在航拍图上测量数据，将光绪十五年（1889 年）以来的沟头发育情况，统计如表3-9所示。以4.111 m/年前进速度计，全长约5 900 m的店子水沟的现代侵蚀沟的发育时间需要1 435 年，沟口初始侵蚀时间是北周建德二年（573 年）前后。

表3-9 店子水沟沟头相关数据统计

	长/m	上口宽/m	平均深/m	沟头前进速度/（m/年）	下切速度/（m/年）	加宽速度/（m/年）
北侧沟头	794.5	227.5 （38.3～263.9）	58.3 （10～110）	6.676	0.49	1.23
南侧沟头	184	117.9 （95.1～140.7）	65 （50～80）	1.546	0.546	0.99
平均				4.111	0.518	1.11

五、店子水沟现代侵蚀沟的发育情况

1. 店子水沟现代侵蚀沟地貌年龄计算

依据航拍图，将店子水沟相关数据计算统计如表3-10所示。

表 3-10　店子水沟主干沟道相关数据统计

长/m	上口宽/m	平均深/m	上口面积/m²	空腔体积/m³
5.9×10³	260（38.3～450）	61.29（10～110）	1.62×10⁶	5.73×10⁷

根据店子水沟两个源头的前进速度，得到其纵向发展比数：$\alpha_{\max} = 6.676/5\,900=1.132\times10^{-3}$；$\alpha_{\min} =1.546/5\,900=1.678\times10^{-4}$；$\alpha_{\text{mean}} = 4.111/5\,900=6.968\times10^{-4}$。$Q =61.29$ m。

将以上数据代入公式 $n\cdot\dfrac{T_n}{QS}=\dfrac{1-\gamma^n}{1-\gamma}$，$\gamma = \dfrac{1}{(1+\alpha)(1+\beta)}$，$\alpha$、$\beta$ 看作近似相等，则店子水沟的最大年龄为 2 334 年，最小年龄为 210 年，平均年龄为 897 年。

2．结果分析

一百多年来的侵蚀活动，不仅发生在源头，店子水沟整个流域的面状、沟状侵蚀也在同时进行。店子古镇南侧沟谷的发育，更具有自然沟谷的发育特点，更接近真实情况。但是，店子水沟流域塬面比较大，汇水面积大，加之城镇、道路等硬化地面的影响，流域集流量很大，利用古镇南侧沟头发展速度所得的地貌年龄最大值稍稍偏大。而近百余年来，由于店子古镇、和盛镇的崛起和发展，来自道路、城镇等硬化地面的非自然状态集流量猛增，导致古镇北侧沟头发育速度过快，依此计算的地貌年龄最小值过于偏小。从平均值来看，也不是很符合实际情况。截至目前，笔者在店子水沟流域未找到其他早期人类活动的证据。以现有证据判断：长庆（长武—

庆阳）公路的开通时间是民国二十五年（1936 年）^①，与和盛镇的兴起时间比较接近。也就是说，在和盛镇兴起之前，途经此地的道路级别不会很高，其影响能力有限。店子古镇是附近地区的一个小镇，出露的地层剖面以明清文化层为主，说明建镇时间不是很久远。古镇对店子水沟的影响只限于北支沟头，对南支源头影响不大，对全流域的影响力更有限。因此，店子水沟的地貌年龄可能还要大于平均值，即为 897～2 334 年，更接近 2 334 年。沟口最初发育时间在战国末年（公元前 226 年）至北宋政和元年（1111 年）之间。取误差范围 897±448 年上限，则地貌年龄大概为 1 345 年，沟口初始发育时间为唐贞观十九年（645 年）前后。与考古结果（1435 年）相差 90 年，在可接受范围之内。

六、结论

店子水沟现代侵蚀沟的地貌年龄为 1 345 年（897～2 334 年），沟口附近开始发育的时间为唐贞观十九年（645 年）前后，介于战国末年（公元前 226 年）至北宋政和元年（1111 年）之间。沟头平均延伸速度 4.387 m/年（2.528～6.577 m/年），平均下切速度 0.046 m/年（0.026～0.068 m/年），平均加宽速度 0.193 m/年（0.111～0.290 m/年）。总侵蚀量 $5.73×10^7 m^3$，侵蚀速率 $4.260×10^4 m^3$/年（$2.455×10^4$～$6.388×10^4 m^3$/年）。

---

① 《宁县志》编委会：《宁县志》，兰州：甘肃人民出版社，1988 年，第 288-289 页；《泰安范村史话》编委会：《泰安范村史话》，内部资料，西安：白云印务有限公司印制，2005 年，第 144-145 页。

第五节 驿马关与清以来驿马西沟的发育

一、研究区概况

甘肃省庆阳市庆城县驿马镇位于董志塬北部，东西临沟，地势险要，自古以来即为军事要隘，史称驿马关。《新唐书·朱泚传》云：

> （唐德宗）兴元元年（784 年），……泚犹余范阳卒三千，北走驿马关，宁州刺史夏侯英开门阵而待，泚不敢入，因保彭原西城。[①]

其后的历代史志中，驿马关频繁出现。例如《明史·冯胜传》记载，明初元将扩廓遣将攻原州（今甘肃省庆阳市镇原县），为庆阳（今甘肃省庆阳市庆城县）声援。

> 胜扼驿马关，败其将，遂克庆阳。[②]

明以来的府县志更是详细记载了驿马关的相关情况。说明至迟自唐代以来，驿马关一直具备军事关隘职能。换句话说，至少在唐代这里就具备设置关隘的条件。另外，驿马镇还是南通关中、北抵宁夏的

---

① 《新唐书》卷二二五《朱泚传（中）》，北京：中华书局，1975 年，第 6449 页。
② 《明史》卷一二九《冯胜传》，北京：中华书局，1974 年，第 3797 页。

丝绸古道上的一个驿站和商贸重镇①，是今天长庆公路所经之地。

　　驿马关东西紧邻沟壑，即使没有城墙也有很好的防御效果（图3-8）。它东临东沟，东沟与长庆公路平行，是泾河三级支流、马莲河二级支流麻虎沟的沟头之一。东沟发育与驿马镇、长庆公路等各类硬化地面的超强集流有关，但缺乏足够的证据来研究麻虎沟现代

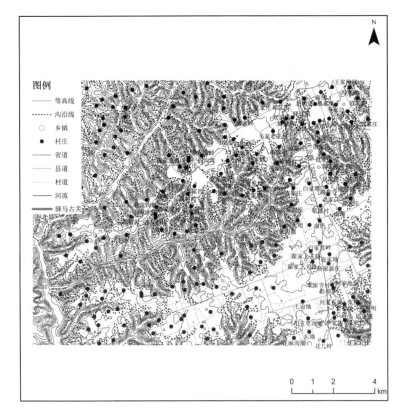

图 3-8　驿马镇古关城及其附近的地形

① 张耀民：《试论长城文化对甘肃的影响》，《西北史地》1998 年第 1 期。

侵蚀沟的形成和发育情况。西临西沟，西沟是泾河二级支流、蒲河一级支流义门沟源头之一。沟谷全长 980 m，深达 5～60 m，上口宽 35～170 m，两岸沟坡陡峻，绝大部分沟段沟坡倾角＞50°，其形态是典型的现代侵蚀沟，这从沟谷两岸出露的黄土地层也能判断出来（图版 3-16）。西沟围绕着驿马镇发育，其发育与驿马镇和长庆公路密切相关。

本节将依据驿马西沟今天的沟头调查、驿马关古城墙以及历史文献对驿马关的记载情况，来推测和计算驿马西沟的地貌年龄。

二、野外调查

1. 驿马西沟

呈"S"状的西沟 V 型沟特征十分明显。其主干部分近似南北走向（图 3-8），是驿马镇部分生活、生产废水排放地，有长流水。沟底下切侵蚀严重，仅 20 多年沟底就下切了 5 m 多，平均 0.261 m/年。侧向侵蚀也很严重，沟谷底部多处呈现悬空的崖岸（图版 3-17），不时坍塌。

但溯源侵蚀不严重，近年来沟头不仅没有进一步延伸，还有所后退。这是因为沟头发育影响到了长庆公路和驿马镇，为此在沟头部位修建了防护设施，同时将原来在护城壕基础上形成的东西向沟头填平。新修的长庆公路从驿马镇外西侧填平的沟头通过。

2. 东沟和北胡同沟

东沟基本呈南北走向，其长度和宽度比较大，也形成了多条东西向延伸的支毛沟，地形复杂。

据当地人回忆，东沟源头北胡同沟原是此地南北通行的大道，

20 世纪 70 年代北胡同沟西岸还是公路，可通行汽车；在更早的时候曾是驿马镇的一条街道。现在因沟岸扩展，局部地段虽残存一些公路，但已不可通行。公路的南端还能看出以前的街道痕迹，驿马中学以北沟谷西岸的公路则完全中断（图版 3-18）。

北胡同沟沟岸扩张中，重力侵蚀占了很大比例。1960 年北胡同沟西岸发生大型滑坡，导致沟边原有的两层窑洞庄院大部分滑落沟内，只剩上层窑洞的一部分（图版 3-19、图版 3-20）。这次灾祸还造成 3 人死亡。根据当地老人的记忆，过去 48 年间北胡同沟向西拓宽了 20～30 m，平均每年向西扩展 0.52 m。下切侵蚀也很严重，根据老人提供的线索测量，过去 80 多年北胡同沟底部部分沟段平均下切深度大约 10 m，下切速度达 0.25 m/年。

无论侧向侵蚀或者下切侵蚀，与暴雨径流的关系都极为密切。由于驿马关的城镇、道路等硬化地面面积大，集流效率高，经常发生洪水灾害。1958 年 7 月 13 日特大暴雨最大雨量达 258 mm，驿马镇附近 420 分钟雨量为 129.4 mm。据统计，这次洪灾在驿马关周围共造成人员伤亡 10 人，牲畜伤亡牛 2 头、驴 20 头、羊 27 只、猪 13 头、家兔 22 只，冲毁小麦 1.07 万 kg、农村医院 1 座，淹没农庄 44 座，毁坏大小农具 1 200 件，受灾户达 68 户，并将治理好的 4 条支毛沟冲垮。[①]北胡同沟西岸的胡同道路沿线在这次洪水中也未能幸免，也有人员伤亡。多年流水侵蚀累积的结果，终于引发了 1960 年的沟岸滑坡。

---

① 《董志塬北部 1958 年 13 日暴雨径流调查》，黄河水利委员会西峰水土保持科学试验站：《水土保持试验研究成果汇编（1952—1980）》（第一集），内部资料，1982 年，第239-257 页。

111

3．驿马关古城遗址

现存驿马关古城遗址呈不规则方形，东西以沟为界，没有城墙，南北存在城墙。大部分城墙在 1966—1976 年被拆毁，只残存西南角（位于北纬 35°52′47.4″，东经 107°35′58.2″）一段、西北角一点和东北角城墙基部。图 3-8 所绘的关城轮廓，是根据当地人回忆以及护城壕的位置来确定的。西南角城墙得以幸存的原因是城墙顶部有坐标点，西北角则因其上的一根电线杆而得以保留（图版 3-21）。

残存城墙夯土层厚 20 cm 左右，墙体内夹杂唐宋瓦片，当为明清时期所筑。南、北城墙一直延伸至沟边。根据残存城墙痕迹丈量，现有南城墙残高 3～5 m，长 30 m，包括基础痕迹在内长约 100 m，与其所在地塬面宽度相当。现有北城墙残高 2 m，长 2 m，包括基础痕迹在内长约 210 m，也与其所在塬面宽度相差无几。南北城墙间距 233 m，按当地计量方法，约合 70 丈、140 步。面积约 $3.6×10^4$ m^2，约合 54 亩。东沟沟边剖面显示文化层厚 1～3 m，内含大量建筑残件和兽骨。驿马关古城遗址区域以内塬面比较宽阔的沟坡剖面上部似乎有夯层痕迹，但不明显，无法做出判断。

从现存城墙所限定的关城轮廓来看，与历史文献记载有些出入。

三、历史文献记载

驿马镇位于今甘肃省庆阳市庆城县西南 40 km 处，附近没有其他古城遗址分布，所以上述历史文献记载的驿马关，与笔者实地考察的驿马关应为同一座城址。历史文献中没有驿马西沟发育情况的直接记述，关于驿马关的一些记述也模糊不清，且存在两种不同说法（表 3-11），有必要做进一步讨论。

表 3-11　有关驿马关关城的历史文献记录

记　述	文献出处	文献记载异同比较
驿马关在（庆阳府）城西南九十里，周一百四十步，高一丈五尺许	明嘉靖三十六年（1557 年）、清顺治十七年（1660 年）、清乾隆二十六年（1761 年）《庆阳府志》	相同点： 1. 都位于今庆城县南九十里； 2. 城墙高一丈五尺左右。
驿马关，在（庆阳府、县城）西南九十里，东西深沟，南北城各长一百四十步，高一丈五尺	成书于乾隆元年（1736 年）的文渊阁《四库全书》版《甘肃通志》；光绪《甘肃全省新通志》（1909 年）；民国二十年（1931 年）《庆阳县志》	不同点： 1. 前者记载城"周一百四十步"，后者为"南北城各长一百四十步"； 2. 后者记载了城东西临沟，前者则未明确记载

说明：清代 1 里大约为 576 m，1 步大约为 159 cm，一丈为 10 尺，1 尺大约为 31.8 cm，详见陈梦家：《亩制与里制》，《考古》1966 年第 1 期。

1．关城面积

明嘉靖、清顺治、清乾隆版的《庆阳府志》所记载的城"周一百四十步"一句[1]，比较令人费解。最大限度可有三种解释：首先——也是最正常的一种解释，是"周"作"周匝"解，如《魏书·西域传》："国中有副货城，周匝七十里"。其次，可勉强理解为四周的边长各为多少，但这种解释不能从文字本身得出，多少带有一些曲解成分。最后，可理解为南、北城的边长或东、西城的边长是多少。这是最不可能的，如果能这样解释，文献记载就失去了它应有价值。所以，我们只需对前两种解释进行讨论。

---

[1] 嘉靖《庆阳府志》卷八《兵防三》，兰州：甘肃人民出版社，2001 年，第 139 页；顺治《庆阳府志》卷五《关隘》，兰州：甘肃人民出版社，2001 年，第 582 页；乾隆《庆阳府志》卷八《关梁》，清乾隆二十七年（1762 年）刻本石印本（原 42 卷，缺 11-42 卷），陕西师范大学图书馆藏。

作"周长"解时，驿马关城的周长为 140 步。如将关城按正方形对待，则每边长为 35 步。在甘肃陇东地区，民间传统计量单位 1 步为 5 尺，清代 1 步大约 159 cm，1 尺约合 31.8 cm，折合为公制，则关城边长约 55.65 m，面积 3 096.92 m²，约合 4.65 亩。这与民间所修的防范兵、匪的堡寨面积差不多，甚至没有一般富户的宅院面积大。要知道驿马关不仅是关城，还是一个重要驿站，明弘治年间曾置巡检司以缉私贩，这一机构至少维续到清顺治年间。[①]也是当地的集市贸易中心，有陇东"旱码头"之称，是庆阳府著名的"八大镇"之一。5 亩大小的城区面积能担负如此多的职能吗？而且，这个面积也明显与实际考察的情况不符，因为现存的古关城遗址面积 54 亩，大约是其 10 倍。所以，这里的"周"不能简单地理解为"周匝"。

倒是理解为"周"边各长"一百四十步"，更符合情理。按边长 140 步来理解，则其面积为 4.955×10^4 m²，约合 74.33 亩，这与陇东地区唐宋以来的关城面积基本相符，但仍比现存关城遗址大 20 亩。考虑到古城遗址东西所临的沟边都有文化地层出露，其面积较小当与侵蚀有关。所以，"周一百四十步"可理解为关城的四边各长 140 步。

综合文献记载和考古调查情况，关城边长 222.6 m，驿马古关的面积为 4.955×10^4 m²，约合 74 亩。

---

① 嘉靖《庆阳府志》卷八《兵防三》，兰州：甘肃人民出版社，2001 年，第 139 页；顺治《庆阳府志》卷五《关隘》，兰州：甘肃人民出版社，2001 年，第 582 页；乾隆《庆阳府志》卷八《关梁》，清乾隆二十七年（1762 年）刻本石印本（原 42 卷，缺 11-42 卷），陕西师范大学图书馆藏。

2．关城城墙

关城城墙与本书所要研究的问题关系密切。如果早期关城的四周都有城墙，则说明驿马关所在地四周距离沟谷较远，无法借助沟壑作为天险，那么今天驿马关附近的沟壑就会有一个发育时间上限。

据文渊阁《四库全书》版《甘肃通志》、光绪《甘肃全省新通志》、民国《庆阳县志》，驿马关只有南、北城墙，东西则因沟为守。[①]这些文献记载中，除了城墙的长度与今天考古调查的情况不同，其位置基本一致。但明嘉靖、清顺治、清乾隆版《庆阳府志》只说城墙不提沟谷。关城东西临沟的记述如果仅仅出现在后期的文献中，没有出现在早期的《庆阳府志》中，既符合文献记述的原则，也符合沟谷发育规律。问题是，《四库全书》所录的《甘肃通志》成书于乾隆元年（1736 年），乾隆四十六年（1781 年）经校对后编入《四库全书》，比乾隆二十六年（1761 年）成书的《庆阳府志》早 25 年，反而提及沟谷，与更晚一些时候成书的光绪《甘肃全省新通志》[②]、民国二十年（1931 年）的《庆阳县志》[③]相同，说明这两种文献的记载有一种是错误的。那么，哪种记载是正确的呢？为了能进一步核实，笔者又查阅了清人李楷编纂的康熙《陕西通志》、刘於义监修的雍正《陕西通志》，但均记述不详，无法对证，只能依据实际情况进行推测。

---

① 乾隆《甘肃通志》卷一〇《关梁》，（景印）文渊阁《四库全书》（第 557 册），台北：商务印书馆，1983 年，第 335 页；光绪《甘肃全省新通志》卷九《关梁》，宣统元年（1909 年）刊本，陕西师范大学图书馆藏；民国《庆阳县志》卷三《关梁》，兰州：甘肃文化出版社，2004 年，第 180-181 页。

② 光绪《甘肃全省新通志》卷九《关梁》，宣统元年（1909 年）刊本，陕西师范大学图书馆藏。

③ 民国《庆阳县志》卷三《关梁》，兰州：甘肃文化出版社，2004 年，第 180-181 页。

驿马关是庆阳府（今庆城县）去西安、兰州的必经之地，距庆阳府城约 40 km。以常规的步行速度，正好一天路程，南行客商多半会选择在此处歇息，《庆阳府志》编纂者不会不清楚这里的地形。明嘉靖、清顺治、清乾隆三个版本的记述一致，不能简单地认为是后代抄袭了前代的结果。

乾隆《庆阳府志》是乾隆二十七年（1762 年）的石印本，虽然残缺，但字迹清楚，可信度较高。而《甘肃通志》是搜集各地方志编纂而成。雍正七年（1729 年）许容等奉勑修志：

> 以甘肃与陕西昔合今分，宜创立新稿，而旧闻缺略，案牍无存，……因详悉蒐，采择其可据者，依条缀集。

> 虽据旧时全陕志为蓝本，而考核订正增加者，什几六七，与旧志颇有不同。[①]

可见，《四库全书》收录之《甘肃通志》的资料主要来源于《陕西通志》及各地的府县志，抄录过程中出错的概率较大。尽管如此，仍然不能就说乾隆二十七年（1762 年）以前驿马关有东西城墙。为了能确认其是否存在东西城墙，应结合沟头调查。

我们先来看一下驿马东沟的侵蚀情况。东沟上游被称为北胡同沟，如前所述，其沟西岸扩张速度为 0.52 m/年。驿马关东南角附近东沟宽度约 200 m，从沟谷中间到西岸只有 100 m，按此扩展速度，仅需要 193 年左右就可完成。即在乾隆二十六年（1761 年）时，从此处沟西岸到沟谷中间部位的 100 m 还是平地。如果将沟谷拓宽，

---

① 乾隆《甘肃通志·序》，（景印）文渊阁《四库全书》（第 557 册），台北：商务印书馆，1983 年，第 7 页。

看作向两岸同步发展，则此时此地就不存在东沟，东沟沟头可能还要偏下游一些。然而，以上调查所得扩张速度是针对近数十年来的变化，用此数据推测数百年前的沟谷演变，不是很可靠。而且，如前所述，沟西岸原是驿马镇街道和主要通行大道，沟东岸虽有村庄和道路，其集流能力远不能与沟西岸相比。笔者不敢因此就断定，乾隆二十六年（1761 年）时不存在驿马东沟，但却可据此来推测当时的关城东城墙距离东沟的距离。

按文献记载，关城南城墙长 140 步，约合 222.6 m。此处现存塬面宽度约 100 m，就是说有 122.6 m 城墙的位置被沟谷占据了。城南部位之东、西两侧虽紧临沟边，但西南城角残留城墙说明了西南城角的具体位置，南城墙的其余 122.6 m 则因侵蚀陷入了东沟沟底。按最晚的民国二十年（1931 年）《庆阳县志》记载为准，在民国二十年（1931 年）以前南城墙还是完整的，则东沟向西扩展的速度为 1.72 m/年，这是实地调查获得的拓宽速度的 3.3 倍。按此速度，从乾隆二十六年（1761 年）至 2008 年的 247 年间，东沟的宽度可达 424.84 m。这里沟谷的实际宽度只有 301 m，说明乾隆二十六年（1761 年）时宽度仅 200 m 的东沟还不存在。退一步讲，即使那时有东沟，最大可能是胡同形态，根本无法借助其作为防御天堑。以上都说明驿马关古城曾经有过东城墙。

驿马西沟同样存在类似情况。驿马关古城西南角附近的西沟深约 45 m，以沟头调查得到其平均下切速度 0.261 m/年计，只需要 172 年即可形成，也就是说，在乾隆二十六年（1761 年）时，此处还没有形成沟谷，甚至整个西沟都不存在。但东沟比西沟的侵蚀更严重一些。既然乾隆二十六年（1761 年）时西沟不存在，自然就需要筑西城墙作为屏障了。现存的关城西南角还残留一点西城墙，其北端直抵沟边，明显带有因沟岸崩塌而残存的痕迹，可算作关城曾存在西城墙的一点直接证据。今天西沟的位置、长度、走向与西城墙基本一致，正好取代了西城墙的功能。

综合以上分析，对于乾隆二十六年（1761年）《庆阳府志》所载"周一百四十步"，应该理解为四周城墙各长"一百四十步"。《庆阳府志》成书时，驿马关四面还有城墙，文渊阁《四库全书》所录的《甘肃通志》记述可能有误。

四、驿马关西侧沟谷发育年代考证

驿马关城西南角城墙比较完整，紧邻深沟。墙体中夹杂唐宋建筑残件，说明筑城时间要晚于宋代，但无法确知具体时间。可以肯定的是，即使早期的驿马镇西侧没有西沟，也不会丧失关城特征。因为西南城角距离义门沟（或称驿孟沟）古代侵蚀沟沟沿只有400 m左右，完全能满足防守需要，故军不可能随意偷越过关，该关城仍能控制董志塬上的南北通行大道。所以，早期驿马关作为军事关隘的区位因素中，义门沟是必不可少的要素，但却不一定要依赖今天的西沟——义门沟支沟。

在驿马镇南城墙西端，西沟西南流注入古代侵蚀沟——义门沟。其北端与北城墙北侧护城壕成直角，说明是在护城壕基础上发育起来的。实际上，北护城壕东西两端都发育了沟谷，西段沟谷长而深，长约80 m，西向流注入西沟。前几年重修长庆公路时，将其一段沟谷填平。东段沟谷短而浅，长约20 m，东向流注入东沟。残留塬面宽度不足100 m。

驿马镇西侧沟是乾隆二十六年（1761年）以后形成的，其可能的最大年龄为 237 年。则其沟头延伸速度为 4.135 m/年、平均下切速度 0.214 m/年、平均加宽速度 0.636 m/年。以此获得的平均下切速度与沟头调查获得的 0.261 m/年相差不远，进一步说明西沟地貌年龄不会超过 300 年。

五、公式计算结果

依据航拍图,将驿马镇西侧沟相关数据计算统计如表 3-12 所示。

表 3-12　甘肃省庆阳市庆城县驿马镇西侧沟相关数据统计

长/m	上口宽/m	平均深/m	上口面积/m²	空腔体积/m³
980	150.75（35～330）	50.75（5～106）	1.37×10^5	5.08×10^6

将考古获得的数据代入公式，$\alpha = l / L$ =4.135/980=4.22×10^{-3}。Q =50.75 m。

将以上数据代入公式 $n\cdot\dfrac{T_n}{QS}=\dfrac{1-\gamma^n}{1-\gamma}$ ， $\gamma=\dfrac{1}{(1+\alpha)(1+\beta)}$ ， α、β 看作近似相等，则 n=80 年，计入误差率，驿马西沟的年龄为 80±40 年，也就是说形成于 1928 年前后。这比光绪《甘肃全省新通志》（1909 年）[①]记述的时间还要迟，因此，计算结果有误，考古和文献记述结果更接近事实。出现误差的原因是西沟的发育与其侵蚀基准面下降关系不大，更多是人为因素——城镇、道路排水所致。

---

① 光绪《甘肃全省新通志》卷九《关梁》，宣统元年（1909 年）刊本，陕西师范大学图书馆藏。

六、结论

驿马镇西侧沟可能的最大地貌年龄为 237 年，其可能的最初发育时间为乾隆二十六年（1761 年）以后。沟头延伸速度为 4.135 m/年、平均下切速度 0.214 m/年、平均加宽速度 0.636 m/年。近 300 年来的侵蚀总量 $5.08×10^6$ m³，平均侵蚀速率 $2.14×10^4$ m³/年。

鉴于驿马西沟和东沟的情况相似，驿马镇城墙东南角至源头这段沟谷也是乾隆二十六年（1761 年）以后成的，那么 2 042 m 长的北胡同沟最大地貌年龄也是 237 年，则沟头延伸速度为 8.616 m/年。

第六节 近五十年来深入董志塬塬面沟头的发展情况

一、沟头调查资料

沟头调查资料有两种来源途径。一是笔者在 2007—2008 年的 3 个多月时间里沟头调查所获取的 32 份深入塬面的沟头资料（表 3-13）。二是 1954 年黄委会西峰水保站针对南小河沟流域所做的沟头普查资料。南小河沟流域 231 个沟头中有 45 个沟头深入塬面，有 45 份沟头调查资料[①]。在董志塬共计获取深入塬面的沟头调查资料 77 份。

[①] 宋尚智：《南小河沟流域水土流失规律及综合治理效益分析》1962 年手稿，第 41-42 页。

表 3-13　董志塬深入塬面的沟头调查结果

编号	沟名	位置	沟头前进	沟岸扩张	沟床下切	侵蚀量
1	惠家沟圈沟	西峰区董志镇周岭行政村李堡自然村			40多年中下切 5 m左右，年均 0.125 m	
2	顺路沟	西峰区董志镇六年行政村郭庄自然村	过去的 44~45 年，沟头延伸了 57 m 多，年均 1.725 m。2002 年在沟头修土壩后，沟头溯源侵蚀停止			
3	脑子沟	西峰区董志镇寺里田行政村马家自然村（位于北侧）			近 50 年来沟底下切了 2~8 m。年均 0.04~0.16 m	
4	门前沟	西峰区董志镇寺里田行政村马家自然村（位于南侧）	沟头在 50 年间延伸了 33 m 多，年均 0.66 m 多。原上冲出了 3 个豁口，四个直径 4~5 m 大小的下陷坑			

编号	沟名	位置	沟头前进	沟岸扩张	沟床下切	侵蚀量
5	秦家东庄东沟	西峰区温泉乡黄官寨行政村秦家东庄			从1980年到2008年，沟底下降了15～16 m，年均0.536 m。原来东沟浅、南沟深，现在东沟深于南沟，就是由西峰城区雨水、废水排放所导致	
6	冯家对坡自然村西侧沟	西峰区温泉乡黄官寨行政村冯家对坡自然村（西侧）		是齐家川源头之一，原来沟头附近只有60～70 cm宽、20 m深，仅仅因为2006年、2007年两场洪水，就将沟加宽至5 m左右，年均2.2 m		
7	老城沟	西峰区董志镇政府南侧	沟头处原有一座涝池，1988年百年一遇的洪水将其冲毁，从1988年到2008年，沟头前进50 m，年均2.5 m			

编号	沟名	位置	沟头前进	沟岸扩张	沟床下切	侵蚀量
8	郭坳沟	庆城县桐川乡桐川桥子	因道路集水，沟头每年前进5 m			
9	火巷沟东沟	西峰城区大什字东侧	沟头在33年时间内向塬面伸进了110 m，年均3.33 m。其中最大的一次一年伸进8 m			塌方量在5 000 m³/年以上，全部总塌方量在100 000 m³以上
10	鹅池沟	西峰区什社乡庆丰行政村	未治理前，一遇暴雨，沟头就要前进。近20年来，基本保持原状			
11	驿孟沟	庆城县驿马镇西南侧	经治理，近20年沟头未再延伸			
12	南小河沟	涉及西峰区三个乡11个行政村	据黄委会西峰水保站1954年调查，南小河沟全流域有大小沟头231个，其中有支沟沟头65个，毛沟沟头166个。活跃在塬面上的沟头45个。特别严重的有6~7个。其中活跃在塬面上的45个沟头平均前进1.21 m/年			年平均塌方量为2 579 m³（约3 600 t）。马家拐沟在1947年的一次大洪水中，沟头前进了23 m，塌方8 280 m³。路家岘子1956年7月3日，一次暴雨塌方约1 000 m³以上

编号	沟名	位置	沟头前进	沟岸扩张	沟床下切	侵蚀量
13	背阴沟	西峰区董志镇廖坳行政村庄后自然村北侧	从1992年到2007年，沟头前进了31 m。沟头近50年来年均前进2 m			前上口宽20 m、深26 m（目测），沟头处为跌水，深约20 m（目测），侵蚀量2 686.7 m³，年均167.92 m³
14	左家畔沟	西峰区董志镇胡同赵行政村左家畔自然村	其沟掌称为赵家沟圈，与通往八年村、六年村的大道相连，近50年来沟头前进了150 m，年均3 m	从1996年开始因滑塌向西扩展了10~30 m，年均0.83~2.5 m	近五六年在原来沟底基础上下切了深2~5 m（年均0.4~1 m），宽5~10 m的一条新的V型沟（目测值）	近50年来，在近沟头处形成了宽32 m，深28 m，两岸呈垂直状的U型谷，以致该公路向北移动了150 m。总侵蚀量1.344×10⁵ m³，年均2 688 m³
15	左家堡子水沟	西峰区董志镇胡同赵行政村左家畔自然村		堡子南侧山坡，自1996年以来，因滑塌后退缩了大约20 m，东侧滑塌退缩了7~8 m，平均滑宽1.167 m/年		左家堡子（庙）左前方水沟，1993年修了一座土坝，后又加高了5 m，此坝于2007年就淤为平地

编号	沟名	位置	沟头前进	沟岸扩张	沟床下切	侵蚀量
16	老虎沟	西峰区董志镇胡同赵行政村左家畔自然村	堡子西侧的老虎沟，沟头近50年来向北延伸了141 m，年均2.82 m	近50年，加宽30 m左右，年均0.6 m	近50年加深12～15 m，年均0.24～0.3 m	现在沟宽120～130 m，深约70 m（目测）
17	狼摔洼东侧沟	西峰区董志镇廖坳行政村对面自然村	狼摔洼侧沟边一小毛沟，沟头在近10年内向西延伸了33 m，年均3.3 m	狼摔洼东侧的大沟及支沟沟底在近30年来分别加宽10～20 m，平均加宽速度0.33～0.67 m/年	狼摔洼东侧的大沟及支沟沟底在近30年来形成深10～20 m的V型沟及大量陷坑。平均下切速度0.33～0.67 m/年	小毛沟宽12×27 m，平均深度在7 m左右。沟壁直立，侵蚀量4 389 m³，年均438.9 m³
18	碾平沟（狼摔洼东侧沟之源头）	西峰区董志镇廖坳行政村对面自然村	原有庄基数处，沟头演进不明显，自1957年沟头修筑沟头防护坝后，基本没有延伸。2004年有一村民将沟头的塌填平，沟头后退了50 m，近50年来年均后退1 m			

编号	沟名	位置	沟头前进	沟岸扩张	沟床下切	侵蚀量
19	南庄沟	西峰区董志镇范家嘴行政村南庄		沟口附近的柳树湾沟道近50年加宽了2.2 m、2.5 m、3.0 m。年均加宽0.044~0.06 m	沟口附近的柳树湾沟道近50年下切了1.5~2.0 m,年均0.03~0.04 m	
20	圈羊沟	西峰区董志镇八年行政村东庆家自然村	沟头在近50年中,前进了约30 m,年均前进0.6 m			
21	安嘴沟	庆城县白马乡高户行政村三里店自然村	清同治年间,杨姓(秦昌)曾祖父花费三石小麦在此修建一座涝池后,沟头停止了发展	80多年前,距现在沟头45 m处沟谷宽度不大,有一座土桥连通沟谷两边人家,但现在沟宽在50 m以上		
22	朱家嘴自然村村民方以秦家东侧沟	庆城县驿马镇涝池行政村朱家嘴自然村	因新修的西庆公路排水口在此,造成沟头塌陷严重,5年来沟头前进8.5 m,沟头年均前进1.7 m			沟谷宽21 m,深15 m。沟岸直立,顶呈弧形。侵蚀量1 890 m³,年均378 m³

编号	沟名	位置	沟头前进	沟岸扩张	沟床下切	侵蚀量
23	未命名	庆城县驿马镇东滩行政村厂子自然村	自2003年西庆公路建成开始，形成了一条长50～56 m的深壕，沟头年均前进10 m			公路边形成了一条宽2～8 m、深2～5 m，长50～56 m的深壕，已经造成公路路面塌陷。总侵蚀量1 057.45 m³，年均211.49 m³
24	北胡同沟	庆城县驿马镇北侧		仅48年时间，北胡同沟西岸就向西拓宽了20～30 m，年均0.625 m	80多年来，北胡同沟沟底下切了10 m多，年均0.125 m	形成了宽25 m，深10 m左右的V型沟
25	安极庙北沟	庆城县驿马镇安极庙行政村陈庄自然村		安极庙北沟东坡，1992年发生一次大型滑坡，滑坡壁高10 m左右（目测），滑坡体厚5～6 m，宽120～130 m，滑坡苦将沟道堵塞，形成了一个小潨，现已淤平。平均加宽0.375 m/年		

编号	沟名	位置	沟头前进	沟岸扩张	沟床下切	侵蚀量
26	南沟	合水县何家畔乡产白行政村南畔自然村	近40多年，沟头只前进了10 m多，年均0.25 m。自1980年前后在现沟头修筑了一道土堰后，沟头也没有变化			沟头处跌水高12～13 m（米尺估量），上口宽30 m左右（步测）。沟岸直立，则侵蚀量3 900 m³，年均97.5 m³
27	郭家水沟	合水县何家畔乡产白行政村吊嘴自然村		郭家水沟北岸，在2007年7月发生了一次滑塌事件，后壁高约35 m，厚达7～13 m，长50 m（目测）。平均加宽速度为5 m/年		

编号	沟名	位置	沟头前进	沟岸扩张	沟床下切	侵蚀量
28	店沟	宁县太昌乡上肖行政村三组和四组之间	1951年该沟沟头距2008年沟头85 m，沟头演进速度为1.49 m/年	在距今沟头249 m处，70多年前，此处沟宽、深均很小，大点的小孩能一跃而过（以4 m计），小一点的跳不过去，就掉了下去，但不会造成伤害。今天此处沟宽40 m、深15～16 m。70年拓宽了36 m，年均拓宽0.514 m	近70年沟底下降了13～14 m，平均下切速度0.186 m/年	沟宽15 m，深12 m，长85 m。沟壁直立，近57年来的侵蚀量1.53×10⁴ m³，年均268.4 m³
29	担水沟	宁县新庄镇下肖行政村平泉自然村	自20世纪60年代以后，沟头治理以后，沟头发展不明显。近48年年均前进0 m	50年前，在距今沟头70～80 m处，沟宽20～30 m，当时的小孩能将石子扔过沟，现在沟宽达60～100 m，几乎是当时沟宽的四倍。年均拓宽0.8～1.4 m		

编号	沟名	位置	沟头前进	沟岸扩张	沟床下切	侵蚀量
30	范家水沟	宁县和盛镇范家行政村三组		2006年大雨将沟边道路冲毁10~12 m，即沟岸拓宽了10~20 m。以近30年计，则年均拓宽宽0.33~0.67 m		
31	驿马镇西侧沟	庆城县驿马镇，西庆公路西侧			近20多年来，V型沟沟底下切了4~5 m，年均下切0.2~0.25 m	
32	枣嘴沟	西峰区彭原乡李家寺行政村庙嘴头组	沟头在近40年中前进了10 m左右，年均前进0.25 m	近40年沟头附近拓宽了12 m，年均拓宽0.3 m		沟两侧均为直角陡崖，沟头跌水深13 m，宽15 m。距离沟头10 m处深15 m，上口宽20 m。40年来的侵蚀量2 456.23 m³，年均侵蚀量61.4 m³
33	霸沟	西峰区肖金镇米王行政村张家沟畔自然村			近20年沟床下降了7~8 m。平均下切速度0.4 m/年	
合计			沟头平均前进速度1.849 m/年	平均拓宽速度1.123 m/年	平均下切速度0.323 m/年	平均年侵蚀量1.191 1×10⁴ m³/年

二、调查资料分析

1．调查资料可信度

为便于对比,将南小河沟和表 3-13 调查结果统计如表 3-14 所示。

表 3-14　董志塬深入塬面的沟谷发育情况一览

	沟头平均前进速度/ （m/年）	平均加宽速度/ （m/年）	平均下切速度/ （m/年）	平均年侵蚀量/ （×10⁴ m³/年）
沟头发育情况	1.849	1.123	0.323	1.191 1
备注	沟头平均前进速度基于 66 个样本数据,其中南小河沟流域占了 45 个	沟岸扩张速度基于 13 个样本数据	沟底下切速度基于 11 个样本数据	侵蚀量基于 5 个样本数据

与本章第一节至第五节所述样本区完整流域的沟头延伸速度相比,调查所得沟头平均延伸速度普遍偏小。其原因正如第二章第二节所分析的,到沟谷发展中后期,沟头更接近源头区,流域内集水面积相对较小,进入沟头的径流量就比较小,溯源侵蚀就会越弱。而在沟谷发育初期,沟头靠近下游,流域集流面积大,进入沟头的径流量也比较大,沟头的溯源侵蚀就会严重,沟头前进速度就快。正因为沟谷发展存在如此规律,完整流域现代侵蚀沟的沟头平均延伸速度才会大于近数十年来的调查值。

与考古调查获得的数据相比,沟头调查获得的沟谷平均下切速度和加宽速度明显大于整个流域的平均值。这不是沟头调查数据不准确，而是调查数据多数针对有明显变化的典型沟谷，没有明显变化的沟谷数量偏少，换句话说，是选择沟头调查样本的偏差造成了数据误差。这是沟头调查工作面临的两难问题，典型沟谷变化明显，容易受到人们关注，而变化不明显的沟谷，没有人能说清楚其是否有变化，更不用说变化量的大小了。而且，变化不明显并不意味着没有变化。为了解决变化不明显沟谷这个难题，在沟头调查时，笔者尽可能多地关注近年来沟头防护措施较好的沟谷，特别是沟头不仅没有前进，反而有所后退的沟谷，希望能在一定程度上弥补这类沟谷所造成的误差。至于误差有多大，尚待进一步研究。但沟谷的平均下切速度和加宽速度仍按实际调查情况进行统计。

2．分类统计结果与分析

按沟道长度，将表 3-13 调查资料进一步分类（表 3-15）。即将长度在 1 000 m 以上的分支沟和主干沟道分为一类，而将 1 000 m 以下的支毛沟分为一类。

表 3-15　实地调查所得的沟谷发育情况分类统计

分类	沟头平均延伸速度/（m/年）	平均加宽速度/（m/年）	平均下切速度/（m/年）	平均年侵蚀量/（×10⁴ m³/年）	备注
≥1 000 m 沟谷	1.726	0.911	0.234	2.689	≥1 000 m 沟谷既统计主干沟谷沟头，也统计较长的分支沟谷
<1 000 m 沟谷	2.12	1.6	0.358	0.208	<1 000 m 沟谷只统计主干沟谷

分类统计结果表明，较长的分支沟谷及主干沟谷的数值较小，而长度较短的沟谷数值较大。其原因是后者正处于沟谷发育的初期阶段，前者则处于相对稳定阶段，这也符合沟谷发育的一般规律。

三、结论

基于 77 个沟头调查资料表明，近 50 年来董志塬塬面的现代侵蚀沟沟头平均延伸速度 1.849 m/年，平均加宽速度 1.123 m/年，平均下切速度 0.323 m/年，年均侵蚀量 1.191 1×10^4 m^3/年。其中≥1 000 m 沟谷的沟头平均延伸速度 1.726 m/年，平均加宽速度 0.911 m/年，平均下切速度 0.234 m/年。<1 000 m 沟谷的沟头平均延伸速度 2.12 m/年，平均加宽速度 1.6 m/年，平均下切速度 0.358 m/年。

第七节　小　结

本章研究了董志塬样点流域现代侵蚀沟的地貌年龄和发育情况，结果汇总如表 3-16 和表 3-17 所示。

统计结果显示，表 3-16 基于考古调查的九个完整流域典型沟谷沟头平均前进速度为 4.011 m/年，平均加宽速度为 0.220 m/年，平均下切速率为 0.071 m/年，年侵蚀速率 5.566×10^4 m^3（0.034×10^4～1.10×10^5 m^3）。而表 3-13 基于沟头调查的 77 个非典型沟谷沟头平均延伸速度为 1.849 m/年，平均加宽速度 1.123 m/年，平均下切速率 0.323 m/年，年侵蚀速率 1.191 1×10^4 m^3。

两组不同来源的数据的各项平均值差别明显。

表3-16 样点流域沟谷现代侵蚀沟发育情况统计

	沟名	沟长/m	上口宽/m	平均深度/m	地貌年龄/年	沟口初始发育时间	平均侵蚀量/（×10⁴ m³/年）	沟头平均延伸速度/（m/年）	平均加宽速度/（m/年）	平均下切速度/（m/年）
完整流域	南小河沟	11 266	251.2	73.38	2 690（1 794~5 145）	东周庄王十四年（公元前683年）	5.23	4.19	0.093	0.027
	蛴蛴沟	15 950	352	77.4	2 433±1 215	东周威烈王元年（公元前425年）	11.0	6.56	0.103	0.032
	店子水沟	5 900	260	61.29	897~2 334	战国末年（公元前226年）	4.260	4.387	0.193	0.046
	驿马西沟	980	150.8	50.8	237	乾隆二十六年（1761年）	2.14	4.135	0.636	0.214

沟名		沟长/m	上口宽/m	平均深度/m	地貌年龄/年	沟口初始发育时间	平均侵蚀量/(×10⁴ m³/年)	沟头平均延伸速度/(m/年)	平均加宽速度/(m/年)	平均下切速度/(m/年)
	彭原沟	9 050	217.5	60.25	1 669±833	西晋咸康五年（339 年）	5.22	5.42	0.13	0.036
	路坳沟	4 125	262.1	92	1 317±658	唐天授二年（691 年）	5.20	3.13	0.198	0.069 9
完整流域	大杜坪沟	7 225	286.3	91.6	1 245±622	唐天宝十二年（753 年）	9.67	5.803	0.23	0.073 6
	背阴洼沟	1 800	217	62.8	887±443	北宋宣和三年（1121 年）	2.13	2.029	0.245	0.071
	夔嘴沟	171.4	57.1	25	385±192	明天启三年（1623 年）	0.034	0.445	0.148	0.065
平　均							4.989	4.011	0.220	0.071

说明：沟口附近现代侵蚀沟发育的初始年代的浮动范围，可参照相应的地貌年龄浮动范围。

完整流域典型沟谷的沟头延伸速度是非典型沟谷的两倍有余，与数据采集地人类活动的干预程度有关。完整流域典型沟谷人类活动的干预比较明显。除南小河沟，其他 8 个沟谷的沟头附近或者有村镇城市，或者沿着古道路发育，硬化地面面积大，集流能力强，降水转化率高，来自沟头附近的径流远大于同面积自然地面，沟头前进速度较快。非典型沟谷的数值是沟头调查所得，数据来源包括三大类：有些是沟头延伸速度较快的典型案例；有些因近数十年来沟头治理效果较好，沟头位置基本保持不变，甚至因工程建设而被填平，出现了沟头倒退现象的典型案例；大多数沟头虽然近数十年来或多或少受了塬区梯田建设的影响，但从其漫长的发育历史来看，更接近自然发育状态。

除此之外，沟头延伸速度还与沟头的位置有关。理论上讲，侵蚀速率大小受径流量的影响最直接。在其他条件相同的情况下，径流量越大，侵蚀速率越大。在沟谷发育初期，全流域的地表径流都参与了沟头的溯源侵蚀，沟头延伸速度快。随着沟头的前进，参与沟头溯源侵蚀的流域汇水面积减小，可比条件下参与沟头侵蚀的径流量会减小，沟头的前进速度趋缓。而沟头调查数据主要针对现代侵蚀沟上游一带沟头附近的变化，因接近流域上游，汇流面积比较小，自然状态的集流量极为有限。除人类活动影响较大的沟头外，大多数沟头的延伸速度都比较小。

完整流域现代侵蚀沟的沟谷下切速率仅为非典型沟谷的21.98%，加宽速度只有非典型沟谷的 19.77%，远比非典型流域小。这与数据采集地沟谷发育阶段有关。完整流域除了枣嘴沟、驿马镇西侧沟是早期冲沟，背阴洼沟处于早期冲沟与中期冲沟的过渡状态，其余都已初具晚期冲沟形态。非典型沟谷数据多来源于沟谷源头，其形态多数为早期冲沟。从侵蚀作用的发生和形成过程看，下切侵蚀和侧向侵蚀主要受侵蚀基准面制约。如果侵蚀基准面不变，经过长时期侵蚀活动之后，流域中下游沟段会趋于稳定，甚至出现微量的沉积现象；其侧向侵蚀也基本趋于稳定，沟谷宽度变化也就不再明显。随着沟头的延伸，下切侵蚀也逐步向上游沟段转移。因此，就全流域而言平均下切速率比较小。非典型流域的情况正相反，因数据基本来源于流域上游，是沟谷发育的幼年期，正是沟谷急剧扩张的阶段，其下切速率比较大，侧蚀剧烈，沟谷加宽速度就比较大。

除枣嘴沟外，完整流域年均侵蚀量，均大于沟头附近沟谷的年均侵蚀量。这与流域面积的关系更大一些。完整流域流域面积大，汇水区域大，径流来源复杂，流域内要素变化的影响力会相互抵消，单一要素变化的影响就不明显。以彭原沟（湫沟）为例：整个流域支沟众多，不仅包括路坳沟、背阴洼沟、大杜坪沟、枣嘴沟等，沟道长度大于 200 m 的支毛沟大约还有 100 个，这些支毛沟都是彭原沟的汇水区，且每个沟头的情况都不一样。即使因为某个沟谷的沟头有变化，如枣嘴沟沟头因为有民居，采用了一些加固沟头的措施，使沟头附近的侵蚀活动有所减弱，其沟头年均延伸速度只有 0.445 m，年均侵蚀量只有 535.06 m^3。但对彭原沟来说，这个变化量所占比例不足整个流域的 1%。在彭原沟发育期间，如果其他分支沟谷要素发生了与枣嘴沟截然相反的变化，就会将枣嘴沟的变化抵消掉。所以全长 9 050 m 的彭原沟，1 669±833 年以来全流域年平均侵蚀量依然达到了 5.22×10^4 m^3、沟头年均延伸速度达到 5.42 m。正因为如此，只针对近数十年来某个沟头要素所做的沟头调查数据，只能反映该流域沟谷地貌发育的一个方面。就特定沟头所在的整个流域而言，仅依据调查数据还不好判断其年侵蚀量大小。如果将为数众多的沟头调查数据放在一起，则可得出相对客观的结论。

为了更好地验证不同发育阶段现代侵蚀沟的土壤侵蚀情况，再按沟谷长度分级整合表 3-16 考古样点数据与表 3-13 沟头调查数据，得出表 3-17。

表 3-17　不同长度样点沟谷的发育情况统计

分类	沟头年均延伸速度/m	年均加宽速度/m	年均下切速度/m	年均侵蚀速率/×10⁴ m³	备注
≥1 000 m 沟谷	2.983	0.535	0.141	4.576	≥1 000 m 沟谷既统计主干沟谷沟头，也统计较长的分支沟谷
<1 000 m 沟谷	2.205	0.996	0.199	0.430	<1 000 m 沟谷只统计主干沟谷

表 3-17 的统计结果与上述完整流域典型沟谷和基于沟头调查的非典型沟谷表现出了同样趋向，但沟道长度≥1 000 m 沟谷与沟道长度<1 000 m 沟谷两者相差幅度小了一些。说明上述分析是合理的。

由于董志塬塬面海拔为 1 200～1 400 m，比周边河谷高出 200 m 左右。除非侵蚀基准面泾河河床下降，否则这个高差会保持一个相对稳定的状态。则沟道长度<1 000 m 沟谷的最大比降可达 20%以上。所以深入董志塬面的这类沟谷多为冲沟甚至为早期冲沟，侵蚀比较严重。

　　总体来看，董志塬现代侵蚀沟的发育情况，大体有如下规律：①下切侵蚀、侧向侵蚀与沟谷发育年龄成负相关。处于发育初期阶段的沟谷，下切侵蚀、侧向侵蚀都比较严重；而处于发育成熟阶段的沟谷，情况正相反。下切侵蚀、侧向侵蚀也与沟谷分段有关，一般情况下，上游比较严重，中游次之，下游最轻。②整个流域的侵蚀速率，与沟头附近的人类活动特别是村镇、城市、道路等硬化地面之间呈正相关。③年均侵蚀量大小，与流域面积大小或者沟道长度正相关。

　　由此得出以下结论：

　　①深入董志塬塬面的现代侵蚀沟发育的初始年代，基本局限在全新以来的历史时期。

　　②主干沟道长度在 10 km 以上者，现代侵蚀沟的地貌年龄多在 2 000 年以上；主干沟道长度在 10 km 以下者，现代侵蚀沟地貌年龄多在 2 000 年以下。

　　③利用近数十年试验获得的侵蚀模数值计算现代侵蚀沟的地貌年龄，结果往往偏小；而利用调查获得的近数十年沟头平均延伸速度计算现代侵蚀沟的地貌年龄，结果往往偏大。说明现代侵蚀沟的沟头延伸速度越来越慢。

　　④沟头调查获得的年均侵蚀量数值虽然偏小，但因沟头数量的增加，仍导致整个流域的侵蚀量日益增加。历史时期董志塬地区的水土流失表现为日趋严重。

　　⑤现代侵蚀沟的发育速度，与人类活动对其干预的程度正相关：发育速度较快的沟谷，或者是在古道基础上发育的，或者是沟头部位存在古城镇。

⑥沟头前进速度 0.445～6.56 m/年，平均下切速率 0.032～0.214 m/年，平均加宽速度 0.094～0.636 m/年，平均侵蚀速率 $3.35×10^2$～$1.10×10^5$ m^3/年。

第四章 对比样点流域

为了进一步说明黄土塬地貌演变情况，本章选择董志塬附近地区的早胜塬、长武塬、平泉塬、孟坝塬的五个样点流域进行对比。

第一节　早胜塬（一）
——明代早胜古镇与固益沟的演变

一、研究区概况

早胜塬位于董志塬东南方向，隔马莲河与董志塬相望，旧称早社塬或枣社塬。西界马莲河、北界九龙河、东界无日天沟、南界泾河。塬面呈三角形，南北长约 20 km，东西长约 30 km，面积 335 km²，是庆阳市第二大塬。海拔 1 100～1 300 m，年降雨量 550 mm 以上。塬面平坦开阔，以黑垆土为主，是庆阳市宁县的主要产粮区。[①]

---

① 甘肃省庆阳地区志编纂委员会：《庆阳地区志·地理志·地貌》，兰州：兰州大学出版社，1998 年，第 259-262 页。

早胜镇位于早胜塬西部，北距宁县县城 18 km。G211 国道（银川—西安）、铜嵋（铜川—平凉嵋岘）公路、早长（早胜—长武）公路穿镇而过，交通便利，地理位置优越，商贸繁荣，为"陇东商贸重镇"。①

早胜镇有新城和老城之分。老城区（改革开放以前的城区）坐落在一座古城遗址之内，东、北、南三面旷塬，西面临沟。新城区则移于老城区东侧塬面上。

老城区所临之沟是固益沟源头之一，当地人称之为西沟。固益沟是泾河二级支流、马莲河东岸一级支流，自东向西注入马莲河。主干沟道全长 11 888 m，沟道平均纵比降 2.51%。流域内分支沟谷众多，其中较大的分支沟谷及主干沟谷沟头均指向村镇或公路。其源头早胜西沟也有三个分支，从形态看均为现代侵蚀沟。最西面的分支沟头指向 G211 国道，北支沟头和东支沟头均围绕早胜镇老城区发育。

北支沟头向东发育了一条毛沟，被称为北沟。北沟在北纬 35°24′27.8″、东经 107°59′58.8″处又向南拐头，被称为东沟。今东沟沟头已经接近镇政府北墙，因老城区城内部分雨水、污水由此处排放，东沟沟头仍保持快速前进势头。北沟和东沟呈"┑"形，转折处为直角（图 4-1、图版 4-1）。这两道沟都紧挨着古城墙外侧，北沟紧挨着北城墙，东沟紧挨着东城墙，说明这两道沟是在护城壕基础上发育而成的。

---

① http://www.zaoshengzhen.cn/GaiKuang/200704/ZaoSheng_3125.html.

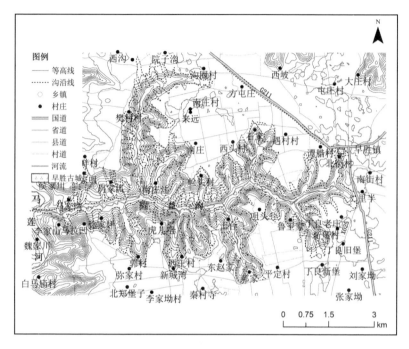

图 4-1　早胜镇明代古城及其附近沟谷位置

　　早胜的另一称谓是枣社。新编《宁县志》认为该古城遗址是明万历三年（1575 年）所筑。[1]其城墙特征、文化地层也显示了明清城址特征。

　　狄梁公两为宁州刺史，民立祠植枣，取两束之义。今其民社前一日祭，谬为早云。[2]

　　隋大业十年（614 年）于此筑城，置枣社驿。武德二年（619 年），

---

[1]《宁县志》编委会：《宁县志》，兰州：甘肃人民出版社，1988 年，第 68 页。
[2]（宋）张舜民撰：《画墁录》，《四库全书·子部·小说家类》。

于驿分定安县置定平县（城址位于今宁县中村乡政平行政村），其驿移出城北。[1]

最早建镇时间当不晚于唐武德二年（619年）。《太平寰宇记》进一步指出："唐武德二年（619年），于驿城分置定平县，仍移于今所。"[2]从"仍移于今所"一句推测，唐武德二年（619年）以前的早胜似乎曾设立过驿站。其后作为陇东地区的商贸重镇，屡兴屡废。

除此遗址之外，早胜镇还有三座古城遗址，当地人称之为东新城、南新城、北新城，筑年均无考。

二、北沟形成时间考证

早胜老城地势险峻。1988年版《宁县志》云：

三面深沟，南面坚墙，以狭长岘道劈门设关，十分险固。同治年间，诸城屡陷于陕回起义军，唯此城独存。[3]

但清康熙《宁州志》未提及"三面深沟"。

早胜镇城，在（宁）州南三十里，万历三年（1575年），州判王

① （唐）李吉甫撰：《元和郡县图志》，贺次君点校，北京：中华书局，1983年，第64-66页。
② （宋）乐史撰：《太平寰宇记》卷三四《关西道十·邠州》，王文楚点校，北京：中华书局，2007年，第724页。
③ 《宁县志》编委会：《宁县志》，兰州：甘肃人民出版社，1988年，第68页。

吉监修。[①]

从康熙《宁州志》记载中，能否得出明万历三年（1575 年）筑城时，此地不存在"三面深沟"的地貌形势的结论？答案是肯定的。

早胜古城最初是作为驿站设立的，明清时期设镇，它不是防御盗贼的堡子，没有必要设在三面环沟的险要之处。"同治回变"以后，早胜镇逐步从三面环沟的古城向其东侧更为空旷之处发展，也佐证了这个观点。机械打井技术没有推广之前，西沟是早胜镇唯一的水源地。从城市水源因素考虑，城址选择需临近沟谷，却不一定非要三面环沟。因此推测古城初设立时，并不是今天所见的三面环沟的形势。

固益沟沟头发育与道路有关。早胜西沟西支沟头直抵 G211 国道，导致此处国道向北弯曲，绕过沟头后，分道沿西沟东岸再向南延伸（图 4-1）。但从道路走向的趋势看，原来道路应是东南向经由明代古城西南侧，再转而南行的（图版 4-1）。另外，早胜西沟东支沟头呈东西走向，现已将北街村和早胜镇老城隔断，说明东支沟头的发育也与道路有关。故推断明万历三年（1575 年）筑城时，固益沟沟头应该位于古城西南角、今北街村西部的古道西南侧附近。

早胜镇坐落在三大公路交汇之处，其中一条是国道。在民国二十五年（1936 年）长庆公路（长武—庆阳）未开通以前，从长武北上的道路须经政平（唐定平县）、早胜和宁县（古宁州），其重要性

---

① 康熙《宁州志》卷二《建置》，中国西北文献丛书编辑委员会：《中国西北文献丛书》第一辑《西北稀见方志文献》第四十四卷，兰州：兰州古籍书店影印出版发行，1990 年，第 318 页。

不亚于今天的长庆公路。①因道路、古镇排水量大，西沟发育迅速，北上道路遂改由古城东侧绕行。依此推算，早胜镇附近的西沟、北沟应形成于明万历三年（1575 年）以后，距今至少有 433 年。

三、早胜镇西沟、北沟的侵蚀情况

早胜北沟呈 V 形，是典型的现代侵蚀沟（图版 4-1），沟长约 400 m，沟口上口宽约 120 m，深 80 m，沟头处深约 25 m。东沟沟长 180 m，今沟头位于北纬 35°24′22.0′，东经 108°00′4.5″处，沟头跌水深 16.7 m。早胜古城西南角、今北街村西部至 G211 国道南侧沟头附近的西沟长 250 m。三段合计共长 830 m，则沟头平均延伸速度 1.917 m/年。

沟头调查资料显示，59 年间，东沟沟头延伸近 120 m，沟头平均延伸速度 2.07 m/年。以调查数据计算，自万历三年（1575 年）以来，早胜西沟沟头延伸了 896 m，沟头位置在古城西南角不远处。这与前面的推断结论基本一致。

早胜西沟沟头平均前进速度为 1.994 m/年。至少在万历三年（1575 年）时，固益沟沟头还在古城西南角附近——今早胜镇北街村西部。依此速度推算，固益沟沟口附近现代侵蚀沟发育的初始时间是公元前 3954 年，地貌年龄 5 962 年。

---

① 《泰安范村史话》编委会：《泰安范村史话》，内部资料，西安：白云印务有限公司印制，2005 年，第 144-145 页。

四、固益沟的地貌年龄计算

1．地貌年龄

依据航拍图，将固益沟主干沟道现代侵蚀沟相关数据计算统计如表 4-1 所示。

表 4-1　固益沟主干沟道现代侵蚀沟相关数据统计

长/m	上口宽/m	平均深/m	上口面积/m²	空腔体积/m³
$1.188\,8\times10^4$	230.5 (77.5～413)	52.54 (9～100)	2.88×10^6	8.42×10^7

依据早胜西沟、北沟相关数据，得出固益沟纵向发展比数：$\alpha_{max}=2.07/11\,888=1.74\times10^{-4}$，$\alpha_{min}=1.917/11\,888=1.613\times10^{-4}$，$\alpha_{mean}=1.994/11\,888=1.677\times10^{-4}$。$Q=52.54$ m。

将以上数据代入公式 $n\cdot\dfrac{T_n}{QS}=\dfrac{1-\gamma^n}{1-\gamma}$，$\gamma=\dfrac{1}{(1+\alpha)(1+\beta)}$，$\alpha$、$\beta$ 近似地看作相等。则固益沟的地貌年龄最大值 3 805 年，最小值 3 527 年，平均值 3 660 年。

2．结果分析

尽管长武—宁县的公路重要性在下降，但由于近数十年来，现代公路和早胜镇大量的以现代建筑材料修建的住房的出现，使早胜镇附近地区的集流能力大于以往任何时候，固益沟沟头延伸速度比以往任何时候都要大一些，因此，沟头调查数据会偏大。好在三种数值差距不大，取其平均值，则固益沟现代侵蚀沟的地貌年龄为 3 660 年，计入误差率，则为 3 660±1 827 年。其最初发育时间大致在公元前 1652 年前后，沟头延伸速度为 3.25 m/年。

事实上，固益沟中下游已经出现了宽底的沟谷，发育年限长是相对合理的。

五、结论

固益沟主干沟道现代侵蚀沟地貌年龄为 3 527～3 805 年，其沟口附近现代侵蚀沟可能的初始发育时间为公元前 1652 年前后，沟头平均延伸速度为 3.25 m/年，平均加宽速度为 0.063 m/年，平均下切速率为 0.014 m/年。3 600 多年来的总侵蚀量 8.42×10^7 m^3，平均侵蚀速率 2.3×10^4 m^3/年。

第二节　早胜塬（二）
——唐蔡公墓与元代以来官草沟的演变

一、官草沟概况

早胜塬塬面呈"τ"形[1]，其向南凸出的面积最大的塬面部分，唐时称定平原，为唐定平县地。它南临泾河、西临马莲河、东临无日天沟。官草沟就发源于其最南端凸出的黄土塬边缘，源头在北纬 35°18′48.4″、东经 107°57′23.2″、海拔 1 169±4 m 的拦水坝南侧。流

---

[1] 甘肃省庆阳地区志编纂委员会：《庆阳地区志·地理志·地貌》，兰州：兰州大学出版社，1998 年，第 259-262 页。

经甘肃省庆阳市宁县中村乡肩底村[①]和政平村，在政平村东北方向的山脚注入小河（无日天沟沟口段）。全长 4.7 km，为泾河二级支流，无日天沟西岸一级支流，季节性干沟。

据村民回忆，官草沟源头附近拦水坝是 1968 年所建，用来拦截上游胡同的雨水。那时胡同两侧有大量民居，来自胡同的雨水非常多。拦水坝建成以后，往往一场降水，坝内就能被雨水积满。拦水坝南侧沟内有明显水蚀痕迹，北侧为平坦农田。说明拦水坝成功遏制了沟头的溯源侵蚀，否则水坝北侧胡同早就变为沟谷了。官草沟西岸旱长公路通车后，胡同的道路功能随之丧失，住在老胡同的居民陆续迁往别处。官草沟流域因硬化地面面积减少，集流量也随之减少，沟谷的发育速度明显放缓。

拦水坝北侧是泥沙淤积而成的坝地，农田地面比两侧塬面低 4.4 m 左右。南侧为沟谷，附近有两个跌水，两者相距 89 m。北侧跌水处沟深 7～8 m，上口宽 50 m 左右，属平底胡同型沟谷。南侧跌水处沟谷深 17.4 m，形态呈 V 形。从这里直到沟口，沟谷的深度、宽度逐渐增加。南侧跌水至塬边段沟谷比降 4.97%，至沟口段平均比降 5.596%。

官草沟在塬面上的流向近乎为东北—西南向，长度 2 950 m；山坡上则近乎南北走向，长度 1.75 km（图 4-2）。旱长公路紧邻官草沟西岸。山坡上一段为"之"字形弯道，塬面上与沟谷平行（图版 4-2）。

[①] 当地土话称山上的某块梯田为"jian"，手写为"土"旁"金"。这字在字典里没有查到，应是当地人创造的字。一般情况下，当地人说的 jian 底，是指上位梯田边缘竖崖（当地人发音：nai，三声）的下部与处于其下面的梯田相接触的部位。当说话人站在高处，想要描述位于自己下方的这个部位时，就说"jian 底"。如果要描述自己所站梯田内侧竖崖附近位置时，就用 jian 根底。但用在村庄名中，就与梯田无关了。据笔者推测，此村庄名多半是"肩"字，意味着山体或陡崖的肩部。肩底村是指山肩下方的村子。

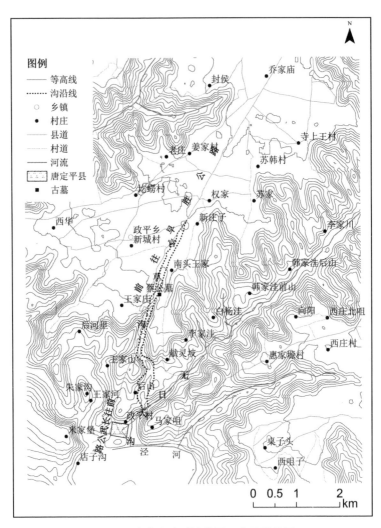

图 4-2　官草沟流域地貌图及蔡公墓位置

　　唐定平县治在今宁县中村乡政平村，位于马莲河东岸、泾河北岸、无日天沟（政平人称小河）西岸三水交汇处的一级阶地上[1]。古城遗址东边、无日天沟东岸保存完好的唐代凝寿寺塔可以证明这一点。图版4-3凝寿塔左后方冲沟就是官草沟沟口。

二、官草沟形成原因及地貌年龄考证

1. 形成原因考证

　　实地考察发现，官草沟所在位置是早胜塬南北通行的古道，它是在古道路基础上发育起来的。其证据为：

　　①沿官草沟沟头向北，胡同古道痕迹尤存。沟头附近的第一个跌水至第二个跌水之间，胡同形态明显，属平底胡同型沟谷，沟谷底部还残存一些平地，表明此段沟谷原是胡同道路。从第二个跌水开始直至沟口段，虽然看不出道路形态，但不难推测其是古道的延伸部分。姑且将此古道命名为官草沟古道。

　　②官草沟古道可能为长安—兰州段丝绸之路古道之一。政平行政村有一座古城遗址，是唐定平县城。它南接唐宜禄县，北至唐枣社驿，是唐邠州（今陕西彬县）与宁州（今甘肃宁县）之间的重要节点。唐定平县存在一条南北通行的大道，不仅合理而且必要。早长公路就是这条道路的一种诠释。

　　实际上，G312国道也是沿丝绸古道行进，到陕西长武县以后，分为两道。其一沿泾河河谷向西，翻越六盘山到达兰州。另一条经今长武县相公乡，渡泾水至宁县政平，再北上经早胜镇到达宁县（古

---

① 谭其骧等主编：《中国历史地图集》第五册《隋唐五代十国时期（第40-41图幅）》，北京：中国地图出版社，1982年。

宁州），即今早长公路。从宁县向西，过马莲河上董志塬，经太昌、萧金，到达镇原（唐行原州、宋金原州所在）、固原（古原州）。或者向北沿马莲河、砚瓦川河谷上董志塬，经董志、西峰，或经范家川、彭原（唐彭原县[①]）过驿马关，到达庆阳（唐宋庆州、明清庆阳府），再北上到达银川（古灵州）。

③官草沟西岸山梁上的早长公路，是今长武县经早胜镇通往宁县的大路，走向近东北—西南，基本与沟谷、胡同平行。至今中村乡政府所在地东北角，胡同（北段）与现代公路相重合。中村乡政府东北侧北纬35°21′39.2″、东经107°59′22.6″、海拔1 226±5 m处，是该塬南北分水线，分水线以南的地表径流流入了官草沟。经政平、宁州北上道路的重要性虽然自民国二十五年（1936年）长庆公路开通以后有所减弱，但仍然不失为一条较重要的南北通道。[②]

从现状来考察，古今道路位置变化不大。公路与古胡同的平行、重合，恰好说明官草沟原为古道，后来才发育成沟谷。

④1984年，早胜塬南部塬边附近的官草沟东岸发生了一次小型滑塌，曝露出一座唐代古墓。这是一座土洞墓，滑塌后石棺西端悬露在沟崖之上（图4-2）。宁县博物馆随即进行了清理，出土石棺1副、墓志1盒、大型彩绘天王俑2件、大型彩绘镇墓兽2件、彩绘仕俑20件、彩陶罐1件、"开元通宝"1枚。早年曾被盗过。墓地所在地势北高南低，坐北向南，方向350°，分为墓道、甬道、墓室三部分，距离地表11.2 m。墓室为平面长方形，南北长4.74 m，东西

---

① （唐）李吉甫撰：《元和郡县图志》，贺次君点校，北京：中华书局，1983年，第64-66页。

② 《宁县志》编委会：《宁县志》，兰州：甘肃人民出版社，1988年，第288-289页；《泰安范村史话》编委会：《泰安范村史话》，内部资料，西安：白云印务有限公司印制，2005年，第144-145页。

宽 3 m，残高 2.1 m。[①]

据此墓《大唐故显国府折冲都尉张掖县开国男蔡公墓志铭》，墓主名蔡墨，生于唐武德三年（620 年），死于唐垂拱三年（687 年）四月四日，与夫人孙氏合葬于宁州之定平原。

曝露于沟边悬崖上的墓地为探究官草沟形成时间提供了线索。今天墓地所在，不仅完全失去了当初的风水优势，而且其西半部已曝露于官草沟东岸沟边（北纬 35°17′55.4″，东经 107°56′54.5″，距离沟头 2.15 km）。即使按一般常识，在今天官草沟岸边选择墓址，也是极不明智的。但如果当初官草沟不存在，右侧道路即为"白虎"，则符合当地风水观念。说明唐垂拱三年（687 年）时官草沟尚未形成，至少在墓葬附近的塬面上还不存在此沟壑。今天的官草沟应是当时的道路，后因遭受侵蚀，道路才演变为沟壑。

2．地貌年龄考证

因唐垂拱三年（687 年）时官草沟尚未形成，可将这一年视为古道演变为沟谷的时间上限。

需要进一步确定的问题是，蔡氏选择墓址时官草沟沟头位于何处？鉴于古墓已经靠近塬边，如果当时的塬面上形成了沟谷，从风水角度考虑是不会选择此地作为墓址的。按常理推测，彼时塬面上的官草沟还未形成。实际上即使在塬边山坡上也不应该有沟谷存在，最多是深陷的胡同或深壕。可惜笔者无法找到更多证据去证明彼时塬边山坡古道不存在沟壑。

[①]《宁县志》编委会：《宁县志》，兰州：甘肃人民出版社，1988 年，第 609-611 页；《古墓葬分册·蔡墨墓（424，B242）》，《宁县文物概况一览表》，内部资料，1989 年；张弛：《宁县政平唐代墓葬发掘简报》，《陇右研究》2007 年第 1 期（总第 25 期）；郑国穆：《甘肃宁县政平乡唐代蔡墨墓试识》，《陇右研究》2007 年第 2 期（总第 26 期）。

以塬面上没有沟壑为判断依据，将塬面上官草沟形成的时间上限定为唐垂拱三年（687 年），距今约 1 300 年。1 300 多年间沟头前进了 2 950 m，沟头延伸速度为 2.269 m/年。塬面沟谷平均深度约 49 m，其平均下切速度为 0.037 7 m/年。

沟头调查显示，近 54～55 年来官草沟沟头前进了 67 m，则平均前进速度为 1.22 m/年，是塬面沟头前进速度的 53.77%。

三、官草沟地貌年龄计算

依据航拍图，将官草沟相关数据计算统计如表 4-2 所示。

表 4-2　官草沟相关数据统计

长/m	上口宽/m	平均深/m	上口面积/m^2	空腔体积/m^3
4 504	188.5（49～397）	61.1（4.6～120）	1.04×10^6	4.59×10^7

利用考古获得的数据，α_{max}=2.269/4 504=5.038×10^{-4}。利用沟头调查数据，α_{min}=1.22/4 504=2.71×10^{-4}。α_{mean}=3.874×10^{-4}。Q=61.1 m。

将以上数据代入公式 $n \cdot \dfrac{T_n}{QS} = \dfrac{1-\gamma^n}{1-\gamma}$，$\gamma = \dfrac{1}{(1+\alpha)(1+\beta)}$ ，α、β 近似地看作相等。

则官草沟的年龄最大值为 1 274 年，最小值为 686 年，平均值 892 年。按最大年龄，其沟口开始发育的时间为唐开元二十二年（734 年）前后。按最小年龄，沟口最初发育时间为元至治二年（1322 年）前后。按平均值，沟口最初发育时间为北宋政和六年（1116 年）前后。

四、结果分析

根据调查，为了防止沟头进一步向塬面延伸，20 世纪六七十年代，在沟头以上的胡同中修建了好几座拦截坝，1986 年又在沟头处修建了带有涵洞的土桥，这些措施有效地防止了沟头的进一步发展。前面所提到的沟头延伸数据，实际上主要是 20 世纪 50—60 年代形成的，其后沟头的发展不明显。但因无法有效区分其界限，所以就以近 54～55 年进行平均计算。因此，沟头调查所得速度数据明显偏小，考古数据更可靠。

故官草沟开始形成于唐开元二十二年（734 年）与元至治二年（1322 年）之间，但更接近后者。以平均值为准，再计入误差率，则官草沟的地貌年龄为 892±445 年，沟头前进速度为 5.05 m/年，比较符合道路侵蚀的特点。从时间上看，后者与唐垂拱三年（687 年）的考古结果相差 382 年，似乎相差太大，实际上也是符合情理的。如前所述，古墓已位于塬边附近，如果墓地附近当初就已经形成深沟，按道路侵蚀的特点，其沟谷发育速度会很快，稍具常识的人，只要留心观察，埋在此地不是一个很好的选择，更不用说从风水角度来考察了。正因为墓地附近没有沟壑，选择墓址时才没有料到数百年以后，此墓会被沟壑所破坏。因此，公式计算结果是可信的。

五、官草沟地貌复原图

根据以上结果，虚拟出唐垂拱三年（687 年）官草沟流域的等高线。即按原来地形可能的模型，将 V 型谷谷沿线两侧的等高线对接起来，形成地貌复原图（图 4-3）。

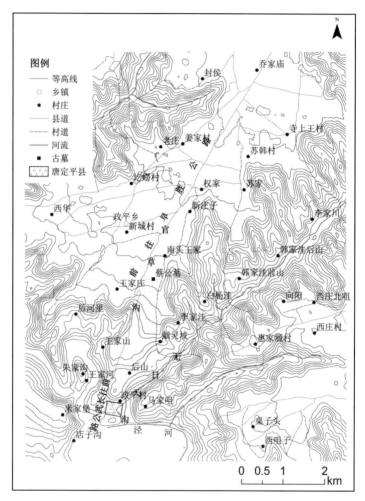

图 4-3　官草沟唐初地貌复原图及蔡公墓位置

六、结论

官草沟的地貌年龄为 686～1 274 年，其沟口一带现代侵蚀沟最初的发育时间介于唐开元二十二年（734 年）与元至治二年（1322 年）之间，最大的可能性是北宋政和六年（1116 年）前后，沟头前进速度 5.05 m/年，平均加宽速度 0.211 m/年，平均下切速率 0.068 m/年。近 900 年来的侵蚀总量 4.59×10^7 m³，平均侵蚀速率 5.15×10^4 m³/年。

第三节　长武塬
——唐宜禄县遗址、明清长武县城与鸦儿沟的演变

一、研究区概况

长武塬古名鹑觚塬、浅水塬、黄蒉塬，亦称县塬、北塬。大致呈长方形，塬面面积 296 km²，占陕西省咸阳市长武县总面积的 47.5%，海拔 1 000～1 200 m。塬面中心平坦，边缘倾角增大且沟壑遍布，沟壑密度 1.1 km/km²，年均侵蚀模数 4 959 t/km²。地下水埋深 20～60 m，由塬心向塬边递增。[①]

鸦儿沟发源于长武县地掌乡浅水村，流经地掌、昭仁、彭公、罗峪、冉店、相公 6 个乡镇 27 个行政村，自相公乡胡家河村注入泾河，主干沟道长 19.9 km，流域面积 54.4 km²。支毛沟众多，其中

---

① 咸阳市地方志编纂委员会：《咸阳市志》，西安：陕西人民出版社，1996 年，第 259 页。

1 000 m 以上的支沟 6 条，500 m 以上的支沟 20 条。从 1973 年开始长武县重点治理了鸦儿沟流域[1]，特别是沟头附近小型水库的修建让沟头发展得到控制，但县城北沟却因城区排水持续不断，其沟头延伸和沟谷扩展始终没有停止。

长武县城位于长武塬中部偏东之昭仁镇（北纬 35°12′～35°13′，东经 107°47′～107°48′），海拔 1 186～1 209 m，相对高差 23 m，县城西、南为平坦塬面，东、北临鸦儿沟的南岸支沟——县城北沟。北沟为西南—东北流向，沟长 1 352 m、宽 41.5～922 m，沟头直抵长武县城残留的北城墙墙根，然后分为两支，顺着城墙分别向西北和东南方向延伸。其东南支沟头延伸速度最快，已绕过县城东部直抵 G312 国道（西安—兰州）（图 4-4）。这是因为县城地势西高东低，城区大部分集流自东支沟头排放所致。

因北沟沟头是沿着古城墙外护城壕发育的，其形成和发育与长武县城密切相关，考察长武县城的设置时间，当可粗略推断县城北沟的地貌年龄。本节将通过考证长武县城的最初建置时间以及其他相关证据，研究县城北沟和鸦儿沟流域的地貌演变情况。

二、长武县城建置时间考证

1. 长武县城建置时间

研究长武县城建置情况，首先要搞清楚唐宜禄县城位置以及两者之间是否有承继关系。所以考证工作要从唐宜禄县城开始。有关唐宜禄县所在，唐宋时期的部分文献记载如下。

---

[1]《长武县志》编纂委员会：《长武县志》，西安：陕西人民出版社，2000 年，第 89、266 页。

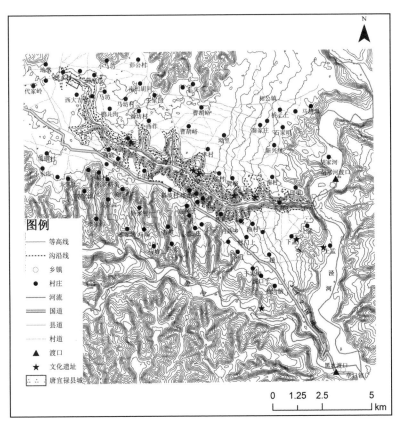

图 4-4　陕西省咸阳市长武县县城位置及鸦儿沟流域地形

说明：图上所标的先秦时期聚落、墓葬遗址只是大致位置，其分布在鸦儿沟和泾河二级阶地上是可以肯定的。资料来源于长武县博物馆，并参考了《长武县志》。①

————————————

① 《长武县志》编纂委员会：《长武县志》，西安：陕西人民出版社，2000 年，第554-556 页。

《元和郡县图志》：

宜禄县，东至州（邠州）八十一里。本汉浅水县地，属上郡。后魏为东阴盘县地，废帝以县南临宜禄川，因改名，隶泾州。暨周、隋又为白土县。贞观二年（628年），分新平县又置宜禄县，复魏旧名也。浅水原，即今县理所。[①]

《太平寰宇记》：

宜禄县，（邠州）西八十里，依旧八乡。本汉鹑觚县也。《周地图记》云：后魏孝明帝熙平二年（517年），鹑觚县置东阴盘县。废帝元年（551年）以县南临宜禄川，又改为宜禄县，属赵平郡，隶泾州。

……宜禄川，一名汭水，西自泾州鹑觚县界流入。

《周礼职方》："雍州，其川泾、汭，水又东经宜禄县，俗谓之宜川界。""圻墟城，……故城犹在今县北五里"。"废浅水县，在县北五里，后魏大统十四年（疑有误）废"。[②]

《舆地广记》：

宜禄县，汉鹑觚县地，属北地郡。后魏置宜禄县，以宜禄川为名。后周省入鹑觚，属安定郡。唐贞观二年（628年），析新平、保

---

① （唐）李吉甫撰：《元和郡县图志》，贺次君点校，北京：中华书局，1983年，第64页。
② （宋）乐史撰：《太平寰宇记》卷三四《关西道十·邠州》，王文楚点校，北京：中华书局，2007年，第722-723页。

定、灵台复置，属豳州。[1]

《元丰九域志》：

宜禄，州西六十里，八乡，邵寨一镇。有鹑觚原。[2]

《记纂渊海》：

宜禄，在州城西，后魏置县，本朝因之。宜禄川，在宜禄县内（——《舆地纪胜》）。[3]

综合以上文献，可得出：①唐宋宜禄县城位于同一地点；②县城南临宜禄川；③县城北五里有汉浅水县城和圻堘城。从《太平寰宇记》的记载判断，汭水就是宜禄川，亦即今黑河。可今天崇信县境内也有一条芮河，位于黑河以北。如果今芮河就是古汭水，就与宜禄县毫无关系。但从嘉靖《陕西通志·山川》"宜禄川在旧宜禄县，今涸"一句判断[4]，明代人所说的宜禄川既不是黑河，也不是芮河，而是另外一条河，到嘉靖年间已干涸了。

明清以来方志多认为唐宜禄县与今长武县城位于同一位置。

---

① （宋）欧阳忞撰：《舆地广记》卷一四《陕西路·永兴军路（下）·邠州》，李勇先、王小红校注，成都：四川大学出版社，2003年，第392页。
② （宋）王存等撰：《元丰九域志》卷三《陕西路·永兴军路·邠州》，王文楚、魏嵩山点校，北京：中华书局，1984年，第113页。
③ （宋）潘自牧撰：《记纂渊海》卷二四《郡县部·邠州》，北京：中华书局，1988年，第53页。
④ 嘉靖《陕西通志》卷二《土地二·山川上》，西安：三秦出版社，2006年，第82页。

明嘉靖《陕西通志》对宜禄废县的记载，明显是抄录了唐宋时期文献。

宜禄废县在州西九十里，后魏置县，宋元因之，今省。县北五里又有后魏废浅水县。……折墌城在宜禄废县北五里。唐初，秦主薛仁杲居折墌城，太宗围之，即此。[1]

说明北魏废浅水县城和折墌城均位于宜禄废县北五里。

清顺治《邠州志》是以明嘉靖《邠州志》为蓝本编纂的，对宜禄县的记载与上述文献相同。

宜禄废县，州西八十里，宋元因之，后废。今设有驿，递路通州边。泾、邠两远，迎送疲劳，……总制杨公一清于嘉靖三年（1524年）下复县之议，民众翕然。然主事者谓公分更迁，缓其议，不报，且以修理靡费为词。

对折墌城和浅水古城记载也与《太平寰宇记》、明嘉靖《陕西通志·古迹》等文献记载一致。[2]但针对明初宜禄镇有了更为详尽的记载。

宜禄巡检司，旧建宜禄镇，中。弘治甲子（1504年），总制杨公一清过邠州，以该镇设有驿递，居民辐辏，而冉店道路四达，为盗

① 嘉靖《陕西通志》卷一二《土地十二·古迹上》，西安：三秦出版社，2006年，第617页。
② 顺治《邠州志》卷一《土地·古迹》，国家图书馆分馆编，郝瑞平主编：《清代孤本方志选》第一辑第十一册《陕西》，北京：线装书局，2004年，第61-62页。

贼冲途，移于冉店。

……宜禄驿，在州西八十里宜禄镇，永乐十五年（1417 年）……、嘉靖二十三年（1544 年）……各重修。

宜禄递运所在驿西，洪武十六年（1383 年）重修。①

雍正《陕西通志》云：

长武县城池，本唐宜禄县，宋元因之，明初并入邠州，改为宜禄镇。万历十一年（1583 年）改县，知县梁道凝拓筑，周五里，高三丈，池阻沟。东西南门各一，北门二。②

《大清一统志》更是明确指出：

宜禄故城，今长武县治。③

综合上述文献记载可以得出：①今长武县是明万历十一年（1583 年）在宜禄镇基础上设置的；②明初宜禄镇、万历十一年（1583 年）以来的长武县城，设置在唐宋宜禄县城旧址；③今长武县城北五里有折墌城和浅水古城；④明万历以前曾对宜禄驿和宜禄递运所多次修缮。

① 顺治《邠州志》卷一《土地·公署》，国家图书馆分馆编，郝瑞平主编：《清代孤本方志选》第一辑第十一册《陕西》，北京：线装书局，2004 年，第 75-76 页。
② 雍正《陕西通志》卷一四《城池》，中国西北文献丛书编辑委员会：《中国西北文献丛书》第一辑《西北稀见方志文献》第一卷，兰州：兰州古籍书店影印出版发行，1990 年，第 423 页。
③《大清一统志》卷一九四《邠州·古迹》，《四库全书·史部》，第 13 页。

　　明清以来的文献之所以认为今长武县城就是唐宜禄县，主要基于以下证据：一是唐宋时期文献记载的唐宜禄县城、明清长武县城距离邠州的里程接近，都是 80 里或 81 里（个别有所不同），且都位于浅水塬。二是今长武县城的昭仁寺中有唐初书法家虞世南所书"大唐豳州昭仁寺之碑"。

　　那么，今长武县是否是唐宜禄县城？笔者对长武县城附近的古城遗址一带做了比较详细的调查，发现：①今长武县城内以明清文化层为主，未见唐宋文化层，城墙也明显具有明清时期的特征；②今县城以北约 3 km 处浅水村有一座古城遗址，没有汉代文化层，只有魏晋隋唐时期文化层，当为魏晋唐宋时期城址；③浅水村以北五里附近未能找到其他古城址；④就找到的两座城址看，都位于浅水塬，且相距不远。

　　结合考古调查结果和文献记载判断，今长武县城与唐宜禄县不是同一城址，唐宋宜禄县城很可能就是今浅水村的古城遗址（图 4-1），明清以来方志记载有误。至于顺治《邠州志》①、康熙《长武县志》②等文献提到的"浅水古城""浅水旧县"位置，尚需进一步考证。

　　但仍有一个疑点，即今长武县城的昭仁寺及寺内现存的"大唐豳州昭仁寺之碑"，不能支持唐宜禄县城是今浅水村古城遗址。为此笔者又访问了长武县博物馆，根据考古工作者的成果，这一疑点可以得到较好解释。昭仁寺建筑风格具有五代时期特点，新编《长武

---

① （明）姚本修，（清）苏东柱续修：《邠州志·古迹》，清顺治六年（1649 年）刻，康熙四十四年（1705 年）增补本，谢林、徐大平、杨居让主编：《陕西省图书馆藏稀见方志丛刊》第 6 册《邠州志》，北京：北京图书馆出版社，第 75 页。
② 康熙《长武县志》上卷《建制志·古迹》，清康熙十六年（1677 年）刻本，谢林、徐大平、杨居让主编：《陕西省图书馆藏稀见方志丛刊》第 8 册《长武县志》，北京：北京图书馆出版社，2006 年，第 40 页。

县志》认为，"疑为五代时改建。元代以后，屡有修葺，架梁、斗拱、脊瓦及装饰，有补换更替迹象，结构基本保持原貌。明万历十四年（1586 年）重修。清康熙十四年（1675 年）翻修"。[①]特别是"明万历十四年（1586 年）重修"，与"万历十一年（1583 年）添置长武县"[②]的时间相吻合，据此推测：明万历十四年（1586 年）对昭仁寺的重修，很可能还包含了迁址。因为昭仁寺作为当地重要寺庙，将其从浅水村搬迁到相距仅 3 km 的昭仁镇，并不是很困难。如果以上推测正确，疑点就可排除了。

由于今长武县城是明清以来的长武县城，没有唐宋时期文化层。今长武县城北有一座魏晋唐宋时期的古城遗址，两城相距不足 3 km。明长武县又是万历十一年（1583 年）"以邠州宜禄镇置"。[③]　"明万历十四年（1586 年）重修"昭仁寺，与万历十一年设置长武县的时间"巧合"。基于这些证据，笔者认为，唐代宜禄县就是今长武县城北五里的浅水村古城遗址，今长武县城是明清以来的城址。

既然两个城址具有承继关系，那么《陕西通志》所说的明初"改为宜禄镇"，不仅改县为镇，也包括城址的迁移。宜禄驿是明洪武中改置的，"隶邠州"[④]；位于明宜禄驿西面的宜禄递运所在明洪武十六年（1383 年）[⑤]有过重修；徐达收复庆阳的时间是洪武二年（1369

---

① 《长武县志》编纂委员会：《长武县志》，西安：陕西人民出版社，2000 年，第 555 页。

② （清）王志圻辑：《陕西志辑要（四）·邠州·长武县》，清道光七年（1827 年）刻本，陕西师范大学图书馆藏。

③ 宣统《长武县志·山川表》，清宣统二年（1910 年）木刻本，陕西师范大学图书馆藏。

④ 康熙《长武县志》上卷《建制志》，清康熙十六年（1677 年）刻本，谢林、徐大平、杨居讓主编：《陕西省图书馆藏稀见方志丛刊》第 8 册《长武县志》，北京：北京图书馆出版社，2006 年，第 25 页。

⑤ 顺治《邠州志》卷一《土地·公署》，国家图书馆分馆编，郝瑞平主编：《清代孤本方志选》第一辑第十一册《陕西》，北京：线装书局，2004 年，第 75-76 页。

年）。那么宜禄镇改置到今昭仁镇的时间在洪武二年（1369 年）和洪武十六年（1383 年）之间，今长武县城设镇的最早时间是洪武三年（1370 年）。到了万历十一年（1583 年）三月，才"以邠州宜禄镇置"长武县。①

这样一来又引出了另外一个问题：为什么宜禄镇不继续设在唐宋宜禄县城原址，而要搬迁到今天的位置？

2. 唐宜禄县城、明清长武县城区位因素及其变迁原因

清以来的《长武县志》对明代设置长武县有详细说明。现存于长武县博物馆、由第一任知县梁道凝撰写的《新建长武县治碑记》充分说明了复置长武县之缘由。

> 地当西、凤、平、庆交会区，四鄙多山阻，为盗薮，居民患之。……去州治愈远，官艰征督，民难输役。……万历辛巳，抚台万安萧公秋防固原，按院内江龚公巡历关西道，宜禄九里民遮道诉乞复县治，……谓县允宜复也。②

既然长武塬及其附近地区南距邠州（今彬县）、西距泾州（今泾川县）都较远，不便于管理。从这个角度考虑，宜禄县既不能设置于泾河河谷，也不能设置于黑河（古芮河）河谷，必须设置在长武塬上。可在长武塬上县城设在哪里更合适呢？

长武塬塬面面积很小，只有 296 km²，自然、社会、经济要素比较接近，故城市（镇）区位的选择主要应考虑以下两大要素。一是

---

① 《明史》卷四二《志第十八·地理三·陕西·邠州·长武》，北京：中华书局，1974 年，第 998 页。

② 《长武县志》编纂委员会：《长武县志》，西安：陕西人民出版社，2000 年，第 710 页。

水源。长武塬地下水埋深 20～60 m，由塬心向塬边递增。[①]最浅的地方是县城北五里的浅水村，这里地下水的埋深多在 10～15 m，其村名概源于此。这是长武塬其他地方所不具备的优势。问题是明初设立宜禄镇时，为什么要选址今长武县城所在地，而不是继续沿用唐宜禄县城，选址在今浅水村？二是交通。交通要道或交通枢纽是城址选择的重要因素。就现在的交通形势看，今长武县城正处在 G312 国道必经之地，符合城市布局对交通运输的需求。实际上从泾河与黑水河交汇处亭口镇交通枢纽的重要性可以看出，明初北上长武道路与今 G312 国道基本重合。

> 停口递运所在州西四十里，洪武十六年（1383 年）……、嘉靖八年（1529 年）……重修甚善，嘉靖二十年（1541 年）因黑水河岸崩地大半，移置于所东空地。[②]

而黑水渡是长武县最重要的渡口之一，此渡口原有石桥，被毁于康熙年间，只剩下桥眼。[③]说明至少从明代开始亭口镇一直是十分重要的交通枢纽。过了亭口之后沿 G312 国道行进，向北过泾河可抵达庆阳、银川，向西北可抵达固原、兰州。今长武县城正处在此交通要道上。与浅水村相比，这里的地下水位较深，水源条件较差，却胜在交通方便。看来明代为长武县城选址时优先考虑了交通因素。

---

① 咸阳市地方志编纂委员会：《咸阳市志》，西安：陕西人民出版社，1996 年，第 259 页。
② 顺治《邠州志》卷一《土地·公署》，国家图书馆分馆编，郝瑞平主编：《清代孤本方志选》第一辑第十一册《陕西》，北京：线装书局，2004 年，第 75-76 页。
③ 康熙《长武县志》上卷《沿革·关梁》，清康熙十六年（1677 年）刻本，谢林、徐大平、杨居让主编：《陕西省图书馆藏稀见方志丛刊》第 8 册《长武县志》，北京：北京图书馆出版社，2006 年，第 39 页。

问题是唐宜禄县同样要面对交通问题，为什么却优先选择今浅水村？古人是怎么考虑的？

古代县城不仅是行政中心，还兼有军事、税收等功能。浅水村古城遗址位于 G312 国道东北方向，两者相距 4 km 以上（图 4-4），此地唯一的优势是水源，其他诸如交通、军事要素，都不及今天的长武县城。如果只考虑水源条件，河谷地区会更优越。城址选择在长武旱塬，肯定是考虑了其他要素。就现在的条件看，唐宋宜禄县城设在今鸦儿沟源头附近的低地，不是十分合理。作为县城，至少还应该考虑交通是否便利。站在县城布设者的角度，当初选择此地置县时，对于交通条件是如何考虑的？如果考虑了控制交通要道的重要性，为什么又选择在远离交通要道的地方立县？

我们再来考察一下唐宋以前的北上道路。北上道路没有选择在泾河河谷，不仅仅因为河谷弯曲，路程长，还因为泾河频繁摆动，河谷部分地段的一级阶地甚至二级阶地易被侵蚀，难以通行。笔者曾沿此段泾河河谷阶地小道进行过一次实地考察，摩托车根本无法在那种山间小道骑行。加上当时天色已晚，雨后道路湿滑，笔者与张多勇副教授两个人只能推着摩托艰难行走于羊肠小道上。虽然最终到了目的地，但因过于劳累，张副教授在考察结束后还去医院做了一次手术。通行难度之大可想而知。对于桥梁建设还不发达的古代人来说，频繁地渡河不是一件容易的事，道路上塬是必然选择。

从陕西省彬县到长武的道路有一个重要节点——古渡口亭口镇，它位于黑河与泾河交汇处、黑河北岸、泾河西岸的一级阶地上，明清以来一直是当地的交通枢纽。黑河大桥建成以前，G312 国道必须经过亭口镇，再沿着山梁北上长武。山梁顶部很窄，它北临鸦儿沟，南临黑河。鸦儿沟与黑河的一些支沟之间发生过多次沟头袭夺，在山梁上形成了嶑岘。一些嶑岘如冉店，是明清以来的重要隘口。但要上长武塬，经此山梁并非唯一选项。如果鸦儿沟沟谷地便于行走，比今天 G312 国道位置更好的路径就是鸦儿沟沟谷地。如图 4-4所示，从亭口上了二塬塬面，向北经下孟村、上孟村进入鸦儿沟，再沿沟谷可直接上到长武塬上。今天的福银高速与此路径基本吻合。那么，鸦儿沟沟谷是不是一条古道呢？

好在考古成果给我们提供了一些新证据。鸦儿沟与泾河交汇处附近有一个重要渡口，名曰胡家河。胡家河渡口的存在说明自彬县（古邠州）北上的道路不止一条，亭口至长武段 G312 国道所在只是明清以来的道路。

根据长武县博物馆人员介绍，鸦儿沟的沟边台地上，已经发现了大兴堡、孝村、贺峪、南村等五处先秦聚落遗址。鸦儿沟南侧、泾河西岸二塬塬面和阶地上也发现了同时期的上孟村、下孟村遗址。鸦儿沟沟头附近有一座魏晋隋唐时期的古城遗址——唐宜禄县县城。均表明隋唐以前鸦儿沟沟谷的人类活动十分频繁。一般来说，河流的二级阶地是聚落分布的第一选择，因为二级阶地地形平坦、土壤肥沃、交通便利、靠近水源地且不受洪水威胁。然而，鸦儿沟不具备此优势，其沟谷狭窄、坡度大，明显比不上泾河河谷和长武塬塬面。但大量先秦聚落和隋唐县城的分布，说明隋唐以前鸦儿沟的交通或者很便利，也许就是一条古道。这样一来古聚落遗址的分布就显得合理。

结合古渡口和古聚落遗址分布情况，推测唐宋以前北上道路是沿鸦儿沟行进。

　　另外，长武塬东部边缘、泾河西岸，发育了许多小沟壑，长度多在 3 km 以下，只有鸦儿沟长度达 19.9 km，显得很突兀。从鸦儿沟两岸沟坡的坡度看，40°以上的沟坡占了很大的比例，古代侵蚀沟特点不明显，这对于自然形成的沟谷来说是难以想象的。考察其原因，只有道路侵蚀方可形成此类沟谷。故鸦儿沟现代侵蚀沟就是在古道路基础上发育起来的。

　　基于以上理由，笔者认为，隋唐以前北上的主要道路是沿着鸦儿沟谷地行进的，后因沟谷地带水土流失使道路受到了严重毁坏，才改道今天 G312 国道所在位置。这样一来，唐宜禄县置于浅水村也就合乎城镇布局原则。改道的结果是宜禄县曾经有一段时间被废弃，直到明初设镇时，宜禄驿才改设今昭仁镇。后来又在宜禄驿设置了长武县。

三、北沟形成时间

　　今长武县城的北侧、东侧均临深沟，当地人称之为东沟、北水沟，实际上它们是同一条沟谷的不同源头，均为鸦儿沟南岸支流，姑且总称为北沟。

　　新编《长武县志》云：县城地处塬畔，虽有利于泄洪，但"东沟、北水沟水土流失严重，坍塌严重，危及城区安全"。[①]实际上，这种威胁由来已久。明崇祯十三年（1640 年），东城外郭被"洪水冲毁，渐成沟渠，路基塌陷，通道阻隔。军民筑土为坝，名曰公济桥。

[①] 《长武县志》编纂委员会编：《长武县志》，西安：陕西人民出版社，2000 年，第 310 页。

并开通西街、南巷"。①清乾隆三十四年（1769 年），东门外公济桥被洪水冲垮。②道光初年（1821 年）因连遭阴雨，东门"城壕水陡涨，陷城门及公济桥"。咸丰年间北门已下临深沟，还倒塌了一次。③到了民国初年整修城池时，"公济桥被全部冲毁，荡然无存，维东城楼尚存残迹，有土门洞，小路可通沟底"。④可见，自明崇祯十三年（1640 年）起，北沟源头之一的东沟已经延伸至县城东郭，阻断了交通，其后水患越来越频繁了。

需要关注的是，明初设镇时是否存在今县城所临之北沟？笔者认为不存在。浅水村古城遗址之所以被废弃，除鸦儿沟沟谷侵蚀严重、交通不便外，其北部部分城墙陷落沟底也是一个重要原因，所以，新城址的选择不会不考虑沟谷的影响。事实上新城址北距鸦儿沟 680 m，可能就是吸取了唐宜禄县城被废弃的教训。既然要避免鸦儿沟再次威胁城池，如何还会选址在一个活动的沟头附近？

从洪武三年（1370 年）到崇祯十三年（1640 年）北沟沟头抵达县城东门，共历 270 年，沟头前进了 500～600 m，沟头平均前进速度 2.519 m/年。依此速度，全长 15 987 m 的鸦儿沟的地貌年龄大约为 6 385 年；沟口附近现代侵蚀沟初始发育时间为公元前 4339 年前后。

---

① 《长武县志》编纂委员会编：《长武县志》，西安：陕西人民出版社，2000 年，第 310 页。笔者查阅了清人李楷编纂的《（康熙）陕西通志》、刘於义监修的《（雍正）陕西通志》以及严长明纂的《西安府志》，均未找到相同记述，但 2000 年版《长武县志》言之凿凿，故采用之。

② 乾隆《长武县志》卷三《县境故城今城表》，据清嘉庆二十四年（1819 年）刻本传抄，陕西师范大学图书馆，1981 年。

③ 宣统《长武县志》卷二《城池》，据清宣统二年（1910 年）刊本影印，台北：成文出版社有限公司，1969 年，第 49-60 页。

④ 《长武县志》编纂委员会编：《长武县志》，西安：陕西人民出版社，2000 年，第 304 页。

四、北沟侵蚀情况

根据航拍图，测得长武县城北沟侵蚀数据如表 4-3 所示。

表 4-3   长武县城北沟相关数据统计

长/m	上口宽/m	平均深/m	上口面积/m²	空腔体积/m³
1 352	461.1（41.5～922）	51（10～90）	$7.26×10^5$	$2.41×10^7$

北沟沟头平均前进速度为 2.119 m/年，平均加宽速度 0.723 m/年，平均下切速率 0.079 9 m/年。600 多年来的总侵蚀量 $2.41×10^7$ m³，年均侵蚀量 $3.48×10^4$ m³。

实际上，近 40 年来北沟东支沟头（当地人称之为东沟）侵蚀就很活跃，形成了上口宽约 110 m、深约 30 m 的跌水。但因无法确定 40 多年前沟头的具体位置，不能形成有效的调查数据。为了数据统一起见，都采用了地图测量数据。

五、鸦儿沟现代侵蚀沟侵蚀情况

因为没有别的数据来源，就依据北沟发育情况，来复原鸦儿沟的地貌。根据航拍图，测得长武县鸦儿沟现代侵蚀沟的侵蚀数据如表 4-4 所示。

表 4-4　鸦儿沟现代侵蚀沟主干沟道相关数据统计

长/m	上口宽/m	平均深/m	上口面积/m²	空腔体积/m³
15 987	217.7 （36.5～337.5）	45.56 （5～78）	3.686×10⁶	9.3×10⁷

利用长武县城北沟的侵蚀数据，求得其现代侵蚀沟纵向和横向发展比数为：α=2.119/15 987 =1.325×10^{-4}，β=0.723/217.7=1.056×10^{-3}。Q=45.56 m。

将以上数据代入公式 $n \cdot \dfrac{T_n}{QS} = \dfrac{1-\gamma^n}{1-\gamma}$，$\gamma = \dfrac{1}{(1+\alpha)(1+\beta)}$。

则鸦儿沟现代侵蚀沟的地貌年龄为 1 117 年，初始发育时间为唐大顺二年（891 年）。沟头延伸速度为 14.31 m/年。按照这个情况，到明万历十一年（1583 年）设长武县时鸦儿沟现代侵蚀沟的长度可达 9 902.52 m，还威胁不到浅水村古城，亦即长武县城完全可以继续设在唐宜禄县故城中。这个计算结果明显不合理。

因计算数据均来自北沟，而北沟特殊之处在于，一方面县城超强的集流能力导致沟头延伸速度较快，另一方面县城的存在也阻挡了沟头的进一步发展，沟谷发育主要表现为横向发展。如果没有城池的阻挡，以沟头调查获得的侵蚀速度，北沟长度至少能达到 1 600 m 以上。因此，依据文献考证得到的北沟沟头延伸速度偏慢，α 值偏小；加宽速度偏快，β 值偏大；地貌年龄偏小，沟头延伸速度偏大。

按明洪武三年（1370 年）到崇祯十三年（1640 年）北沟沟头抵达县城东门、270 年间沟头前进 680 m 计，则北沟沟头平均前进速度 2.519 m/年，再将纵向、横向发展比数看作一致，

α =2.519/15 987= 1.575×10^{-4}。则鸦儿沟现代侵蚀沟的地貌年龄为
4 212 年，初始发育时间为公元前 2204 年。沟头延伸速度为
3.796 m/年。如此一来，从公元前 2204 年到明万历十一年（1583
年），鸦儿沟现代侵蚀沟的长度可达 14 375.452 m，刚好将浅水村
古城切穿。故这个结果比较可靠。

鸦儿沟现代侵蚀沟的地貌年龄为 1 117～4 212 年，更偏近 4 212
年。其沟头平均延伸速度为 3.796～14.31 m/年，更接近 3.976 m/年。

六、结论

依据明代长武县城迁址事件，推测县城北沟沟口的发育时间上
限是明洪武三年（1370 年），其可能的最大地貌年龄为 638 年，沟头
平均前进速度为 2.119 m/年，平均加宽速度 0.723 m/年，平均下切速
率 0.079 9 m/年。600 多年来的总侵蚀量 2.41×10^7 m^3，年均侵蚀量
3.48×10^4 m^3。

依据北沟的数据，得出鸦儿沟现代侵蚀沟的地貌年龄为 1 117～
4 212 年，更偏近 4 212 年。其沟口最初发育的年代是公元前 2204—
891 年，更接近公元前 2204 年。以前者为准，则沟头平均延伸速度
3.976 m/年，平均加宽速度 0.052 m/年，平均下切速率 0.011 m/年，
平均侵蚀速率 2.21×10^4 m^3/年。

第四节　平泉塬

——唐以来方家沟流域地貌的演变

一、研究区概况

平泉塬又名五指塬，位于甘肃省庆阳市镇原县西南部、泾川县北部，地处洪河之南、潘阳涧河之北。形似手掌，五条支塬似手指向外伸出，故名。这是陇东高原西部的一个大塬，南北最宽处达 10 km，东西最长达 30 km，塬面面积 207.0 km²，海拔 1 100～1 300 m，年降水量 500～550 mm，土壤多为黑垆土和黄绵土。[①]

方家沟位于镇原县南川乡东南，泾河一级支流洪河流域中游西南岸，平泉塬东北侧，大致呈西南—东北走向（图 4-5）。流域内年降水量约 543 mm[②]，属暖温带半湿润易旱气候区。方家沟为季节性干沟，有雨时沟谷内有流水或山洪，无雨时为干沟。属冲刷型沟谷，沟谷底部基本无堆积物，泥沙输移比接近 1。除沟口附近洪河西南岸阶地上的沟段外，沟谷底部均未下切至基岩，侵蚀活动基本发生在黄土层和红土层内，且主要表现为水力侵蚀。

---

① 甘肃省庆阳地区志编纂委员会：《庆阳地区志·地理志·地貌》，兰州：兰州大学出版社，1998 年，第 259-262 页。
② 方雨松主编：《庆阳地区年降水量等值线图》，《庆阳地区：水资源调查评价及水利水保区划成果》，内部资料，2003 年。

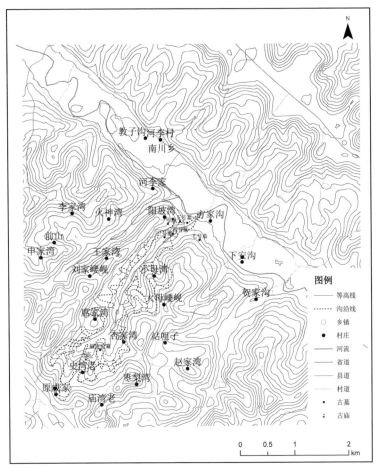

图 4-5　方家沟流域地形

今天的植被类型是典型的农耕植被，缓坡已开垦为梯田，陡坡还是自然荒坡，林木稀少，只在农庄周围有树木环绕，天然林草植被覆盖度为 10%～20%。几年前实地勘察时发现，封山育林政策已初见成效，草被得到了较好恢复，粗略估计封山区天然草被覆盖率已达 40%左右。但成活的树木不多——不是环境不适合生长树木，而是因为破坏严重。地表土熟化为十分松散、孔隙发育的自然土壤，人行其上有踩在棉花上的感觉。这种土壤，只要有种子和适量雨水，天然植被会逐步得到恢复，但需要花费较长时间。如果使用科学方法去加速植被恢复进程，则一定能达到目的。

有研究认为，方家沟流域所在地曾是西周"大原"的一部分。[①] 但实地考察结果表明，V 型沟谷沿线以上山坡上出露的地层剖面，明显体现出古代侵蚀沟之特点，马兰黄土或全新世黄土与山坡保持同样的倾角。因此，即使在人类历史早期，这里还是塬、梁峁、沟谷地貌。

古代侵蚀沟底部出露的黄土地层剖面显示，V 型侵蚀沟谷沿线以下是现代侵蚀沟。它的发育，不仅使流域内地势起伏更大，而且延伸至塬面的沟头，已影响了其南部的原成家塬（五指塬、平泉塬的分支塬之一）。

在航拍图上量算得到方家沟流域面积为 4.875 km^2。现代侵蚀沟主干沟深度 50～90 m，长度约 3 505 m。沟底海拔 1 140～1 290 m，主干沟纵比降约为 4.28%。

二、野外考察考古

1. 沟口古墓群

方家沟沟口东西两岸有一个大型古墓群。据路姓村民说他自己就挖出过十几座古墓。现在能找到证据的古墓有 7 座，其中 6 座位

---

① 史念海：《黄土高原历史地理研究》，郑州：黄河水利出版社，2001 年。

于西岸，1 座位于东岸。

1 号和 2 号墓位于海拔 1 220 m 处，出土的绳纹陶器明显具有战国至汉代早期特点。陶罐外口径 10.5 cm，内口径 8 cm，腹外径 20 cm，底外径 10 cm，细绳纹外表。陶釜外口径 17 cm，圆底粗绳纹（图版4-4）。当为战国秦汉时期墓葬。

3 号、4 号墓位于北纬 35°36′36.8″，东经 107°11′34.2″，海拔 1 181 m 处。3 号墓墓地出露的明坑，距离现代侵蚀沟边缘 1 m 左右。4 号墓墓穴现在是村民柴禾窑，距离沟边 5 m 左右，为单砖券顶。出土过玉珮、玉镯、陶罐等物，均不存。依据砖的形制判断，当为魏晋南北朝时期墓葬。

5 号、6 号墓位于海拔 1 175 m 处，比洪河南岸一级阶地后缘约高 20 m，是修公路时出露的，墓穴中棺木痕迹宛然（图版4-5）。据村民回忆，出土的陶器均为绳纹，当为汉墓。

与 3 号和 4 号墓处于同一高度的沟东岸是一个滑坡，滑坡舌已经被流水侵蚀殆尽，未找到墓葬。但 7 号汉墓位于沟口东岸，海拔 1 185 m，其位置与 5 号、6 号汉墓互相呼应。说明方家沟沟口一带的汉墓群，不仅仅分布在其西岸，东岸也有分布。

高出现代侵蚀沟沟底 30 m 以上的古墓群，足以证明最迟至汉末甚至魏晋时期，方家沟沟口作为当地的墓葬区，不会存在今天的 V 型侵蚀沟。特别是临近沟谷边缘位置的魏晋南北朝时期 3 号、4 号墓，更能说明此问题。

2. 沟掌台地上的赫连伦墓

在方家沟沟掌台地上有一处墓葬，封土中包含的陶器碎片、墓地附近的古庙等诸多证据能证明这是魏晋南北朝时期墓葬。民间传说与《重修镇原县志》记载均认为此为赫连勃勃墓。翻阅相关史籍，发现这一记载有误。

十六国时期，铁弗部赫连勃勃建立了我国北方最后一个匈奴人的王国——大夏，并于无定河北岸筑统万城作为首都，其位置在今陕西省榆林市靖边县北偏东 5°左右约 58 km 处的红墩界镇白城则村。这不仅得到了大多数学者的论证和认同，而且也成为研究公元 5 世纪时农牧交错带地理环境的热点地区。但有关赫连勃勃墓地，相关研究不多。概括历史文献相关记载，存在以下四说。

统万城西说。《三十国春秋·夏录》："葬勃于城西十五里"。[1]即统万城西 15 里。《元和郡县图志》卷四《关内道四》："勃勃墓，在（唐朔方）县西二十五里。隋置白城镇，后废"。[2]唐朔方县治与夏州州理均在统万城，也就是说其位于统万城西 25 里处。[3]《关中胜迹图志》卷二四《地理》："赫连勃勃墓，《一统志》：在怀远县西。《元和郡县志》：在朔方县西十五里，隋置白城镇，后废。《十六国春秋·夏录》：勃勃葬嘉平陵。……《元和郡县志》距勃勃葬时较近，记载当属有征，故《一统志》引以为据，今从之"。[4]

霍山说。霍山位于今山西省霍州市东。《关中胜迹图志》引《太平寰宇记》云："勃勃墓在霍山最高峰"。[5]《大清一统志》卷一一六

①（梁）萧方等撰：《三十国春秋》，（清）汤球辑，广雅书局丛书本。

②（唐）李吉甫撰：《元和郡县图志》，贺次君点校，北京：中华书局，1983 年，第 101 页。

③（唐）杜佑纂：《通典》卷一七三《州郡三·古雍州（上）》，杭州：浙江古籍出版社，2000 年，第 919 页；（唐）李吉甫撰：《元和郡县图志》，贺次君点校，北京：中华书局，1983 年，第 99-101 页。

④（清）毕沅撰：《关中胜迹图志》卷二四《地理·榆林府》，张沛点校，西安：三秦出版社，2004 年。

⑤（清）毕沅撰：《关中胜迹图志》卷二四《地理·榆林府》，张沛点校，西安：三秦出版社，2004 年。

《霍州》："晋赫连勃勃墓，在赵城县东四十里霍山最高峰上"。①《山西通志》卷五七《古迹一》："避暑宫，南五十里霍山上。亦传赫连勃勃避暑处，墓存"。②卷一七二《陵墓一》："十六国夏王赫连勃勃墓，相传在东北四十里霍太山，地多奇卉"。③

杜甫川说。杜甫川位于今陕西省延川县境内。《陕西通志》卷二八《祠祀一（寺观附）》曰："（延安府延川县）白浮图寺，在县南六十里，寺前七塚，相传赫连勃勃葬此（《府志》）"。④卷七一《陵墓二》又云："延安府肤施县，晋夏主赫连勃勃墓在城南杜甫川，后延川县南六十里，白浮图寺前七冢，相传赫连勃勃葬此（《府志》）"。⑤《延川县志》云：墓地在"县城南35千米的白浮图寺南侧"。⑥

方家沟说。方家沟位于今镇原县境内。《重修镇原县志》云：

《揖志》载，（赫连勃勃墓地位于）县南二十里，在南川方家沟坪枕头山下。冢极高大，几与周围之山捋，俗呼黑脸天子坟。《墓志》载：勃勃叛秦，……宋元嘉二年（425年）卒，葬陕北。县东川有赫连城，或为勃勃袭杀没奕于所筑，为根据地。又有赫连坟，非勃勃葬身之地。⑦

---

① 《大清一统志》卷一一六《霍州》，《四库全书·史部》，第12页。

② 雍正《山西通志》卷五七《古迹一·霍州》，《四库全书·史部》，第69页。

③ 雍正《山西通志》卷一七二《陵墓一·赵城县》，《四库全书·史部》，第25页。

④ 雍正《陕西通志》卷二八《祠祀一（寺观附）》，中国西北文献丛书编辑委员会编：《中国西北文献丛书》第一辑《西北稀见方志文献》第五卷，兰州：兰州古籍书店影印出版发行，1990年。

⑤ 雍正《陕西通志》卷七一《陵墓二》，中国西北文献丛书编辑委员会编：《中国西北文献丛书》第一辑《西北稀见方志文献》第五卷，兰州：兰州古籍书店影印出版发行，1990年。

⑥ 延川县志编辑委员会：《延川县志》，西安：陕西人民出版社，1999年，第615页。

⑦ 民国《重修镇原县志》，据民国二十四年（1935年）铅印本影印，台北：成文出版有限公司，1967年，第227-228页。

四种说法中此说最有意思，既云赫连勃勃墓，又曰"非勃勃葬身之地"。但 2003 年 12 月，甘肃省庆阳市政府将此墓列为市级文物保护单位，立石碑于墓前，碑文"赫连勃勃墓"（图版 4-6），无疑是对赫连勃勃墓位于方家沟的肯定。

针对以上四说，笔者将在实地考察基础上借助历史文献作逐条考证。需要说明的是：①虽然统万城位置尚存疑问，本书有关统万城西说的考证仍围绕目前公认的统万城遗址进行；②笔者以为，真正的赫连勃勃墓地位于统万城西，其他三个墓地的主人均非勃勃本人。如果今天的统万城遗址无误，赫连勃勃墓地当在其西 15～25 里，找到并发掘之，有助于辨认统万城遗址的真伪。希望笔者的考证，能为今后的考古工作指出可资参考的线索，从而对进一步确定统万城遗址的真伪有所帮助。

方家沟说。

有关方家沟赫连墓，清道光《镇原县志》记其为"赫连墓"[①]，未指明墓地确切主人。民国《重修镇原县志·古迹》在"赫连墓"条下指明"非勃勃葬身之地"，认为与赫连勃勃有关。

今镇原赫连故城，是初叛秦时所居，而镇原之南川山谷中有赫连墓，孤峰独耸，层峦拥护，核藏峰内，并无冢迹。土人呼为黑脸天子坟云……[②]

---

① 道光《镇原县志》卷八《地理·古迹》，清道光二十六年（1846 年）木刻本。
② 民国《重修镇原县志》，据民国二十四年（1935 年）铅印本影印，台北：成文出版有限公司，1967 年，第 227-228 页。

很明显，凭以上证据，还无法确定此墓主人，甚至也无法确定此土丘是否为一墓地。

实地考察得到如下信息：①此土丘乃人为堆积，非自然之物。土丘上的土壤明显为扰动土，形状似封土。墓地周围虽已深沟环绕，但其西南侧残留一"土桥"与沟掌台地相连，其上略呈凹地形态，存在挖掘痕迹，似是墓冢堆土时挖掘所致。②封土中夹杂大量瓦片和陶片，其时代从齐家文化延续至汉代，未见汉代之后的文化遗存，说明此墓地埋葬时间晚于汉代。墓地周围地面未找到同样遗物，说明起封土时，将附近地面文化遗存都堆积至墓冢封土之中了。③ 墓地西南方向背靠成家原，原下有山，名曰"庙山"，庙山山脚山湾名曰"寺湾老"，寺湾老中心有一块四亩见方的平地，名曰"庙台子"。其地存有一座古庙遗址，庙址距离墓冢直线距离约 400 m。此庙虽于 20 世纪六七十年代被毁，但地面残存大量瓦砾等建筑残件。多数瓦片背为光面，内侧粗布纹饰（图版 4-7），当为魏晋隋唐时期之物。文化层厚约 1.5 m，面积约半亩大小。

魏晋时期，"由于经济衰退，各种类型墓葬的结构远较东汉时期为简单，厚葬之风也大为减退"，广泛采用"因山为体"的筑墓方法。这种筑墓方法，直到南北朝、隋唐五代，还是很流行，为许多帝王所采用。[1]此墓所在位置符合"因山为体"的墓葬特征。唐宋时期，陵寝制度的规模明显有所扩大，宋代又不同于唐代，已营建陵台于平地了。[2]所以，此非唐宋时期墓地。从赫连昌为其父大规模营建嘉平陵之事可以看出，这支匈奴人有大规模营建墓地的可能。墓地周围营建祭祀所用的寺庙或寝殿，也就符合情理。由墓冢封土中的瓦

---

① 杨宽：《中国古代陵寝制度史研究》，上海：上海古籍出版社，1985 年，第 41、51 页。
② 杨宽：《中国古代陵寝制度史研究》，上海：上海古籍出版社，1985 年，第 41、51 页。

陶片所提供的时间下限，古庙文化遗存所提供的时间上限，以及上述理由，可以断定，此地确为魏晋南北朝时期的一座墓葬，但墓地主人仍无法确定。

当地土语发音"赫"与"黑"同，"赫连天子"被民间误读为"黑脸天子"不为奇怪，因此，此墓主人很可能是赫连家族。因为东晋义熙三年（407年）赫连勃勃于高平称帝后，长期活动在今甘肃的天水、平凉、镇原一带及陕北地区，以至于镇原县仍有以赫连命名的地名或遗址。据《镇原县志》记载：赫连山，在县东20里庞家川，俗名赫连望台，近年土人建筑堡寨于其巅，名曰赫连堡。赫连故城（《辑志》），在县川东20里祁家坪，有遗址（但据笔者考察，应为秦汉时期城址，未见魏晋遗物。镇原博物馆也定其为周、汉代城址。但考虑到赫连氏居住时间太短，没有文物遗留也属正常。之后城被毁，虽然也有零星的后期遗存如宋代陶器，但数量非常少）。另外，当地还流传一些关于赫连勃勃的传说：当北魏军队自长安向北进攻时，赫连勃勃感到前途无望，忧愤交加而死，被葬在方家沟内。赫连故城"之左右五六里间，水无涛声，田无老鼠，棘无倒刺。相传为赫连天子所除，千余载不爽"。[①]空穴来风，未必无因。

大夏有三位皇帝：赫连勃勃、赫连昌、赫连定，但他们去世的地点都不在这里。要确定墓主人是谁，需要进一步考证大夏哪位"天子"有可能葬于此地。《十六国春秋》卷六六《夏录·赫连勃勃》云：

真兴六年（424年）冬十二月，勃勃将废太子璜为秦王，而立少子酒泉公伦为太子。璜闻将废已，自长安率众七万北伐伦，伦率骑

---

① 民国《重修镇原县志》，据民国二十四年（1935年）铅印本影印，台北：成文出版有限公司，1967年，第206-208页。

三万拒之，战于高平，为璝所败，伦死之。①

这是距离方家沟最近、有可能成为天子的一位赫连家族成员的相关记载，却未记录其埋葬于何处。至于高平的位置，有两种说法。《大清一统志》卷二〇一《平凉府》云："高平故城在固原州治，就是现在固原市"②，距方家沟不足100 km。《镇原县志》则云"高平，即今县东屯子镇东藁苟家地"。③《陕西通志》卷一三《土地十三·古迹下》亦云，"第一城在县（今镇原县）东，汉《寇恂传》云隗嚣将高峻据高平第一城，即此"。④且无论高平故城位于何地，距离方家沟都不是很远，有条件成为赫连伦的墓地。

赫连伦死亡时间应在大夏真兴六年（424年）十二月至七年（425年）六月之间⑤。史书未记载赫连伦的具体埋葬地点，以常理推断，死者已矣，从自我安慰、讨好父王的角度，赫连璝都会找一个风水宝地、按王礼安葬其弟，而这可能就是甘肃镇原县南川方家沟的"赫连勃勃墓"。

因此，镇原县方家沟确非勃勃墓葬，而是勃勃第四子、也是他心目中王位继承人之一、几乎成为太子的酒泉公赫连伦之墓。

杜甫川说。

《陕西通志》卷七一《陵墓二》所载延安府肤施县赫连勃勃墓地

---

① （北魏）崔鸿撰：《十六国春秋》，（清）汤球辑，广雅书局丛书本。

② 《大清一统志》卷二〇一《平凉府》，《四库全书·史部》，第19页。

③ 民国《重修镇原县志·大事记上》，据民国二十四年（1935年）铅印本影印，台北：成文出版有限公司，1967年，第1722-1727页。

④ 嘉靖《陕西通志》卷一三《土地十三·古迹下》，西安：三秦出版社，2006年，第633页。

⑤ （北魏）崔鸿撰：《十六国春秋》卷六六《夏录·赫连勃勃》，（清）汤球辑，广雅书局丛书本。

属于传说。今人考古证明，墓地"北临交口河水，东西南三面环以山塬，占地面积 30 000 平方米，……封土夯筑，圆丘形，南北向排列，相距 17.5 米，底径分别为 9.6 米，17 米，残高 10 米左右"。当为赫连勃勃之墓。[1]其具体位置在今陕西省延川县稍道河乡古里村，原有七冢，现仅存二。[2]此说仍然有违事实真相。因为延川县西北距统万城直线距离约 180 km。如果选择沿无定河谷地经米脂、绥德、清涧到延川这条路线（这可能是从统万城至延川最近便的一条路），其路程接近 320 km[3]，以当时的运输条件，如此长距离运送灵柩是很困难的。修建嘉平陵时，赫连昌发动二百里内民 2.5 万人，其工程量之浩大可想而知，当非一朝一夕所能完成，而延川县东隔黄河与北魏相望，随时会受到攻击。事实上，夏承光二年（426 年）冬十月丁巳——也许此时的嘉平陵尚未完工，魏世祖就从平城出发，至戊寅日，帅轻骑二万济河，来袭统万。[4]从安全、交通角度考虑，选择此地营建嘉平陵不明智。那么，此墓主又该是何人？

据《十六国春秋》，夏真兴六年（424 年）冬十二月，勃勃打算废太子璝为秦王，造成众公子之间火并。太子璝（也称赫连隗）率众七万北伐，在高平附近杀了赫连伦。后赫连昌又"率骑一万袭杀璝，遂并其众八万五千，归于统万。勃勃大悦，立昌为太子"。[5]却未说明战争的地点。

----

① 潘伟斌：《魏晋南北朝隋陵》，北京：中国青年出版社，2001 年，第 296-297 页。

② 延川县志编辑委员会：《延川县志》，西安：陕西人民出版社，1999 年，第 615 页。

③ 《陕西省交通地图》，《陕西省地图册》，西安：西安地图出版社，2005 年，第 10-11 页。

④ （北魏）崔鸿撰：《十六国春秋》卷六七《夏录（二）·赫连昌》，（清）汤球辑，广雅书局丛书本。

⑤ （北魏）崔鸿撰：《十六国春秋》卷六六《夏录·赫连勃勃》，（清）汤球辑，广雅书局丛书本。

我们先来关注一下夏真兴六年（424 年）赫连璝北伐以前大夏的军事部署情况。夏凤翔五年（418 年）十二月进攻长安之前，勃勃部署前将军太原公昌屯兵潼关。夏真兴元年（419 年）春二月胜利之后，"于长安置南台，以璝领大将军、雍州牧、录南台尚书事"。①潼关作为关中门户，战略地位不言而喻，可能会继续让赫连昌镇守。也许在赫连璝北伐之时，赫连昌就做好了当"黄雀"的准备工作。由于此时的赫连昌仅有 1 万军队，实力不能与太子抗衡，只有设计杀死赫连璝。以常理推测，赫连璝杀了赫连伦后，接到了边界警报，却在前去赴援的途中遇到赫连昌的袭击——地点就在今延川县一带，这里东隔黄河与北魏为邻。

生活在我国北方的游牧民族匈奴人，生存环境艰苦，早已习惯于恶劣环境下的生存竞争，"适者生存"的理念成为一种本能，骨肉亲情、家族观念在生存、名利面前竟变得如此轻微。接连死了两个儿子，赫连勃勃自然悲伤，但作为王国继承人，须是强者。昌以劣势兵力打败璝，勃勃为之高兴，因此竟立昌为太子。其实，中国古代的王室中，骨肉相残的事屡见不鲜，岂止匈奴人一家！

太子璝是勃勃长子，年龄最大，应该有了家室，白浮屠寺前的"七冢"也就合乎情理。因此，延安府延川县白浮图寺的墓葬应是赫连璝墓之所在。

霍山说。

关于山西赵城县（今霍州市）东四十里霍山最高峰的赫连墓葬，虽然《太平寰宇记》《大清一统志》《山西通志》都有记述，但仍然不是勃勃之墓。事实上，已经有人怀疑过此墓地之真实性。《赵城县

---

① 《晋书》卷一三〇《载记·赫连勃勃》，北京：中华书局，1974 年，第 3210 页。

志》云：

　　《晋书·载记》：勃勃营都城於朔方水之北，黑水之南，号为统万，其后进据长安，遂於长安置南台，以子璝令大将军事，而己复还统万，至宋元嘉二年（425 年）卒，则兹处不得有墓。[①]

　　此时的霍山深处北魏辖区腹地，赫连昌无法在此修建嘉平陵。

　　据《晋书》卷一一七《载记第十七·姚兴（上）》，后秦弘始四年（402 年），北魏与后秦一战，后秦失败，“魏军乘胜进攻蒲坂，姚绪固守不战，魏乃引还。兴徙河西豪右万余户于长安。”[②]可见从此时起，后秦疆界就已缩至山西蒲坂一线，蒲坂以北为北魏领土。《十六国春秋》卷六七《夏录（二）·赫连昌》，夏承光二年（426 年）魏世祖伐夏时，“遣司空奚斤率义兵将军封礼等，督四万五千人袭蒲坂，……以河东太守薛谨为乡导”。[③]也说明此时大夏在山西境内最偏北的城池就是蒲坂。

　　蒲坂位于今风陵渡以北。《元和郡县图志》云，（唐）河东县，本汉蒲坂县地，县南五十五里有“风陵堆山，与潼关相对”。[④]河东郡在今夏县附近。[⑤]可以肯定，夏承光元年（425 年）时，位于临汾以北、霍州以南、汾河东岸的霍山，完全在北魏势力控制之下。

---

① 道光《赵城县志》卷二九《陵墓》，《中国地方志集成·山西府县志辑》（第 52 册），南京：凤凰出版社，2005 年，第 114-115 页。
② 《晋书》卷一一七《载记第十七·姚兴（上）》，北京：中华书局，1974 年，第 2982 页。
③ （北魏）崔鸿撰：《十六国春秋》卷六七《夏录（二）·赫连昌》，（清）汤球辑，广雅书局丛书本。
④ （唐）李吉甫撰：《元和郡县图志》，贺次君点校，北京：中华书局，1983 年，第 325 页。
⑤ 谭其骧主编：《中国历史地图集》第四册《东晋十六国·南北朝时期》，北京：中国地图出版社，1982 年，第 11-14 页。

　　北魏对大夏虎视眈眈，伺机吞并，此时魏强夏弱，赫连昌如何会、又怎么能把乃父埋葬在强敌的地界？即使这里是一个风水宝地，交通条件能达到此要求，也无此可能。那么，该地又是谁的墓葬？可能性最大的是赫连定。理由是：

　　从夏胜光四年（431年）八月赫连定被俘，到魏延和元年（432年）被杀为止[①]，赫连昌仍是北魏秦王、驸马；此时原大夏境内（今陕西中北部、甘肃东部一带）尚未完全安定下来，小股大夏残余势力还在活动，按理北魏朝廷会依王礼安葬赫连定，以收买人心。

　　到了宋代，时隔隋、唐、五代，又历经战火，造成部分史书佚失。今陕西靖边一带后来成为西夏领地[②]，考察、收集资料不易。加之赫连定与赫连昌一样，在位时间短暂，赵城县当地人只知勃勃而不知有定。是故赵宋以后的一些史家误认为山西的赫连墓为勃勃墓葬，以致讹传成真。

　　赫连昌以谋反罪被诛，想必他和他的其他兄弟未能享受上"天子"的葬礼。

　　统万城西说。

　　四种说法中，"统万城西说"最有根据。因为，①《元和郡县图志》所载资料，应主要来自《十六国春秋》和《三十国春秋》。较之其他载籍，两书成书年代距勃勃卒年最近。作者崔鸿，字彦鸾，东

---

① （北魏）崔鸿撰：《十六国春秋》卷六八《夏录（三）·赫连定》，（清）汤球辑："（胜光四年，431年）秋八月，慕瓒遣侍郎谢大宁奉表于魏，请送赫连定。己丑，世祖以慕瓒为大将军、西秦王。其明年春三月壬申，慕瓒送定至魏，世祖杀之，是魏延和元年（432年）也"。

② 今陕西靖边一带是赵宋夏州所在，淳化四年（993年）三月乙丑，北宋朝廷曾下诏堕夏州故城。至迟应于景祐四年（1037年），西夏就拥有夏州。参见（清）张鉴撰：《西夏纪事本末》，龚世俊、陈广恩、朱巧云校点，兰州：甘肃文化出版社，1998年，第33、67页。

清河鄃（今山东淄川东）人，约生于北魏孝文帝（471—499 年）初，卒于北魏孝昌年间（525—527 年），与郦道元基本同一时代，去大夏不远，萧方则稍晚。他们的成就得到了史学界公认，这从《太平御览》《资治通鉴》等史籍大量抄录其作品可见一斑。[①]全祖望曰："司马温公《通鉴》荟萃诸书，其记南北朝事，除晋、宋诸正史外，以崔氏《十六国春秋》、萧氏《三十国春秋》为多"。[②]实际上，《晋书·载记》等正史，也曾大量抄录过《十六国春秋》和《三十国春秋》，其史学价值不言而喻。[②]赫连勃勃死后，赫连昌揣度其父心意，建嘉平陵于城西 15 里，合乎情理。[③]依当时交通水平，长距离运送灵柩到上述三地中任何一地，既不方便也无此必要。基于以上考虑，笔者认为赫连勃勃墓地在统万城西 15 里处的说法最为可信。

我们姑且假定统万城就是今统万城遗址，那么，赫连勃勃墓地是否就位于统万城遗址西北 4 km 处的查干屹台？[③]尚需商榷。理由是：

夯层过薄。戴应新所说的查干屹台北冢的夯土层很薄，更像城墙一类建筑风格而不像墓葬。我们知道，筑土墙时，夯土层越薄，墙越结实，正所谓"饱基子（土坯）饿墙"。土木建筑中，打土坯多用平顶夯，且心土越厚，土坯表面越平滑，用之垒墙就越节省泥巴。筑土墙时则多用尖顶夯，且心土层越薄则着夯层之间的土受力越大，墙越结实。笔者有幸参加了陕西师范大学西北环发中心组织的"2007

① 任怀国：《试论崔鸿的史学贡献——兼论〈十六国春秋〉的价值》，《潍坊学院学报》2002 年第 2 卷第 5 期；陈长琦、周群：《〈十六国春秋〉散佚考略》，《学术研究》2005 年第 7 期。
② （清）全祖望：《鲒埼亭集外编》卷四三《答史雪汀问〈十六国春秋〉书》，清乾隆四十一年（1776 年）木刻本，第 2-4 页。
③ 戴应新：《大夏统万城址考古记》，《故宫学术季刊》（台湾）1999 年第 17 卷第 2 期。

年统万城及其周边历史环境科学考察"活动，并对戴应新先生所说赫连勃勃及其王后的陵墓进行了考察，发现正如戴先生所说，北冢的夯土层厚度 7～12 cm，甚至比统万城城墙的夯土层还薄。这使人不由产生疑问：如果是地下宫殿部分，打如此结实的夯土尚可理解，但这个夯土遗迹分明是地上部分，只不过后来被流沙所掩埋而已，为何还要建造如此坚实的夯土墙？

路程不符。《三十国春秋》云"葬勃于城西十五里"，而查干屹台却位于城西北 8 里。据笔者实地考察，即使那时气候湿润，许多凹陷洼地为积水湖泊，也不至于使路程增加一倍。

方向也与史载不符。自有罗盘以后，中国的方位概念就已经科学化了，至少古人不会分不清西与西北的区别。统万城基本呈西北—东南向分布，查干屹台遗址正好与其北城墙处于同一直线上，因此位于统万城西北方向而不是西方。

笔者认为，查干屹台的遗址可能是卫戍部队行营城墙的遗迹。

一般情况下，首都城市都拥有一支相当规模的卫戍部队，除城内守军外，大部分驻守行营。统万城也不例外。

如果统万城遗址的西城是宫城（面积约 $3.6 \times 10^5 \, m^2$)，东城则可能是官员宅第及办公场所、富商居所及娱乐设施（面积约 $3.9 \times 10^5 \, m^2$)，外城居住普通居民、一般商人、工匠等（面积更大一些）。当时城内的居民有多少？

承光三年（427 年）夏四月甲辰日，赫连昌战败后不及入城，仅带数十骑逃走。尔后，"昌尚书仆射问至跋城，奉昌母出走"。由此可推测，在魏军入城前，这批大夏要员逃亡之时，有一支实力相当强大的军队在保护。这支军队虽然战败，还可做困兽之斗，秉承"穷寇莫追"的原则，北魏军队未曾拦截或者未能拦截得住。至同年六月乙巳日北魏世祖入城时，"获昌所署公卿、将校及其诸母、姊妹、妻妾、宫人以万数"。①所以，尽管不能统计出统万城人口数，但以最保守的估计，其时居住在统万城内仅守城军队、仆从、官员及其家属、宫人等，也有 2 万人左右。大夏军队外出作战时，经常性掳掠人畜，迁往统万城附近，迁移人口也要安家落户，消费需求会很旺盛。这种消费会吸引大量客商定居统万城。加上工匠、一般居民等，人口数量不会少。

承光三年（427 年）夏四月甲辰，当北魏世祖拓跋焘首次进攻统万城时，赫连昌"引步骑三万出城逆战"，加上当时的守城军队，估计其驻军不应少于 4 万人。就统万城遗址情况来看，城内恐怕容纳不了多少军队，大部分军队只有驻守城外。大夏的军队中，骑兵比例很高，号称云骑。这由北魏世祖破城后所得的战利品可见一斑："马三十余万匹，牛羊数千万头，府库珍宝、车、旗、器物，不可胜计"。②卫戍部队和如此多的战马驻扎在哪里？为了防止北魏军队突然袭击时掳掠事件的发生，牛羊等牲畜也应该有一个藏身之所，这样的所在又是哪里？

统万城东、南临无定河，易守难攻，北魏军队的两次进攻均选择了几无天险可依的西北方向。从防卫需求出发，卫戍部队应驻防城西北，以免遭受偷袭。由此推断，查干屹台遗址不是赫连勃勃墓地，而是统万城卫戍部队行营的外墙遗迹。

不过无论是什么用途，作为墓葬的可能性是最小的。

---

① （北魏）崔鸿撰：《十六国春秋》卷六七《夏录（二）·赫连昌》，（清）汤球辑，广雅书局丛书本。
② （北魏）崔鸿撰：《十六国春秋》卷六七《夏录（二）·赫连昌》，（清）汤球辑，广雅书局丛书本。

最后一个需要讨论的问题。据《元和郡县图志》，勃勃墓在"县西二十五里"，亦即统万城西二十五里。而《三十国春秋》却云"城西十五里"，为什么相差有十里之遥？

风是当地最常见、最具破坏力的外营力之一。《靖边县志·自然环境志》云：靖边县风多且大，最大风力可达 9~10 级。风向以南风居多，西北风次之。但"西北风强度大，持续时间长"。[1]北魏置夏州时统万城已"深在沙漠之地"[2]，说明当时风沙危害甚重。查干屹台遗址所在城垣的城墙厚度约 2 m，正当统万城西北，城墙走向与统万城墙基本一致，距统万城 4 km。受西北风侵蚀、流沙掩埋、人为破坏，至唐代时城墙可能已经湮没。故《元和郡县图志》所说的距离是以统万城西门为起点量算，而《三十国春秋》所说的距离则是从查干屹台城址西门作为起点，两书误差可能由此而起。

综上所述：

①真正的赫连勃勃墓地应位于统万城西 7.5~12.5 km。古代所说距离多指路程，其直线距离则不足 12.5 km；由于目前无法确定查干屹台城址西门的具体位置，以今天统万城遗址为准，其以西 12.5 km 处，应将查干屹台城西 7.5 km 的范围包括在内了。

②山西省霍州市东四十里霍山最高峰是大夏最后一个皇帝赫连定之墓。今陕西省延安市延川县境内杜甫川白浮图寺南侧为前太子赫连璝墓之所在。甘肃省庆阳市镇原县方家沟是准太子、酒泉公赫连伦之墓。

③有关赫连勃勃墓地的四说之所以出现，原因不尽相同，最主

① 靖边县地方志编纂委员会：《靖边县志》，西安：陕西人民出版社，1993 年，第 53 页。
② （宋）曾公亮等撰：《武经总要前集》卷一八（下）《边防·西蕃地界》，《四库全书·子部》（影印本），第 1 页。

要的原因有两点：一是大夏国历史短暂，未能撰写国史。对赫连勃勃墓地记述最具权威性的作品当属崔鸿《十六国春秋》和萧方《三十国春秋》。但因时代久远，其后又历经战火，两书佚失甚多，至赵宋时已"鲜有传者"。全祖望认为明中叶以来《十六国春秋》百卷传本，"则直近人撮拾成书，驾讬崔氏，非宋时所有也"。[①]至《太平寰宇记》及各地方志收集资料时，只能参考一些民间传说，以至于出现不同说法。二是赫连勃勃凶残好杀戮，给民间留下了深刻印象，但对他的儿子们却知之甚少。

三、方家沟地貌年龄

1. 考古结果

赫连伦死亡时间应在夏真兴六年（424 年）十二月至七年（425年）六月之间[②]，埋葬时间距今约 1 583 年。

赫连伦墓冢位于方家沟沟掌盆地正中央的沟梁上，周围深沟环绕，仅西南方位有一座宽度不大的"土桥"与村庄相连。"土桥"上存在一个宽约 80 m、深 3～4 m 的壕，壕内为原生黄土，没有封土中所包含的文化遗存，且明显存在挖掘痕迹。推断是因封土需要，此处包含文化遗存的地层被搬迁了。墓冢顶部高出现沟底约 127 m，以墓冢基部为准，墓地两侧的沟已深达 85～90 m，沟坡的平均坡度为 40°～45°。与其周围山脚下存在大量农庄和废弃窑洞相比，这里

---

① （清）全祖望：《鲒埼亭集外编》卷四三《答史雪汀问〈十六国春秋〉书》，清乾隆四十一年（1776 年）木刻本，第 2-4 页。
② （北魏）崔鸿撰：《十六国春秋》卷六六《夏录·赫连勃勃》，（清）汤球辑，广雅书局丛书本。

除了放牧和植树造林，其他人类活动很少。这一方面与自然条件有关：沟梁四周全部为 4～15 m 的断崖，交通不便。另一方面与当地人称此墓为"黑脸天子坟"，对其有敬畏感有关。问题是为什么赫连伦墓被选择在这样一个深沟环绕的干旱的沟梁上？只有一种可能，即夏承光元年（425 年）前后这里不存在现代侵蚀沟。

据当地民间传说，墓冢所在地原名"方家沟坪"。按照当地的一般情况，只有具备足够的平坦地面，方可称之为"坪"。可现在除一块坡度较大的高台地外，其余为深度 80～90 m、坡度 40º～45º 的 V 型谷，哪里有"坪"可言？

结合沟口汉墓群的分布情况推测，至少在夏承光元年（425 年）以前方家沟是低丘宽谷地貌，现代侵蚀沟初始发育时间不能早于夏承光元年（425 年）。以此为时间上限，以 2008 年为下限，则方家沟现代侵蚀沟年龄为 1 583 年，沟头延伸速度为 2.218 m/年。

2. 公式计算

依据航拍图，将方家沟相关数据计算统计如表 4-5 所示。

表 4-5　方家沟现代侵蚀沟主干沟道相关数据

长/m	上口宽/m	平均深/m	上口面积/m²	空腔体积/m³	年均侵蚀模数/(t/m²)
3 920	181.9 (62～510)	46.1 (23～105)	7.486×10⁵	1.95×10⁷	34 348.5

资料来源：方雨松主编：《庆阳地区：水资源调查评价及水利水保区划成果》，内部资料，2003 年。

由于考古结果只能确定一个时间上限。为了能确定其现代侵蚀沟确切的初始发育年代，再运用现代侵蚀沟地貌年龄计算公式来计算：$n \cdot \dfrac{T_n}{QS} = \dfrac{1-\gamma^n}{1-\gamma}$，$\gamma = \dfrac{1}{(1+\alpha)(1+\beta)}$，$\alpha$、$\beta$ 近似相等。

将考古获得的数据代入公式，$\alpha = l/L = 2.218/3\,920 = 5.658 \times 10^{-4}$。

则 n=1 129 年，计入误差率，其现代侵蚀沟地貌年龄为 1 129±554 年。即形成于唐乾符六年（879 年）前后。沟头平均前进速度约为 3.472 m/年。

利用侵蚀模数来计算：

$$\alpha = \frac{E_m \cdot S_o}{T_o \cdot P_d} = \frac{34\,348.5 \times 1.68}{5.41 \times 10^7 \times 1.3} = 8.205 \times 10^{-4}$$

则方家沟现代侵蚀沟地貌年龄为 779 年，即形成于南宋绍定二年（1229 年）。

3．结果分析

将两个计算结果对比，利用侵蚀模数计算的 α 数值明显偏小，而利用考古数据计算的结果与考古结果更接近一些。原因是侵蚀模数值偏大，用近 20 年来泥沙数据测量的侵蚀模数，所计算的沟道纵向发展比数偏大。

方家沟流域的侵蚀模数，采用了洪河流域侵蚀模数。后者来源于庆阳市水土保持局对杨闾水文站近 20 多年来泥沙实测资料的分析计算，应用至方家沟流域虽会有误差存在，但方家沟基本处于洪河流域中游，各项自然指标比较接近洪河流域平均值，因此偏差并不大。

研究发现，进入 20 世纪 80 年代以后，泾河流域最大 30 天降水量比基准期增加了 3.5 mm，但水土保持治理削减最大洪水量是降水洪水量的 2 倍多，减少洪沙量也比降水增加洪沙量大 3 倍多。[①]洪河流域自 20 世纪 70 年代以来，农田基本建设开展得很好，大量水平梯田得以建设，因此，流域侵蚀模数比自然状态侵蚀模数值偏小。尽管如此，还是要比历史时期的平均值大出很多。用此数据计算的地貌年龄比以考古结果计算的结果偏小 350 年，正好支持了历史时期水土流失日趋严重的这一结论。

以陇东黄土高原地区的 15 个小流域对计算公式进行验证，结果表明，公式计算结果也不能给出一个绝对准确的年份，其浮动范围达 49.94%，所以初步将方家沟流域的地貌复原时间定在唐代初期。考虑到考古方法只能证明其形成于夏承光元年（425 年）之后，并不能确定沟口侵蚀具体的开始年份，因此公式计算结果更合理一些。

四、地貌演变与复原

1. 地貌演变

在唐乾符六年（879 年）前后，方家沟沟口附近的现代侵蚀沟开始发育，裂点以平均 3.472 m/年的速度沿着主干沟道向上游延伸。随着溯源侵蚀进一步发展，形成若干个新的裂点。新裂点不断产生，使现代侵蚀沟深度不断增加，造成严重的下切侵蚀。同时，这些新裂点也在持续向流域上游延伸，形成新的溯源侵蚀。直到今天，这种侵蚀活动还在继续。正是这种持续进行的侵蚀活动，主导了流域的地貌演变。

---

① 冉大川：《泾河流域最大洪水量及最大洪沙量变化分析》，黄河水利委员会西峰水土保持科学实验站：《黄土高原水土流失及其综合治理研究》，郑州：黄河水利出版社，2005年，第 165-168 页。

对于流域支毛沟的现代侵蚀沟来说，部分与主干沟道现代侵蚀沟的发育有因果关系，即主干沟道下切侵蚀所造成的侵蚀基准面下降，对其形成和发育产生了一定影响。但是，还有一些支毛沟的形成，更多是受坡面径流的影响，主干沟道的发育对其影响不大。主干沟两岸山坡坡度都比较大，即使侵蚀基准面不下降，只要有坡面汇流，就会形成沟状侵蚀。

实地考察时也发现，一部分支毛沟的现代侵蚀与人类活动有关。方家沟沟掌附近的支毛沟沟头的上方，或者是村庄，或者是废弃的窑洞。但从方家沟流域废弃窑洞分布看，几乎全部坐落在主干沟道现代侵蚀沟谷沿线以上的地势较为平坦的台地上，因此这些支毛沟现代侵蚀沟的形成和发育时间，可能不会早于主干沟道。

至于面状侵蚀，与主干沟道现代侵蚀沟的形成和发育完全无关，自地质时期就存在，只是在不同时期有所不同而已。

方家沟流域的现代地貌，可以大致看作是唐中期以后，经过1 200多年时间，才从低丘宽谷地貌演变而成。已有的研究认为，一直到全新世中期，陇东黄土高原"土壤并没有受到明显侵蚀而发育完整"。①本书结论很好地支持了这个观点。

今天站在墓冢顶部远眺沟口，还可以看出平坦河谷的痕迹（图版 4-8）。沟口附近川道狭窄，宽约 200 m，越往上游地势越开阔，到沟掌附近，是一个直径约 1 200 m 的沟掌地。这种沟掌地是当地主要的生活生产场所。笔者在陇东盆地考察时，发现许多先秦时期的聚落遗址就分布在沟掌地上。现在，除了环县、静宁、会宁、通渭等地还有面积较大的掌地存在，其他地方均为现代侵蚀沟破坏，情

---

① 周群英、黄春长、庞奖励：《泾河上游黄土高原全新世成壤环境演变与人类活动影响》，《干旱区地理》2004 年第 2 期。

形正如方家沟一样。

2．地貌复原

（1）方家沟流域不同地形区侵蚀数据

利用侵蚀模数值计算出唐乾符六年（879 年）以来方家沟流域的侵蚀总量，再利用现代侵蚀沟空腔体积测算数值（表 4-6）可将方家沟流域地貌复原至唐初。

表 4-6　方家沟流域不同地形区相关侵蚀数值

	面积/km^2	侵蚀量/m^3	地面剥蚀厚度/m	溯源侵蚀速度/（m/年）
方家沟全流域	4.875	5.82×10^7	—	—
V 型谷	1.680	5.41×10^7	—	—
主干 V 型谷	—	1.95×10^7	—	3.472
分支 V 型谷	—	3.46×10^7	—	—
V 型谷以外的地面	3.195	4.18×10^6	1.308	—

复原地貌时，把 V 型谷的侵蚀物回填入 V 型谷内。但利用近数十年来的侵蚀模数所计算的流域侵蚀总量会偏大，不能用其复原面状侵蚀情况。即使这个偏大的数值，平均分布在流域内除现代侵蚀沟以外的地面，发现过去的 1 129 年间，地面平均被侵蚀了 1.308 m，无法在地形图上表示。所以，地貌复原图只体现现代侵蚀沟的变化（图 4-6）。

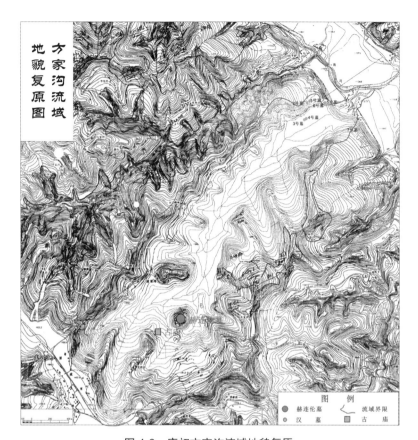

图4-6 唐初方家沟流域地貌复原

说明：唐初方家沟沟口附近的洪河河谷地形，本书尚未给出具体结论。因此，沟口
的处理只是为了使地图保持完整，而非地貌复原。

（2）数据分析

方家沟主干沟沟头平均延伸速度 3.472 m/年，是一个可以接受
的合理结果。参考史念海先生计算的黄土高原地区 14 条沟谷的沟头
延伸速度，为 10.80～0.28 m/年，平均为 3.11 m/年。其中，自然条

件与方家沟比较接近的四条沟谷的溯源速度为 4.55～0.29 m/年，平均为 2.475 m/年。[1]方家沟计算结果表明，本书所确定的地貌年龄之误差在可接受范围之内。以此为据的复原地貌工作也是可以接受的。

尽管如此，仍存在以下缺陷：①用近 20 多年来所得的洪河流域侵蚀模数平均值代替方家沟流域的侵蚀模数，会有误差存在，因为不同地区的侵蚀强度有异。②测算数值有误差。这个误差主要体现在现代侵蚀沟沟沿线的判读误差，特别是隐性沟沿线[2]，可能会大于侵蚀模数带来的误差。

3. 复原图制作方法及说明

虚拟出唐初方家沟流域的等高线。即按原来地形可能的模型，将 V 型谷谷沿线两侧的等高线对接起来，形成地貌复原图（图4-6）。此图只反映现代侵蚀沟的情况，没有复原面状侵蚀情况。

五、结论

利用考古方法和现代侵蚀沟地貌年龄计算公式，最终得出方家沟流域现代侵蚀沟的初始发育年代为唐乾符六年（879 年）前后，地貌年龄 1 129±564 年，沟头前进速度约为 3.472 m/年。结果表明至少到唐初，方家沟流域还是低丘宽谷地貌，不存在深陷的 V 型谷，V 型谷形成的时间要稍晚一些。

这种现象在陇东黄土高原具有普遍性。陇东盆地泾河的三、四级支流和部分一、二级支流流域，是历史时期才开始广泛发育的。复原结果很好地支持了历史时期黄土高原水土流失日趋严重这一观点。

---

① 史念海：《黄土高原历史地理研究》，郑州：黄河水利出版社，1981 年。
② 肖晨超、汤国安：《黄土地貌沟沿线类型划分》，《干旱区地理》2007 年第 5 期。

第五节　孟坝塬
——彭阳古城及井沟的发育

一、研究区概况

孟坝塬位于甘肃省庆阳市镇原县中北部，蒲河与交口河之间。东西向延伸，东西长 35 km，南北最宽处 10 km，塬面面积 164 km²。海拔 1 300～1 400 m，年降水量 480～500 mm。土壤以黄绵土、黑垆土为主。[①]

井沟位于泾河二级支流、蒲河一级支流茹河北岸，孟坝塬分支太平塬南向伸出塬头的南坡上。全长 2 676.5 m，沟底海拔 1 260～1 039 m，沟道平均纵比降 8.26%。除沟口不足 30 m 的一段下切至基岩外，沟床的其余部分均为黄土。阶地上的沟谷横剖面呈"◡"形，为宽谷平底型，坡地上的沟谷全部为 V 型谷。从沟谷两岸出露的黄土地层和沟谷形态综合判断，整个沟谷都属于现代侵蚀沟。近数十年来的水土保持工作已见成效，井沟成为典型的季节性干沟，除非大到暴雨，一般不会有流水。沟底虽然有出露的泉眼，但仅仅能满足当地居民饮用需要，形不成径流。井沟沟口附近及其以东茹河河段已经切入基岩 3～6 m，井沟入茹河处是高达 4.5 m 的基岩悬崖。

井沟流域属甘肃省庆阳市镇原县太平乡彭阳行政村（以前的彭阳乡）辖区，村部所在地井陈家有两座古城遗址，一座为汉代城址，

---

① 甘肃省庆阳地区志编纂委员会：《庆阳地区志·地理志·地貌》，兰州：兰州大学出版社，1998 年，第 259-262 页。

一座为宋代城址。后者在 1993 年被列为甘肃省文物保护单位。据陇
东学院张多勇副教授提供信息、笔者多次考察，发现汉代城址正好
位于井沟沟口、茹河北岸二级阶地上，井沟从古城遗址中间流过，
将古城一切为二，一部分位于井沟东岸，一部分位于古城西岸。这
为复原井沟流域地貌提供了难得一遇的证据（图 4-7）。

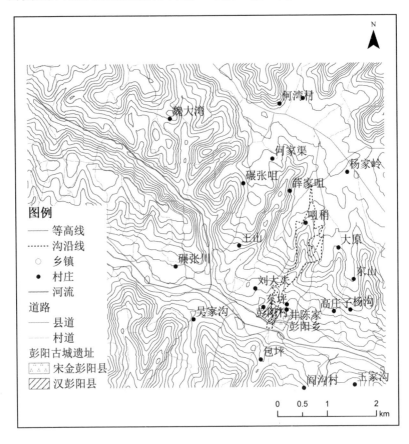

图 4-7　彭阳古城位置与井沟流域地形

《中国历史地图集》将此汉代古城遗址标注为汉彭阳县城。[1]历史文献中有关汉彭阳县的位置有多种说法。距今彭阳行政村西北方向约 20 km 处还有一座不知名称的秦汉时期古城遗址，规模更大，这座城址也有可能是汉彭阳县。故汉彭阳县的位置及兴废时间还需要进一步考证。宋代城址虽然是省级文物保护单位，其兴废时间也需进一步考证。

二、彭阳古城兴废考

1. 汉彭阳县位置及其兴废

（1）汉彭阳县位置

关于汉彭阳县位置，现存三种不同的说法。一是"汉彭阳"即唐彭原县；二是位于唐泾州临泾县东二十里；三是位于今镇原县太平乡彭阳行政村。

①"汉彭阳"即唐彭原县。持这种说法的主要是颜师古和章怀太子李贤。[2]

《汉书》卷九四《匈奴传（上）》：

孝文十四年（前 166 年），匈奴单于十四万入朝那萧关，杀北地都尉卬，虏人民畜产甚多，遂至彭阳。师古曰：即今彭原县是。[3]

① 谭其骧等：《中国历史地图集》第二册《秦到东汉时期（第 33-34 图幅）》，北京：中国地图出版社，1982 年。
② 《汉书》卷九四《匈奴传（上）》，北京：中华书局，1962 年；《后汉书》卷六五《段颎传》，北京：中华书局，1965 年。
③ 《汉书》卷九四《匈奴传（上）》，北京：中华书局，1962 年，第 3761-3762 页。

《后汉书》卷六五《段颎传》：

建宁元年（168年）春，颎将兵万余人，齎十五日粮，从彭阳直指高平，与先零诸种战于逢义山。唐章怀太子贤注：彭阳、高平，并县名，属安定郡。彭阳县即今原州彭原县也。[①]

此二人均认为汉彭阳县就是唐彭原县。但这种说法后来被许多学者否定。[②]经史念海先生考证，唐彭原县位于今庆阳市西峰区彭原乡彭原行政村。[③]颜师古等之所以认为是汉彭阳县治所，是将东汉、北魏富平县——今西峰区彭原乡李家寺行政村庙头嘴古城遗址误作西汉彭阳县了。

②"汉彭阳"位于唐泾州临泾县东二十里。持此观点的主要是李泰。《括地志》指出："彭阳故城在泾州临泾县东二十里。"[④]清道光《镇原县志·地理志·古迹》认为，临泾故县位于今镇原县西二里。[⑤]也就是今镇原县第一中学所在地，名曰"上马台"。那么，临泾县东20里大致是今镇原县城关镇祁家川行政村旋老自然村。实地考察发现，这里的确有一座先秦至汉代古城遗址。古城遗址中心西北距今镇原县城约9 km，可能是《括地志》的判断依据。但这也是一个误判。目前虽然还无法确认祁家川古城遗址的身份，但有三个

---

① 《后汉书》卷六五《段颎传》，北京：中华书局，1965年，第2149页。

② （唐）李吉甫撰：《元和郡县图志》，贺次君点校，北京：中华书局，1983年，第64-66页；（宋）乐史撰：《太平寰宇记》卷三四《关西道十·宁州》，王文楚点校，北京：中华书局，2007年，第726-727页。

③ 史念海：《历史时期黄土高原沟壑的演变》，《黄土高原历史地理研究》，郑州：黄河水利出版社，2001年，第179-224页。

④ （唐）李泰等：《括地志辑校》，贺次君辑校，北京：中华书局出版，1980年，第40-41页。

⑤ （清）李从图总纂，（清）张辉祖原纂：《镇原县志》卷八《地理·古迹》，清道光二十六年（1846年）木刻本。

理由，可以证明这不是西汉彭阳县治所。

其一，据《元和郡县图志·关内道·宁州》记载：

> 彭原县，本汉彭阳县地，在今县理西南六十里临泾县界彭阳故城是也。[①]

第三章第三节已经考证过，唐彭原县位于今甘肃省庆阳市西峰区彭原乡彭原行政村南庄组。如果祁家川古城遗址是彭阳故城，其距离唐彭原县的直线距离达 42.6 km，从里程来看出入太大。

其二，张多勇认为，西汉元鼎三年（114 年），分北地郡置安定郡时，"为了防御匈奴"，才将彭阳县城迁至茹河谷地。[②]从军事防卫角度考察，今彭阳行政村古城遗址所在，是茹河下游河谷最窄处，背山面河，便于防御。茹河从南岸山脚下流过，使其南岸无法顺利通行，东西通行必须穿城而过，不能偷越。古城东距茹河、蒲河交汇处仅 4 km 的路程，也便于控制蒲河通道。而祁家川古城遗址就不具备上述条件，其所在地河谷宽阔，不便于防卫。且距离蒲河谷地 50 多里，有将近一天的行军距离。在此地建设城池军事目的不是很明确。另外，今镇原县太平乡彭阳行政村还有一座宋代古城遗址，是宋金彭阳县治所。[③]该城的设置，从军事防卫角度进一步证实了汉彭阳县设置于此的缘由及其合理性。

---

① （唐）李吉甫撰：《元和郡县图志》，贺次君点校，北京：中华书局，1983 年，第 64-66 页。
② 张多勇：《泾河中上游汉安定郡属县城址及其变迁研究》，硕士学位论文，兰州：西北师范大学，2007 年，第 58 页。
③ 谭其骧等：《中国历史地图集》第二册《秦到东汉时期（第 33-34 图幅）》，北京：中国地图出版社，1982 年；张多勇：《泾河中上游汉安定郡属县城址及其变迁研究》，硕士学位论文，兰州：西北师范大学，2007 年，第 53-73 页。

　　其三，考古调查发现，祁家川古城遗址文化层中，以先秦至汉代的建筑残件为主，且以先秦时期偏多，东汉及魏晋以后的遗存很少。遗址面积约 $1.2 \times 10^7\,\mathrm{m}^2$，文化层厚 2～4 m，内涵很丰富，地面散布的陶片很多，主要是泥质灰陶和夹砂灰陶。其纹饰除素面外，还有绳纹、交错绳纹、弦纹和方格网纹。器物有鬲、罐、釜、甑、灶、瓮、圆形云纹瓦当、回纹砖等。遗址地表采集、向群众征集的文物有石斧、研磨石、石杵和灰陶罐等。遗址保存情况较好[①]，该遗址已被确定为县级文物保护单位。古城西北部山脚下（距山脚有数十米）、祁家川小学北侧残存一段城墙，残高 6 m 左右，夯层厚 6～7 cm，夯土中夹杂极少量的绳纹瓦陶碎片，从夯土层厚度来判断，应属于先秦城址——至少是秦或汉初的城址。如果此遗址就是汉彭阳县，应该大量保留东汉及魏晋时期建筑残件。据《后汉书》卷六五《段颖传》记载，一直到东汉建宁元年（168 年）春，段颖还领兵从彭阳出发与先零等羌作战，[②]说明彭阳县作为县治还在发挥功能。但实地考察结果与文物部门鉴定结果都无法提供足够的证据。因此当地文物部门鉴定为：“镇原县城关镇祁川村后河遗址为周、汉代遗址”。

　　[③]“汉彭阳”位于镇原县太平乡彭阳行政村。除了上述记载，其他志书一致认为其位于今镇原县太平乡彭阳行政村。[③]《元和郡县

---

① 镇原县《文物概况一览》，编号 342，分类号△342，内部资料。
②《后汉书》卷六五《段颖传》，北京：中华书局，1965 年，第 2149 页。
③（唐）李吉甫撰：《元和郡县图志》，贺次君点校，北京：中华书局，1983 年，第 64-66 页；（唐）杜佑撰：《通典》卷一七三《州郡三·古雍州（上）》，王文锦、王永兴、刘俊文、徐庭云、谢方点校，北京：中华书局，1982 年；（宋）王存等撰：《元丰九域志》卷三《陕西路》，北京：中华书局，1984 年；（宋）欧阳忞撰：《舆地广记》卷一六《陕西·秦凤路（下）》，成都：四川大学出版社，2003 年；（宋）潘自牧撰：《记纂渊海》卷二五《郡县部·秦凤路》，北京：中华书局，1988 年；《宋史》卷八七《地理志第四十·地理三·陕西》，北京：中华书局，1977 年；《元史》卷六〇《志第十二·地理三·陕西诸道行御史台》，北京：中华书局，1974 年；乾隆《甘肃通志》卷二二《古迹》，台北：商务印书馆，1983 年。

图志·关内道（二）·宁州》明确指出：

> 彭原县位于唐临泾县（今甘肃镇原）西南六十里的彭阳故城。[①]
> 又按：县有彭阳川，去彭阳县一百步。[②]

也就是说，汉彭阳县位于唐彭原县西南六十里、唐临泾县境内的彭阳川。

唐彭原县即今西峰区彭原乡彭原古城。唐临泾县位于今镇原县城西 1 km 处。彭阳川即今茹河。距唐彭原县西南方向直线距离 23.85 km 处，是今镇原县太平乡彭阳行政村的汉城遗址，且正好位于"彭阳川"北岸，与"西南六十里"里程相吻合。

《太平寰宇记》卷三四《关西道（十）·宁州》：

> 彭阳县，（宁州，今甘肃宁县）西八十里，旧二乡，今三乡。本汉彭阳县地。[③]

从"西八十里"来推测，今镇原县城关镇祁家川行政村旋老自然村至茹河河口一带的两座古城遗址中，祁家川古城遗址与今宁县直线距离达 61.25 km，而彭阳古城遗址则为 43 km，后者更接近一些。较好印证了《元和郡县图志》的记载。

---

① （唐）李吉甫撰：《元和郡县图志》，贺次君点校，北京：中华书局，1983 年，第 64-66 页。
② "县有彭阳川去彭阳县一百步"，《考证》：官本作"县在彭阳川内彭阳水上百步"，语恐有讹。
③ （宋）乐史撰：《太平寰宇记》卷三四《关西道（十）·宁州》，王文楚点校，北京：中华书局，2007 年，第 726-727 页。

以上三种说法中以镇原县太平乡彭阳行政村说最为可靠，汉彭阳县就是位于今彭阳行政村的汉代古城遗址。此说得到唐以后大多数学者认可，《中国历史地图集》也将其标注于此。①

（2）西汉彭阳县的废弃时间

据《后汉书》卷六五《段颎传》，东汉建宁元年（168年）春，段颎领兵从彭阳出发进攻高平，②说明至少在建宁元年（168年）时彭阳县还未废弃。由于难以考证彭阳县的准确废弃时间，就以建宁元年（168年）为汉彭阳县废弃的时间上限。

2．宋金彭阳县设置时间

宋金彭阳县位于今镇原县太平乡彭阳行政村，已经得到相关方面广泛认可。③

《元丰九域志·陕西路·原州》：

原州，平凉郡，军事。治临泾县（今甘肃镇原）。县二，至道三年（997年），以宁州彭阳县隶州。……彭阳，州东六十里。……有大湖河、蒲川河。④

《金史·地理志》：

---

① 谭其骧等：《中国历史地图集》第二册《秦到东汉时期（第33-34图幅）》，北京：中国地图出版社，1982年。

② 《后汉书》卷六五《段颎传》，北京：中华书局，1965年，第2149页。

③ 谭其骧等：《中国历史地图集》第六册《宋辽金（第20-21图幅）》，北京：中国地图出版社，1982年。

④ （宋）王存撰：《元丰九域志》，王存楚、魏嵩山点校，北京：中华书局，1984年，第131-132页。

彭阳，有大湖河、蒲川河。①

《元史·地理志》：

> 镇原州，唐原州，又为平凉郡，宋金因之。元改镇原州，以镇
> 戎州之东山、三川二县来属。至元七年（1270 年），例并州县，遂以
> 临泾、彭阳及东山、三山四县入本州。②

这些都能说明宋金彭阳县的位置无可争议。

今宁夏回族自治区也有一个彭阳县，其位置在距镇原县城西偏
北方向 63.3 km 的茹河河谷，为避免混淆，有必要对此进行辨析。《太
平寰宇记》卷三四《关西道（十）·宁州》：

> 彭阳县，（宁州，今甘肃宁县）西八十里，旧二乡，今三乡。本
> 汉彭阳县地。后魏于县理置云州，周武帝保定二年（562 年）废州为
> 防。隋文帝废防为丰义塘。武德二年（619 年）分彭原县为丰义县，
> 属彭州。贞观元年（627 年）废州，以县属宁州，其城即后魏云州城
> 是也。开元八年（720 年）四月，割隶泾州，寻复属宁州。③

从"开元八年（720 年）四月，割隶泾州，寻复属宁州"可知，
此彭阳县绝不会位于董志塬上，因为那里距离庆州（今庆城县）和

---

① 《金史》卷二六《地理（下）》，北京：中华书局，1975 年，第 652 页。
② 《元史》卷五九《地理（三）·镇原州》，北京：中华书局，1974 年，第 1431 页。
③ （宋）乐史撰：《太平寰宇记》卷三四《关西道（十）·宁州》，王文楚点校，北京：中
华书局，2007 年，第 726-727 页。

宁州（今宁县）更近一些，而距离泾州（今泾川县）较远，不可能将其"割隶泾州"。也不会是今宁夏彭阳县，因为那里距离固原更近，距离泾州则太远。所以，宋代彭阳县肯定在茹河谷地下游一带，只有彭阳古城遗址符合宋金彭阳县治所条件。

宋彭阳县肩负着防御西夏的军事责任，城址的选择，军事因素占了相当大的比重。宋代没有选择在祁家川筑城，而是选择了彭阳，这种选择是否可以作为汉彭阳县的参考依据？这也进一步说明，西汉彭阳县应该位于今镇原县太平乡彭阳行政村，与宋彭阳县治所处在同一地点。

既然宋金彭阳县位于今镇原县太平乡彭阳行政村，它是何时设置的？

《舆地广记》卷一六《陕西·秦凤路（下）·原州》云：

> 彭阳县，二汉属安定郡，晋省之，后复置。元魏置西北地郡，隋改县为彭原。唐武德二年（619年）析彭原置丰义县，属宁州。皇朝太平兴国元年（976年）改曰彭阳，至道三年（997年）来属。[1]

张多勇认为，"宋代的彭阳县为唐代的丰义县所改名，并标明改置的年代为太平兴国元年（976年），至道三年（997年）从宁州来属。就是说丰义县改为彭阳县后的21年间，仍属宁州"。而丰义县改名彭阳县21年后，县城从今西峰区董志镇迁至了彭阳。[2]这多少

① （宋）欧阳忞撰：《舆地广记》卷一六《陕西·秦凤路（下）·原州》，李勇先、王小红校注，成都：四川大学出版社，2003年，第448页。
② 张多勇：《泾河中上游汉安定郡属县城址及其变迁研究》，硕士学位论文，兰州：西北师范大学，2007年，第69页。

带点推测的成分。但今镇原县太平乡彭阳行政村的宋代彭阳县城遗址却是事实，不容忽略，只是其在此地具体设置的时间不好确定。既可能在太平兴国元年（976 年）改名时就是依据当地地名而改的，则此地置县时间为太平兴国元年（976 年）。也可能如张多勇所言，是至道三年（997 年）改属宁州时筑的城。这对本书所研究的问题影响不是很大，无须细究。

三、井沟地貌年龄

1．考古结果

镇原县太平乡彭阳行政村的汉代古城遗址，大致废弃于东汉建宁元年（168 年）之后。北宋太平兴国元年（976 年）和至道三年（997 年）之间，又在此筑了一座新的县城。宋城没有在汉城的原址上修建，而是稍稍向东偏了约 200 m。如果说是在古城址上建一座城很困难，不如改址新建，但两座古城却又有部分区域是重合的，说明宋城东移时有其他原因。笔者认为，主要的原因是汉城中部被井沟切穿，已经形成了深达数米的沟壑，无法在原址上修建新城。而这一段茹河谷地比较狭窄，无法再择更好的城址，只有避开沟谷，在沟谷东岸修建城池了。

以最大的可能性来推测，井沟沟口下切沟形成于东汉建宁元年（168 年）之后、北宋至道三年（997 年）以前。其地貌年龄为 1 011～1 840 年，沟头平均前进速度 1.455～2.647 m/年，沟谷平均加宽速度 0.082～0.149 m/年，沟谷平均下切速度 0.018～0.032 m/年，平均侵蚀速率 6 782.6～12 344.2 m^3/年。

2．公式计算结果

为了能确定其现代侵蚀沟确切的初始发育年代，再运用现代侵蚀沟地貌年龄计算公式来计算。

依据航拍图，将井沟相关数据计算统计如表4-7所示。

表4-7　井沟主干沟道相关数据

长/m	上口宽/m	平均深/m	上口面积/m²	空腔体积/m³
2 676.5	150.3 (62.5～371.5)	32.6 (5～80)	4.854×10^5	1.248×10^7

资料来源：方雨松主编：《庆阳地区：水资源调查评价及水利水保区划成果》，内部资料，2003年。

由于缺乏相关的侵蚀模数值和沟头调查数据，只能利用考古结果所得沟头年均前进距离来计算纵向和横向发展比数。α_{max} = 2.647/2 676.5=9.89×10^{-4}，β_{max} =150.3/1 011×150.3= 9.89×10^{-4}；α_{min} = 1.455/2 676.5=5.436×10^{-4}，β_{min} = 150.3/1 840×150.3=5.435×10^{-4}。

将以上数据代入公式 $n\cdot\dfrac{T_n}{QS}=\dfrac{1-\gamma^n}{1-\gamma}$，$\gamma=\dfrac{1}{(1+\alpha)(1+\beta)}$。

则地貌年龄为252～457年，沟口现代侵蚀沟初始发育年代为明嘉靖三十年（1551年）至清乾隆二十一年（1756年）之间。

3．结果分析

公式计算结果与考古结果相差太大，这是因为井沟的主体仍属于冲沟状态，其发育不受侵蚀基准面制约，因此，计算结果误差较大。相比之下，考古结果更接近实际情况。

四、井沟流域的地貌演变及地貌复原图

如图 4-7 所示，茹河北岸类似井沟的沟谷还有很多。这类沟谷两侧的山梁上都有道路，与沟谷走向基本一致，因此其发育多与道路侵蚀有关，或者说这类沟谷原来就是上塬的道路，因道路侵蚀严重，原来的道路进一步演变为沟壑之后，遂改道于山梁了。但其他沟谷缺乏证据可资利用，只有井沟沟口的古城遗址能反映其演变的时间。

井沟东西两侧山梁上都有道路，其中东岸山梁上的道路级别较高，属于村级土质公路，可行驶机动车辆。这是因为井陈家原来是镇原县彭阳乡政府所在地，客货流量较大。可以推想，汉及宋金时期，这里是县级行政中心，客货流量更大，由这里上塬的道路的级别（相对于当时的道路）会更高，因此道路侵蚀很严重。从今天地形来判断，这条道路就是今天井沟所在，井沟的发育显然与道路侵蚀有关。宋金以后，县级行政机构撤销了，但作为地区性的商贸中心的功能仍在发挥作用，因此，这条古道的重要性虽然在下降，道路侵蚀却仍在继续。井沟就是在这种情况下，逐步发展成为一条沟壑的。

为了进一步说明问题，复原井沟流域地貌如图 4-8 所示。虚拟出东汉建宁元年（168 年）前后的井沟流域的等高线。即按原来地形可能的模型，将 V 型谷谷沿线两侧的等高线对接起来，形成地貌复原图（图 4-8）。此图只反映现代侵蚀沟的情况，没有复原面状侵蚀情况。

五、结论

井沟沟口下切沟形成于东汉建宁元年（168 年）和北宋至道三年

（997 年）之间。其地貌年龄为 1 011～1 840 年，沟头平均前进速度 1.455～2.647 m/年，沟谷平均加宽速度 0.082～0.149 m/年，沟谷平均下切速度 0.018～0.032 m/年，平均侵蚀速率 6 782.6～12 344.2 m³/年。

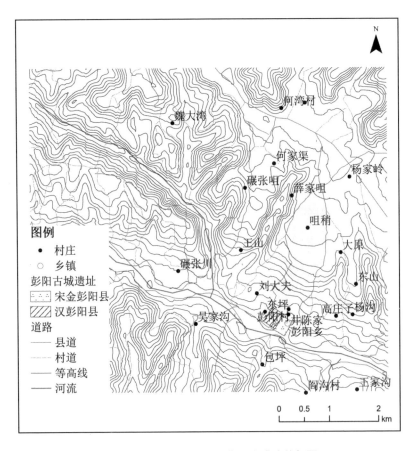

图 4-8　彭阳古城位置与井沟流域地貌复原

第六节　小　结

本章五个对比流域的研究结果统计情况如表 4-8 所示。

表 4-8　董志塬附近黄土塬区典型沟谷流域现代侵蚀沟的发育情况

沟名	固益沟	官草沟	鸦儿沟	方家沟	井沟
沟长/m	11 888	4 504	15 987	3 920	2 676.5
上口宽/m	230.5 (77.5～ 413)	188.5 (49～ 397)	217.7 (36.5～ 337.5)	181.9 (62～ 105)	150.3 (62.5～ 371.5)
平均深/m	52.54 (9～ 100)	61.1 (4.6～ 120)	45.56 (5～ 78)	46.1 (23～ 105)	32.6 (5～ 80)
上口面积/m^2	2.88×10^6	1.04×10^6	3.686×10^6	7.486×10^5	4.854×10^5
空腔体积/m^3	8.42×10^7	4.59×10^7	9.3×10^7	1.95×10^7	1.248×10^7
沟口可能的初始发育年代	公元前 1797—公元前 1519 年	734—1322 年	公元前 2204—891 年	879±564 年	168—997 年
平均地貌年龄/年	3 527～3 805	686～1 274	1 117～4 212	1 129±564	1 011～1 840
沟头平均延伸速度/(m/年)	3.25	5.05	3.796	3.472	1.455～2.647
平均加宽速度/(m/年)	0.063	0.211	0.052	0.161	0.082～0.149
平均下切速率/(m/年)	0.014	0.068	0.011	0.041	0.018～0.032
平均侵蚀速率/(×10^4 m^3/年)	2.3	5.15	2.21	1.727	0.678～1.234

结果表明，对比样点流域的沟谷发育情况与董志塬有考古依据的 9 个完整流域典型沟谷基本一致，而与基于沟头调查的非典型沟谷差异较大。为了便于比较，再将第三章、第四章的结果归纳如下（表4-9）。

表4-9　董志塬及其周边黄土塬深入塬面的样点沟谷发育年平均状况

分类	沟头延伸速度/（m/年）	加宽速度/（m/年）	下切速度/（m/年）	侵蚀速率/（×10⁴ m³/年）
董志塬典型沟谷	4.011	0.220	0.071	0.034～11.0
对比区典型沟谷	1.455～5.05	0.052～0.211	0.011～0.068	0.678～5.15
董志塬非典型沟谷	1.849	1.123	0.323	1.191 1

除井沟和枣嘴沟数值偏小，典型沟谷的沟头平均延伸速度、年平均侵蚀量都明显大于基于沟头调查的非典型沟谷。而下切侵蚀和侧向侵蚀的情况正相反，基于沟头调查的非典型沟谷数值都大于有考古依据的 15 个完整流域典型沟谷。

样本数量的增加，并没有改变如下结论。

①陇东盆地深入黄土塬塬面的现代侵蚀沟发育初始年代，基本局限在全新以来的历史时期。

②主干沟道长度越大，现代侵蚀沟的地貌年龄越大。主干沟道长度在 10 km 以上者，现代侵蚀沟的地貌年龄多在 2 000 年以上；主干沟道长度在 10 km 以下者，现代侵蚀沟地貌年龄多在 2 000 年以下。

③现代侵蚀沟的发育速度，与人类活动的干预程度正相关：发育速度较快的沟谷，或者是在古道基础上发育的，或者是沟头部位存在古城镇（市）的。

④陇东盆地土壤侵蚀情况在历史时期表现出日趋严重的特点。说明董志塬地貌演变不是孤例，它与陇东盆地的其他黄土塬具有同样的演变规律：都表现出以塬为主体的正地貌因现代侵蚀沟的发育而萎缩，以现代侵蚀沟为标志的负地貌在扩张。

⑤对比样点流域沟头前进速度 1.455～5.05 m/年，平均下切速率 0.011～0.068 m/年，平均加宽速度 0.052～0.211 m/年，平均侵蚀速率 $0.678×10^4～5.15×10^4$ m³/年。数值均与董志塬数值接近。

作为新构造运动的隆升区，董志塬及其附近地区，在外营力作用下，会逐渐被夷平。被夷平到何种程度，要视内外营力的大小而定。就目前来看，外营力的夷平作用仍处于初期阶段，地貌的起伏将进一步扩大。

第五章

历史时期董志塬地貌演变

通过第三章和第四章样点流域地貌复原研究，总体上可以看出，历史时期黄土侵蚀地貌的发育主要受现代侵蚀沟发育程度控制。董志塬及其周边地区黄土塬现代侵蚀沟的发育时间和发育程度基本相似，说明历史时期陇东盆地黄土塬的地貌演变具有相似性。这一结果与陈永宗等的研究结果一致。[①]通过归纳总结历史时期董志塬地貌演变特征和规律，能让我们对历史时期黄土高原地貌演变形成更加直观的认识。

第一节　历史时期董志塬地貌的演变特征

研究黄土地貌的演变速度和侵蚀速率时，黄土塬具有特殊意义。黄土塬是黄土高原现存最典型的正地貌，其在长期侵蚀作用下不断

[①] 陈永宗、景可、蔡强国：《黄土高原现代侵蚀与治理》，北京：科学出版社，1988年；景可、陈永宗：《黄土高原侵蚀环境与侵蚀速率的初步研究》，《地理研究》1983年第2卷第2期。

缩小，这个侵蚀过程是单向的，"不存在反复"。①把握住黄土塬的缩小幅度和缩小速率，就等于把握住了黄土地貌的演变速度和黄土高原的侵蚀速率。要做到这一点，首先需要解决人类历史早期黄土塬的范围大小。

学术界对于历史早期黄土塬的范围大小，存在不同认识。一些学者认为，现代黄土地貌基本继承了下伏古地貌特征。黄土塬是以中生代盆地为基础，在中新生代长期剥蚀的准平原面上发展起来的大型黄土沉积盆地，盆地内部河流的形成年代很早。例如洛河河谷及其一级支流形成于距今 50 万年前，二级支流形成的年代也有 25 万年左右。②袁宝印等将洛川塬冲沟的演变过程分为 5 期，时间从 56 万年前至今。③历史时期的洛川塬，受古老的河谷和沟谷限制，其塬面不会大于这些老河谷、沟谷之间的面积。但也有人认为，人类历史早期黄土塬面积广大。例如，西周时期董志塬的范围包括"今泾水上游以北镇原县东西，固原和庆阳之间"，严重的水土流失造成董志塬迅速缩小。④消除这种认识上的差异，不仅是黄土地貌研究的主题，也关乎黄土高原水土保持工作的目标和成效。笔者通过对历史时期董志塬塬面的演变情况进行研究，试图揭示历史时期黄土地貌的演变规律，为进一步明确历史时期黄土高原侵蚀状况提供可资借鉴的依据。

① 张修桂：《中国历史地貌与古地图研究》，北京：社会科学文献出版社，2006 年，第 8 页。
② 刘东生等：《黄土与环境》，北京：科学出版社，1985 年，第 28-31、42-43 页；何雨、贾铁飞：《黄土丘陵区与黄土塬区地貌发育规律对比及与水土流失的关系——以米脂、洛川为例》，《内蒙古师大学报（自然科学汉文版）》1997 年第 3 期。
③ 袁宝印、巴特尔、崔久旭等：《黄土区沟谷发育与气候变化的关系（以洛川黄土源区为例）》，《地理学报》1987 年第 42 卷第 4 期。
④ 史念海：《黄土高原考察琐记》，《中国历史地理论丛》1999 年第 3 辑。

一、研究方法与样本信度分析

1．研究方法

根据已经获得的调查数据、样点流域地貌复原研究结果，分类统计董志塬现代侵蚀沟的发育情况。将统计结果应用到其他同类沟谷中，从中总结塬面的变化幅度和演变规律。

沟谷在发育过程中，其长度、宽度和深度基本成正相关，通过比较沟头延伸速度，足以说明黄土塬地貌演变情况。所以在本章中，将深入董志塬塬面的现代侵蚀沟沟头延伸速度作为主要指标，比较并分析历史时期董志塬塬面的萎缩幅度和演变情况。

为了能更有效地总结董志塬地区现代侵蚀沟的发育规律，需要对董志塬沟谷进行分类比较。分类指标是沟道长度，分级标准为 3 000 m。这是因为以沟道长度 3 000 m 为界，两类不同长度沟谷的沟头延伸速度对比更明显。以下将以第三章样点流域数据为例来说明之。

将表 3-16 和表 3-17 中所列数据加以整合，分为沟道长度＞3 000 m 发育较快的沟谷和≤3 000 m 发育较慢的沟谷两大类，分别计算其沟头平均延伸速度、平均加宽和下切速度（表 5-1）。结果显示，沟道长度＞3 000 m 沟谷的沟头延伸速度较快，达到 4.915 m/年，是≤3 000 m 沟谷的 2.23 倍。但侧向侵蚀和下切侵蚀的平均速度较慢——加宽速度是≤3 000 m 沟谷的 14.74%；下切速度是≤3 000 m 沟谷的 15.55%。如果将沟道长度分级标准定为 1 000 m，两组数据的差距明显变小：当沟道长度≥1 000 m 时，沟头延伸速度仅为＜1 000 m 沟谷的 1.35 倍；加宽速度是＜1 000 m 沟谷的 53.71%；

下切速率为<1 000 m 沟谷的 70.85%（表 3-17）。说明沟道长度与现代侵蚀沟的沟头延伸速度、所需发展年限成正相关；与沟谷平均加宽速度、下切速度成负相关。

表 5-1 样本流域沟谷发育情况分类统计

分类	沟头平均延伸速度/（m/年）	平均加宽速度/（m/年）	平均下切速度/（m/年）
>3 000 m 沟谷	4.609	0.144	0.044
≤3 000 m 沟谷	1.473	0.977	0.283

2．样本信度分析

（1）深入董志塬塬面的沟谷概况

据最新统计，董志塬总面积 2 765.5 km²，塬面面积 960.08 km²。深入塬面的长度>500 m 的沟谷总数为 3 249 条，沟壑密度 4.78 km/km²。其中，沟道长度>3 000 m 的沟谷 233 条，占比 7.17%；沟道总长度 1 458 km，占比 31.79%。沟道长度≤3 000 m、≥1 000 m 的沟谷 1 147 条，占比 35.3%；沟道总长度 1 784 km，占比 38.9%。沟道长度<1 000 m、>500 m 的沟谷 1 869 条，占比 57.5%；沟道总长度 1 345 km，占比 29.3%（表 5-2）。

（2）样本总量及分类情况

董志塬完整流域典型沟谷的研究结果涉及 9 个完整的小流域、11 个沟头，沟头调查中涉及 77 个沟头。剔除相互有重复的南小河沟主沟头、枣嘴沟沟头、崆峒沟的西支沟头，共获取有效沟头样本 85 个，占沟道长度>500 m 深入塬面沟谷总数的 2.61%。

表 5-2 深入塬面的沟道长度＞500 m 沟道统计

长度等级/km	条数	占比/%	长度/km	占比/%
0.5～1	1 869	57.5	1 345	29.3
1～3	1 147	35.3	1 784	38.9
3～5	148	4.6	572	12.5
5～10	63	1.9	434	9.5
＞10	22	0.7	451	9.8
合计	3 249	100	4 586	100

说明：董志塬塬面面积和沟道等级统计，均是甘肃省庆阳市水保局与中科院地理所岳天祥研究员课题组历时数月的最新统计成果，在此向他们的辛勤劳动致以衷心的感谢。

符合沟道长度＞3 000 m 条件的样本数据有两种来源。第三章进行复原研究的 6 个完整流域典型沟谷，占同类沟谷总数的 2.58%。样本数量已经能够满足统计要求，但分布不是很理想。南小河沟和店子水沟是泾河二级支流、蒲河一级支流，位于董志塬中部西侧。峤峒沟和彭原沟、路坳沟、大杜坪沟是泾河二级支流、马莲河一级支流，位于董志塬中部东侧；其中路坳沟、大杜坪沟与彭原沟属一个流域，同为彭原沟支流。这 6 个样本分属 4 个流域，数量少，偶然因素的影响概率太大。为此再增加调查数据中沟头所在流域长度达到要求的 7 个沟谷样本，则样本总数为 13 个，占同类沟谷数量的 5.58%。重新统计结果表明，该类沟谷沟头平均延伸速度 4.21 m/年、沟道所需发展年限平均为 3 229 年（表 5-3）。

符合沟道长度≤3 000 m 条件的样本数据，除进行复原研究的 3 个完整流域，其余是基于沟头调查的 49 个非典型沟谷。剔除各流域调查资料中重复部分，则发育较慢的、沟道长度≤3 000 m、＞500 m 的沟谷样本共有 41 个，占同类沟谷的 1.4%。样本量均大于 1%，符合样本数量要求。样本空间分布也比较均匀，具有较好代表性。

表 5-3　深入塬面且发育较快的现代侵蚀沟发育速度测算结果

沟名	长度/m	平均延伸速度/ （m/年）	所需发展 年限/年	备　注
崆峒沟	15 950	6.56	2 433	数据来源于表 3-16
南小河沟	11 266	4.19	2 690	
彭原沟	9 050	5.42	1 669	
大杜坪沟	7 225	5.803	1 245	
路坳沟	4 125	3.13	1 317	
店子水沟	5 900	4.387	2 334	
义门沟 （驿孟沟）	19 140	4.135	4 629	沟头延伸速度来自驿马西沟 数据
东滩村 西侧沟	7 052.6	5.85	1 206	沟头延伸速度来自附近沟头 调查平均值
麻虎沟	8 632	8.616	1 002	沟头延伸速度来自考古数据
老虎沟	12 505	1.744	7 170	沟头延伸速度来自沟头调查 平均值
石桥沟	14 827	2.208 5	6 713	沟头延伸速度来自沟头调查 平均值
清水沟	8 477	1.192 5	7 109	沟头延伸速度来自沟头调查 平均值
火巷沟	8 201	3.33	2 463	沟头延伸速度来自沟头调查 平均值
平均	10 181	4.35	3 229	相关项目算术平均值

二、历史时期董志塬演变特征与规律

1. 发育较快的塬面现代侵蚀沟的发展与演变

据表 5-3，深入塬面的沟道长度>3 000 m 发育较快沟谷的平均发育年限 3 229 年，沟头延伸速度为 4.35 m/年，沟道平均长度 10 181 m。鉴于此数据中包含了古代侵蚀沟中现代侵蚀沟的长度，所以考察董志塬塬面的萎缩情况，还需要剔除古代侵蚀沟中的现代侵蚀沟部分。或者说需要知道从古代侵蚀沟沟头开始，现代侵蚀沟的平均长度、平均延伸速度和所需侵蚀年限是多少。

每个流域的古代侵蚀沟沟头位置不同，很难一概而论。为了对董志塬塬面的初始轮廓有一个大概了解，从沟道长度＞3 000 m，沟头延伸速度较快的 233 条沟谷（附表 2）中选择 34 个沟谷样本（表 5-4），分别测量其长度，计算其所需发展年限和沟头延伸速度。

表 5-4　发育较快的塬面现代侵蚀沟样本数据

沟名	长度/m	沟头平均延伸速度/（m/年）	所需发展年限/年	备注
崾峒沟	7 256.5	6.56	1 106	沟头延伸速度是相关沟谷全流域的平均值，以此计算出其各自塬面现代侵蚀沟的所需发展年限
崾峒沟	6 631	6.56	1 010	
崾峒沟	3 086.5	6.56	470	
南小河沟	1 594.8	4.19	379	
南小河沟	1 320.1	4.19	314	
南小河沟	1 478	4.19	351	
彭原沟	3 580.5	4.36	821	
彭原沟	2 877	4.36	660	
彭原沟	3 413	4.36	783	
彭原沟	3 098	4.36	711	
大杜坪沟	3 733	5.803	643	
路坳沟	3 082.5	3.13	985	
店子水沟	1 794	4.387	409	

沟名	长度/m	沟头平均延伸速度/（m/年）	所需发展年限/年	备注
义门沟（驿孟沟）	1 551	4.135	375	沟头延伸速度是基于相关沟谷的沟头调查和古遗址考察获得的平均值，以此计算其各自所需发展年限
	2 525	4.135	608	
	2 083	4.135	503	
烂泥沟	3 074	3.369	912	
	2 233	3.369	663	
老虎沟	3 941	3.84	1 026	沟头延伸速度是表 5-3 中得出的典型沟谷平均值，以此计算其各自所需发展年限
响滩河	3 623		943.5	
稠水沟	2 976		775	
	2 748.5		715.8	
教子川	1 279.5		333.2	
	2 240.5		583.5	
倪家川	2 993.5		779.6	
	3 429.5		893.1	
石桥沟	8 170.5		2 127.7	
清水沟	3 179		827.9	
麻虎沟	5 015		1 306.0	
	4 104		1 068.8	
齐家半川	3 612		940.6	
	3 337		869	
	2 643		688.3	
火巷沟	2 145		558.6	
平　均	3 231	4.223	768.8	相关项目算术平均值

说明：有数据的沟谷，沟头平均延伸速度依据各自实际情况。其他流域均采用样本流域的平均值。沟道长度是参考实地调查，在 1：50 000 地形图上测量得出的。

（1）发育较快的现代侵蚀沟对董志塬塬面的影响

统计结果显示，历史时期董志塬发育较快的 34 个流域的现代侵蚀沟，平均向塬面伸入了 3 231 m。在其东西两侧沟头相对的地方，沟头平均深入塬面 6 462 m。

由于董志塬南北长度大，为 42.5～110 km；东西宽幅小，为 0.5～50 km，最宽处也仅 50 km。所以，当其东西两侧沟头相对且发育速度较快时，就很容易形成马鞍地形——当地人所说的"崾岘"。在发生沟头袭夺的地段，黄土塬变为黄土梁。经过多次沟头袭夺之后，一个原本完整的塬面会分裂为若干个小黄土塬。今天董志塬之所以包括 11 个塬面，就是这个原因。更为严峻的现实是，塬面分裂活动并未有丝毫停歇迹象。西峰区肖金镇三不同村东西两侧的沟谷发展较快，沟头相距不到 200 m，如果不采取措施控制，很快就会发生沟头袭夺，将董志塬的南半段分离出去。驿马镇街道南口附近东西两侧的沟头相距不足 100 m。驿马镇东部的夏家店附近的南北两侧沟头实际上已经发生了沟头袭夺，为了便于交通，人们在此筑土桥将其连接，亦即人为将已经分裂的塬面连接起来。一些发展比较缓慢的沟谷，深入塬面的现代侵蚀沟沟道比较短，塬面就相对广阔。从三不同村到驿马镇、从三不同村到太昌镇南源头，塬面保存得相对完整。

也有溯源侵蚀速度较快的沟谷，是沿着平行于古代侵蚀沟或平行于河谷方向发育，将塬面"削掉了"一块。从表面看其影响较小，实际上却导致许多宽阔的黄土塬逐步向黄土梁峁地形转变。例如长达 14 827 m 的石桥沟，基本与盖家川平行，它与武家沟、武家沟与盖家川之间所夹的黄土平梁，就是从合水西塬（当地人称谓）分割出来的。多次分割之后，合水县何家畔乡政府附近、宽度大约 6.8 km

的合水西塬变成了三道平行的塬和梁，残留塬面宽度仅为 1.5～2.5 km，其余部分为沟道和梁峁所占据。

需要说明的是，使用沟头延伸的平均值，会让问题简单化，实际情况更复杂一些。特别是人类生产活动影响比较大的区域——城镇、村庄、道路所在，溯源侵蚀严重，沟头延伸速度很快。如第三章第三节所述，甘肃省庆阳市西峰区彭原乡的彭原沟，就是受东汉富平县和唐宋彭原县两座古城镇的影响，沿着宁州北上道路发育而成的。随着东汉富平县和唐宋彭原县两座古城废弃，以及今庆阳市的兴起，范家川另一条与彭原沟平行的南向支流火巷沟快速发育起来，现在已经切入庆阳市中心。为了防止火巷沟进一步破坏市区，当地政府采取了很多防护措施，使其沟头延伸速度下降到 3 m/年左右。否则早已切穿市区，将庆阳市市区一分为二了。董志塬上发育最快、沟道最长的沟谷沟头附近都有城镇，这些沟谷的发育都与城镇以及入城道路有关。老虎沟流域干流是沿着进入宁县的新庄镇、太昌乡发育而成；清水沟是沿着进入庆阳市的道路发育而成；崆峒沟是沿着进入米王秦汉古城、董志镇等道路发育而成；北胡同沟是沿着进入驿马镇道路发育而成。正因为类似非规律性事件在发挥作用，使董志塬塬面的地貌演变过程更加复杂。

（2）塬面上发育较快的现代侵蚀沟的发育年代

表 5-4 统计结果显示，现代侵蚀沟深入塬面部分的发育所需年限平均为 768.8 年，发育时间最长的沟谷大约花费了 2 127 年，其现代侵蚀沟侵入塬面的时间是西汉元狩三年（前 120 年）前后。目前已知发育年限最短的现代侵蚀沟是驿马西沟，地貌年龄大约 273 年，其古代侵蚀沟沟头附近现代侵蚀沟开始发育的时间是清雍正十三年（1735 年）前后。为了便于对比，按发育所需年限分类统计

如表 5-5 所示。

表 5-5 长度＞3 000 m 的塬面现代侵蚀沟发展所需年限统计

年限类型/年	数量/个	百分比/%	年限类型/年	数量/个	百分比/%
＞2 000	1	2.9	600～1 400	23	67.6
1 400～2 000	0	0	＜600	10	29.4

沟道长度＞3 000 m 现代侵蚀沟的沟头，有超过 70%是 600～1 400 年前（即公元 600～1 400 年）陆续伸入塬面的，这一时期正是我国历史上的隋唐至元明时期。先秦时期只占 2.9%，明清以来约占 1/4。按此比例，对长度＞3 000 m 的 233 条沟谷再作如下统计（表 5-6）。

表 5-6 不同时段长度＞3 000 m 的塬面现代侵蚀沟沟谷数量统计

沟谷总量/条	形成于距今 2 000 年前	形成于距今 1 400～2 000 年	形成于距今 600～1 400 年	形成于距今 600 年以来
233	7	0	164	62

董志塬长度＞3 000 m 的、已造成塬面萎缩的现代侵蚀沟，隋唐以前有 7 条、隋唐至元明之间有 164 条、明清以来有 62 条。

如前所述，越靠近流域源头，沟头的延伸速度越慢。当现代侵蚀沟深入塬面的时候，已接近流域的源头，沟头的延伸速度一般会小于全流域的平均值。例如，南小河沟近数十年来沟头平均延伸速度为 1.21 m/年[1]，但流域主干沟谷现代侵蚀沟的沟头平均延伸速度

---

① 宋尚智：《南小河沟流域水土流失规律及综合治理效益分析》，1962 年手稿，第 41 页。

为 4.19 m/年，几乎是前者的 3.5 倍。表 5-4 中多采用完整流域现代侵蚀沟沟头延伸的平均速度，数值偏大，会导致塬面部分现代侵蚀沟发育所需的年限偏小。据笔者估计，董志塬现代侵蚀沟最早可造成塬面地貌有显著变化的时间当在隋唐以前，即 1 500 年前或者更早。

2. 塬面上发育较慢的现代侵蚀沟的发展与演变

董志塬≤3 000 m、>500 m 的沟谷共有 3 016 条（附表 2），从中选择 41 个样本流域（表 5-7），测量并统计深入塬面的现代侵蚀沟的沟道长度，计算其所需发育年限。

样本来源有三类：一是对深入塬面沟谷长度在 500～3 000 m 并进行了复原研究的沟谷。二是做过沟头调查并获得过相关数据的沟谷。三是进行过沟头调查却未获得沟头延伸速度数据，以及为了确保样本的信度，在董志塬东南西北方向选取的补充样本沟谷。

沟头平均延伸速度多采用≤3 000 m 沟谷的平均值 1.473 m/年（表 5-1）。与此值不同的沟谷，是实地调查或者复原研究结果。因大多数小沟谷没有名称，故统一采用编号。

表 5-7　发育较慢的塬面现代侵蚀沟样本数据

编号	长度/m	所需发展年限/年	沟头平均延伸速度/（m/年）	备注
1	171.4	385	0.445	沟头延伸速度是相关沟谷全流域的平均值，以此计算出其各自所需发展年限
2	1 558	776	2.029	
3	980	237	4.135	

编号	长度/m	所需发展年限/年	沟头平均延伸速度/（m/年）	备注
4	750	509		
5	1 150	781		
6	1 150	781		
7	1 050	713		
8	1 500	1 018		
9	950	645		
10	650	441		
11	600	407		
12	900	611		
13	850	577		
14	1 050	713		
15	750	509		沟头平均延伸速度是依
16	650	441		据 77 个沟头调查和 6 个
17	650	441		沟谷长度≤3 000 m 的完
18	550	373	1.473	整流域沟头延伸速度得
19	1 002	680		出的平均值（表 5-1），以
20	1 051	714		此计算出其各自所需发
21	1 100	747		展年限
22	850	577		
23	600	407		
24	700	475		
25	400	272		
26	600	407		
27	1 100	747		
28	700	475		
29	1 250	849		
30	630	428		
31	2 050	1 182		

编号	长度/m	所需发展年限/年	沟头平均延伸速度/（m/年）	备注
32	1 300	883		沟头平均延伸速度是依据 77 个沟头调查和 6 个沟谷长度≤3 000 m 的完整流域沟头延伸速度得出的平均值（表 5-1），以此计算出其各自所需发展年限
33	500	339		
34	950	645		
35	1 500	1 018		
36	450	305	1.473	
37	1 600	1 086		
38	900	611		
39	1 400	950		
40	1 060	720		
41	1 000	679		
平均	942	623	1.533	相关项目算术平均值

表 5-7 的 41 个样本中，塬面上沟道长度≥1 000 m 的沟谷 18 条，占样本量的 43.9%。500～1 000 m 的沟谷 20 条，占样本总量的 48.8%。<500 m 的沟谷 3 条，占样本总量的 7.3%。样本主要来自现代侵蚀沟发育比较明显的流域，其中一些是马莲河、蒲河、泾河的一级支流，一些是支毛沟。沟头调查数据同样是以沟头变化比较明显的沟谷为主。可以用沟头调查获取的沟头平均延伸速度计算表 5-7 中的相关沟谷所需发育年限。

一般来说，调查获得的沟头平均延伸速度比全流域平均值小，依此计算的现代侵蚀沟发育年限偏大。但发育较慢的沟谷一般流域面积不大，全流域产流量与流域源头部分的产流量相比，虽然偏小，差距却不十分明显。对于这类沟谷而言，人类活动主要发生在流域源头附近，随着人口的增加，沟头附近非自然集流量会增加，在一定程度上抵消了自然产流差异所带来的影响。这种情况与发育较快的、沟道长度大的沟谷明显不同。所以，表 5-7 中的董志塬塬面发育较慢的现代侵蚀沟的发育年限，基本符合实际情况。

（1）发育较慢的现代侵蚀沟对董志塬塬面的影响

样本数据表明，发育较为缓慢的 41 个流域的现代侵蚀沟沟头平均向塬面伸入了 942 m；在沟头相对的地方，塬面平均后退 1 884 m。因这类沟谷数量在董志塬地区占绝对的主导地位，董志塬塬面的萎缩幅度主要受这类沟谷的发育情况控制。所以凡是有现代侵蚀沟深入塬面的地区，可以近似看作塬面平均萎缩了 1 884 m。与发育较快的现代侵蚀沟一样，并不是所有的沟谷都是同样的延伸速度。在沟头延伸速度较快的沟谷附近，塬面的萎缩幅度大一些。沟头延伸速度较小的沟谷附近，塬面萎缩幅度比较小。

（2）发育较慢的塬面现代侵蚀沟的发育年代

从 41 个样本流域的情况看，这类沟谷沟头基本是近 600 年才伸入塬面的。发育最早的沟谷，沟头伸入塬面时间大约是 1 182 年前，其古代侵蚀沟沟头附近现代侵蚀沟开始发育的时间是唐宝历二年（826 年）前后。最迟也是 237 年前，其古代侵蚀沟沟头附近现代侵蚀沟开始发育的时间大约是清乾隆三十六年（1771 年）。为了便于对比，按其发育所需年限统计如表 5-8 所示。

表 5-8　沟道长度≤3 000 m 的塬面现代侵蚀沟发展所需年限统计

年限类型/年	数量/个	百分比/%
>1 000	4	9.8
600~1 000	18	43.9
<600	19	46.3

在发育较慢的现代侵蚀沟中，接近 50%的沟谷是近 600 年来才开始造成董志塬塬面萎缩的，1 000 年前就开始造成塬面萎缩的沟谷占 9.8%，600～1 000 年开始影响董志塬塬面的沟谷占 43.9%。

按此比例，对沟道长度大于 500 m、小于等于 3 000 m 的 3 016 条沟谷再作如下统计（表 5-9）。

表 5-9　不同时段沟道长度≤3 000 m 的塬面现代侵蚀沟沟谷数量统计

沟谷总量/条	形成于距今 1 000～1 400 年	形成于距今 600～1 000 年	形成于距今 600 年以来
3 016	294	1 324	1 398

有超过 50%、大约 1 618 条沟道长度大于 500 m、小于等于 3 000 m 的现代侵蚀沟，是在距今 600～1 400 年开始影响到塬面的，其发展趋势与发育较快的沟谷基本相同。如果再加上沟道长度 ＞3 000 m 的 164 条沟谷，在隋唐至元明时期就有 1 782 条沟谷对董志塬塬面造成了破坏，占长度＞500 m 沟道总数的 54.84%。明清以来，其余的 1 460 条沟谷陆续对董志塬塬面造成了影响，占总数的 44.94%。隋唐以前共有 7 条沟谷深入董志塬塬面，仅占长度＞500 m 沟道总数的 0.22%。

3．除现代侵蚀沟以外部分的地表侵蚀

我们将除现代侵蚀沟以外部分的地表侵蚀，统一按面状侵蚀来处理。实际上这种定义并不准确，因为坡面上的浅沟、细沟，塬面上的集流槽、胡同等沟状侵蚀仍然占相当大的比例，但因无法进一步细分，只能按同一种情况来处理。这种情况只有两个样本可供参考：一是南小河沟流域；二是方家沟流域。经测算，南小河沟流域除现代侵蚀沟以外，2 690 年来其他地面平均被侵蚀了 1.688 m，平均侵蚀速度 6.275×10^{-4} m/年。方家沟流域 1 129 年以来面状侵蚀量为 1.308 m，平均侵蚀速度 1.158×10^{-3} m/年。[①] 平均值为 8.930×10^{-4} m/年。除了现代侵蚀沟以外的地面平均每年被侵蚀 0.893 mm/年。也就是说，每过 10 年地面平均下降 8.93 mm。由于可用资料太少，无法进行更多样本流域的研究。

从以上两个结果中至少可得出这样一个概略性结论：历史时期对董志塬地貌演变影响最大的是现代侵蚀沟，面状侵蚀所造成的变化不大，甚至无法在 1 : 10 000 地形图上表现出来。

4. 历史时期董志塬塬面的演变特征

历史时期董志塬塬面的明显萎缩大致从秦汉时期开始，但那时只有 7 条沟头延伸速度较为快捷的现代侵蚀沟伸入塬面，占深入塬面沟谷总量的 0.22%，塬面破碎趋势不明显。

隋唐至元明（距今 600～1 400 年）时期，董志塬塬面变化明显，深入塬面的现代侵蚀沟的数量达到了 1 782 条，占比 54.84%。沟谷发育对塬面的破坏已经引起了时人关注。

成书于唐宪宗元和年间的《元和郡县图志》，记录了唐彭原县附近塬面大小。"原南北八十一里，东西六十里。"[②]如前所述，今天的董志塬南北最长处 110 km，东西最宽处 50 km，都超过了《元和郡县图志》对彭原塬面的描述。即使因古今"里"有所不同，唐代的"六十里"肯定与今天的 50 km 有较大差距。所以，《元和郡县图志》记载的这个"原"不是指董志塬全部，而是其中的一部分。其所说

---

① 姚文波、侯甬坚、高松凡：《唐以来方家沟流域地貌的演变与复原》，《干旱区地理》2010 年第 4 期。
② （唐）李吉甫撰：《元和郡县图志》，贺次君点校，北京：中华书局，1983 年，第 66 页。

的"东西六十里"，当指唐彭原县城附近塬面的宽度。但今天此处塬面的宽度只有 8.3 km，也与"六十里"差距过大。如果以今彭原乡为中心，西到蒲河东岸塬边，东到盖家川西岸塬边，宽度可达23.978 km。虽然不足"六十里"，差距不算太大。换句话说，只有今彭原东西两侧侵入塬面的沟谷都不存在，才能让塬面宽度接近60 里。但第三章第三节已经考证过，唐彭原县东的彭原沟及其支流沟谷是古代侵蚀沟，早就存在。[①]那么，《元和郡县图志》所说的"东西六十里"是怎么回事呢？

　　李吉甫编写《元和郡县图志》的目的，是让帝国统治者周览全国形势。正如其原序所说："古今言地理者，凡数十家。尚古远者或搜古而略今，采谣俗者多传疑而失实，饰州邦而叙人物，因丘墓而征鬼神，流于异端，莫切根要。至于丘壤山川，攻守利害，本于地理者，皆略而不书，将何以佐明王扼天下之吭，制群生之命，收地保势胜之利，示形束壤制之端？"[②]书中记录了很多黄土塬，唯独彭原记载了塬面的宽度和长度。笔者实在看不出塬面的宽度和长度与"扼天下之吭，制群生之命"有何关联，想必是因为彭原东部沟谷作为北上大道，道路沿线侵蚀十分严重，已经让坡度平缓的古代侵蚀沟崎岖不平，引起了作者的强烈关注。受限于专业知识水平，李吉甫不知道古代侵蚀沟的形成年代，以为与现代侵蚀沟一样，这些古代侵蚀沟也是后期道路侵蚀的结果，导致其记录的塬面宽度有所失实。这也从另一个角度证实，隋唐时期董志塬塬面现代侵蚀沟的发育发展情况已十分严重了。

---

① 姚文波、孟万忠：《西晋以来彭原古城附近沟谷的演变与复原》，《中国历史地理论丛》2010 年第 2 辑。
② （唐）李吉甫撰：《元和郡县图志》，贺次君点校，北京：中华书局，1983 年，第 2 页。

明清（距今 600 年）以来深入塬面沟谷数量占其总量的 44.94%。随着更多沟谷的沟头深入塬面，塬面演变速度进一步加快。经过 2 000 多年的演变，今天董志塬塬面的地貌格局最终形成。

董志塬沟道长度＞3 000 m 的沟谷受人类活动影响较大，现代侵蚀沟发育速度快捷，虽然只有 233 条，董志塬却因此被分割成若干个不连续的块状。沟道长度在 500～3 000 m 的沟谷受人类活动影响较小，现代侵蚀沟发育缓慢，却有 3 016 条，对董志塬的破坏力不可小视。前者的沟头平均延伸速度是后者的 3 倍多，其多出的部分，可看作是人类活动造成的。沟道长度≤3 000 m 沟谷的发育过程中所包含人类活动的影响力难以量化。

三、结果讨论

以上结果与研究黄河泥沙含量变化、黄河水患情况获得的结论基本接近。为了便于对比，需要简单回顾一下相关研究的学术史。

黄河下游频繁溢泻改道，水患严重，是因河水含沙量高导致下游河道泥沙淤积严重造成的。而泥沙的主要来源地是黄土高原。①黄河平均每年输入下游河道的 16.59 亿 t 泥沙中有 95%以上来自中游的黄土高原。②黄土高原主要产沙区是河口至龙门黄河干流两侧和泾、渭、洛河中上游。③如果流域内没有人工拦沙措施，黄土高原中小流域产生的泥沙基本上都会进入黄河。④全新世以来，黄河下游的海浸范围较小，因此可以用沉积的黄河冲积扇和泥沙测验资料来估算黄土高原的侵蚀量。⑤根据黄土高原输移比近 1 的特点，如果这个地区没有拦沙措施，三门峡站的输沙量大体上可以代表流域的实际产沙量。①故此前黄土高原水土流失领域研究，多从历史时期黄河泥沙携带量（也包括源于或流经黄土高原的其他河流）和黄河水患方面入手。而关于历史时期黄河水患情况，学术界大致有两大类不同看法。

一种观点认为，春秋战国以前，黄河水患比较轻微，秦汉以后黄河水患日趋严重。持该观点的代表人物既有历史学者，也有历史地理学者和地理学者。如王青等通过研究史前黄河下游古河道情况，认为至少距今 9 100±150 年至 5 945±120 年期间，黄河一直取道河北平原中部的清河县古道入海，安流时间达 3 100 年左右。大约 4 600 年前，黄河下游由河北平原改道淮北平原入海，这次安流时间约 600 多年。与春秋战国以后相比，河患次数明显偏少。②王星光等甚至认为，春秋以前，黄河及其支流的输沙量很小，山陕一带的河水尚可直接饮用。从春秋开始，这一地区河水不再清澈，战国时有人称黄河为浊河。秦汉以后，因黄河输沙量增加速度惊人，才开始有了"黄河"的称谓。唐代以后，黄河的含沙量越来越高，下游泥沙淤积越来越严重，河患也就日盛一日。③王元林通过对黄河、渭河、洛河汇流区河道变迁的研究④，徐海亮通过对黄河下游堆积状况的统计⑤，

---

① 陈永宗：《黄土高原沟道流域产沙过程的初步分析》，《地理研究》1983 年第 2 卷第 1 期。

② 王青：《试论史前黄河下游的改道与古文化的发展》，《中原文物》1993 年第 4 期；周述椿：《四千年前黄河北流改道与鲧禹治水考》，《中国历史地理论丛》1994 年第一辑。

③ 王星光、彭勇：《历史时期的"黄河清"现象初探》，《史学月刊》2002 年第 9 期；张伟兵、徐欢：《公元 11 年的黄河大改道与人口问题浅议》，《武汉水利电力大学学报（哲学社会科学版）》2000 年第 20 卷第 2 期。

④ 王元林：《隋唐以前黄渭洛流区河道变迁》，《中国历史地理论丛》1996 年第 3 辑；王元林：《明代黄河小北干流河道变迁》，《中国历史地理论丛》1999 年第 3 辑；王元林：《清代黄河小北干流河道变迁》，《中国历史地理论丛》1997 年第 2 辑；王元林：《明清渭河下游河道的变迁》，《中国历史地理论丛》1998 年第 2 辑。

⑤ 徐海亮：《黄河下游的堆积历史和发展趋势》，《水利学报》1990 年第 1 期。

吴祥定对历史时期黄河三角洲发育情况的测算[①]，邱成希[②]、陈永宗等[③]对黄河下游的决淤改道次数的统计，景可、陈永宗通过对全新世黄河下游总沉积量变化趋势的分析[④]，都取得了基本一致的看法。

另一种观点认为，黄河历来就是一条水患严重的河流。[⑤]但到了秦汉以后，水患情况却出现了交替变化：秦、西汉时期严重，东汉至隋唐比较轻微，唐以后则日趋严重。[⑥]尽管也有人对东汉至隋唐期间黄河"安流"的存在提出过质疑[⑦]，但是，对于唐代以后水患日趋严重则基本没有异议。

以上结论与本书复原研究结果接近。前述样点流域的剧烈侵蚀，基本发生在 5 000 年以来，除了比较大的流域，以 1 500 年以来最为

① 吴祥定：《历史时期黄河流域环境变迁与水沙变化》，北京：气象出版社，1994 年。

② 邱成希：《明代黄河水患探析》，《南开学报》1981 年第 4 期。

③ 陈永宗、景可、蔡强国：《黄土高原现代侵蚀与治理》，北京：科学出版社，1988 年。

④ 景可、陈永宗：《黄土高原侵蚀环境与侵蚀速率的初步研究》，《地理研究》1983 年第 2 卷第 2 期。

⑤ 陈先德等：《跨世纪治理黄河大举措》，《黄河　黄土　黄种人》1993 年（创刊号），转引自王涌泉：《黄河自古多泥沙》，《地名知识》1982 年第 2 期。

⑥ 谭其骧：《何以黄河在东汉以后会出现一个长期安流的局面》，《学术月刊》1962 年第 2 期；史念海：《从历史上的黄河变迁求得今后治黄策略》，《河南日报》1979 年 11 月 12 日，第 2 版；史念海：《汉唐长安城与生态环境》，《中国历史地理论丛》1998 年第一辑；史念海：《从历史时期黄河的变迁探讨今后治河的方略》，《黄土高原历史地理研究》，郑州：黄河水利出版社，2001 年，第 825 页；景可、陈永宗：《黄土高原侵蚀环境与侵蚀速率的初步研究》，《地理研究》1983 年第 2 卷第 2 期；刘国旭：《试从气候和人类活动看黄河问题》，《地理学与国土研究》2002 年第 18 卷第 3 期。

⑦ 任伯平：《关于黄河在东汉以后长期安流的原因》，《学术月刊》1962 年第 9 期；赵淑贞、任伯平：《关于黄河在东汉以后长期安流问题的研究》，《人民黄河》1997 年第 8 期；赵淑贞、任世芳、任伯平：《试论公元前 500 年至公元 534 年间黄河下游洪患》，《人民黄河》2001 年第 3 期；王尚义、任世芳：《两汉黄河水患与河口龙门间土地利用之关系》，《中国农史》2003 年第 3 期；陈可畏：《晋陕蒙黄土高原及邻近地区历史时期农牧变化、土地开垦与环境变化研究》，原载《黄河文集》，转引自华林甫：《1993 年中国历史地理研究概述》，《中国历史地理学五十年（下篇）》，北京：学苑出版社，2001 年，第 521 页。

集中。也就是说现代侵蚀沟大量发育的时间始自隋唐时期，随着时间推移深入塬面的现代侵蚀沟越来越多。这才造成黄土高原水土流失日趋严重的局面。

四、结论

受下伏古地貌控制，历史时期董志塬的总体格局变化不大。战国秦汉以来日趋严重的现代侵蚀[①]使其塬面明显萎缩。塬面的萎缩主要不是表现为面积的缩小，而是沟谷发育破坏了塬面的完整。隋唐以前（距今 1 400 年以前）约有 0.22%的现代侵蚀沟伸入塬面，影响有限。隋唐至元明（距今 600～1 400 年）时期，占沟谷总量 54.84%的现代侵蚀沟深入了塬面。明清（距今 600 年）以来伸入塬面的沟谷数量又增加了大约 44.94%。董志塬塬面萎缩的速度大体上呈现出越来越快的趋势，这与朱照宇等基于河流阶地沉积物粒度组成等要素研究所得出的近 2 000 年来黄土高原侵蚀强度的变化规律基本一致[②]，也与许炯心等的统计结果一致。[③]

有现代侵蚀沟发育的地方，董志塬塬面的平均萎缩幅度为 942～6 242 m，其最大的萎缩幅度不超过 9 000 m。没有现代侵蚀沟发育的地区，塬面后退幅度不超过 2 m。现代侵蚀沟沟头平均延伸速度 0.445～4.288 m/年，最大值一般不会超过 8.616 m/年；最小值约为 0.25 m/年，但这一数值可能会更小。沟头延伸速度的大小，与沟头

① 陈永宗、景可、蔡强国：《黄土高原现代侵蚀与治理》，北京：科学出版社，1988 年。
② 朱照宇、周厚云、谢久兵等：《黄上高原全新世以来土壤侵蚀强度的定量分析初探》，《水土保持学报》2003 年第 17 卷第 1 期。
③ 许炯心、孙季：《黄河下游 2300 年以来沉积速率的变化》，《地理学报》2003 年第 58 卷第 2 期。

与流域源头的距离有关，沟头越接近流域上游，其延伸速度越慢[①]，但在人类活动影响明显的流域会有所不同。

受人类活动影响，特别是与古城镇、古村落、古道路相关的流域，现代侵蚀沟沟头平均延伸速度是其他沟谷的 2 倍以上，但这类沟谷的数量少，总侵蚀量有限。人类活动影响较小的沟谷的现代侵蚀沟发育速度缓慢，但数量多，其影响力不容忽视。如果没有现代侵蚀沟，董志塬及陇东盆地内部的其他黄土塬，与古代侵蚀沟的宽谷缓坡地貌相间分布，起伏和缓，完全当得起"沃野千里"这一形容。[②]

第二节　董志塬塬面地貌复原图及其制作说明

根据董志塬塬面地貌的演变规律，勾勒出两个时段的塬边线，以体现历史时期董志塬塬面地貌的演变情况（图 5-1）。

一条是战国末期的塬边线——董志塬原始塬面轮廓所能保留的最后时间。在有沟谷发育的地区，塬边线的位置是所有古代侵蚀沟的沟沿线。在没有沟谷的地区，因为面状侵蚀不明显，无法在等高距为 10 m 和 20 m 的地图上体现出来，只能依据今天的塬边线勾勒。

一条是现状塬边线——历史时期董志塬塬面地貌演变的最终结果，按等高线所标示的信息进行绘制。

---

① 何雨、贾铁飞：《黄土丘陵区与黄土源区地貌发育规律对比及与水土流失的关系——以米脂、洛川为例》，《内蒙古师大学报（自然科学汉文版）》1997 年第 3 期；甘枝茂：《黄土高原地貌与土壤侵蚀研究》，西安：陕西科技出版社，1990 年。
② 《后汉书》卷八七《西羌传》，北京：中华书局，1965 年，第 2893 页。

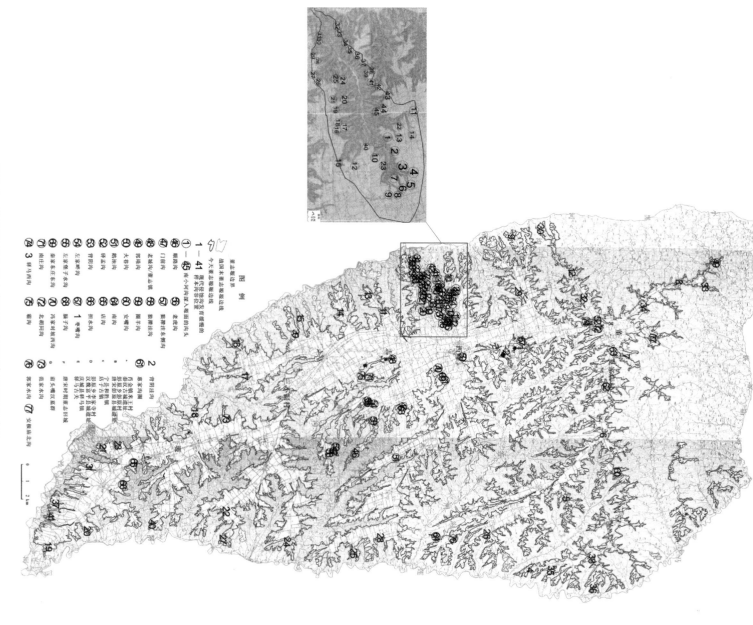

图 5-1 董志塬塬边线古今对比（战国末与 2008 年）

说明：带圈的数字是沟头调查的样点沟谷位置。6 座古城遗址均是按其实际位置和大小绘制，城内部分地面已陷入沟谷，因地图缩放，此图不能反映这一点。

第六章　驱动因素：自然因子

第一节　引　言

通过董志塬及其附近地区样点流域现代侵蚀沟的演变与复原研究，大致归纳出如下规律：隋唐以前虽然有现代侵蚀沟伸入塬面，但数量和影响都不太大。隋唐至元明（距今 600～1 400 年）是塬状地貌变化最明显的时期，这 800 多年中伸入塬面的现代侵蚀沟约占现代侵蚀沟总量的一半以上，黄土塬呈现支离破碎的态势。明清以来的 600 多年，深入塬面的现代侵蚀沟也几乎占现代侵蚀沟总量的一半，加上之前深入塬面的沟谷，黄土塬塬面更加破碎。塬面萎缩的速度大体上呈现越来越快的趋势。那么，是什么原因造成了黄土高原地貌演变及水土流失日趋严重？首要原因是地质历史时期黄土高原整体抬升，造成黄河各级支流的侵蚀基准面发生变化，各级支流的现代侵蚀沟陆续发育。随着现代侵蚀沟的数量增加，侵蚀量也在日趋增大。但这仅仅是一部分原因，我们需要对可能的影响因子逐项加以分析。以下部分将以影响董志塬样点流域地貌演变的因素为基础，结合大量的野外考察和文献梳理，对黄土地貌演变的驱动力进行分析，以期得出更为可靠的结论。

造成黄土高原地貌演变和水土流失的原因，无非有自然和人为两大因素。凡是对黄土高原水土流失的形成和变化有影响的各种非人为因素，都是自然因素。一般包括新构造运动、岩石性质、降水径流、植被覆盖度、地面坡度等因子。

一、新构造运动

新构造运动是造成黄土高原地貌演变的基础因素。有研究认为，第三纪以来的构造运动（新构造运动）对中国地形的发展作用很大，大多数地貌是新第三纪以来特别是在第四纪发展起来的。例如，第四纪以来，黄土高原是中国构造运动活跃地区之一，除了有限的几个坳陷盆地，主要表现为大面积间歇性抬升。第四纪期间总抬升量为 150～300 m，而且其抬升速度不均衡。陇东盆地的六盘山地区、白于山地区的抬升度大于盆地中、东、南部，陇东盆地地貌发育明显受其影响。[①]整体隆升造成侵蚀基准面随之发生变化，侵蚀作用加剧，地貌演变速度也呈明显加快趋势。由于黄土高原内部不同区域的隆升速度不均衡，河流侵蚀基准面的变化幅度不同，流水侵蚀强度存在明显地域差异。如果没有这个内营力，流水等各种外营力就不可能发挥如此大的作用。可见，新构造运动是陇东盆地地貌演变的主导因素，发挥了基础性作用。然而，新构造运动是一个持续、长期的过程，相对于短暂的人类历史，其影响力很难界定；具体到

---

① 雷祥义：《黄土高原地质灾害与人类活动》，北京：地质出版社，2001 年，第 24-26 页。

董志塬这一小区域，其时空差异不会很大；限于研究手段，不予探讨。在本章中，主要讨论构造运动的特殊形式——地震的影响。

二、岩石性质

岩石的物化性质、矿物组成对地貌形成发展的影响主要是针对外营力作用而言，特别是风化和侵蚀作用。不同岩性的岩石，抵抗风化和侵蚀的能力不同。风化和侵蚀活动越活跃，地表形态就越多受地表的风化和侵蚀程度所控制。

董志塬是我国黄土厚度最大的地区之一。作为沉积岩——特别是风积物，抵抗风化作用能力强，却易受流水等侵蚀的破坏。黄土粒度不同，其抵抗侵蚀的能力不同。一般地，沙黄土最易被暴雨径流和流水所侵蚀，而细黄土或黏黄土抵抗侵蚀的能力最强，黄土介于两者之间。董志塬位于五寨、绥德、志丹、环县一线（大约为北纬36°）以南，阳泉、沁源、浮山、蒲城北、淳化、秦安、渭源一线（关中北山）以北，为典型的黄土带。[①]严格意义上讲，董志塬南北部黄土性质是有所不同的，但因其南北跨度不大，土壤性质区域差异不大。而且董志塬四周沟谷中的侵蚀过程多发生在黄土层之中。因此，岩石性质差异对其地貌演变的影响微弱，可以忽略。

三、气候

气候是地貌形成与发展的最重要的因素之一。外营力在地貌形

---

① 刘东生等：《黄河中游黄土》，北京：科学出版社，1964年，第181—186页。

成发展中的意义以气候带为转移，同一外营力在不同气候带对地貌发育的作用有一定的差异，更重要的是在一定气候带内以一定外营力组合为特征。[①]董志塬属于半湿润易旱气候区，降雨径流和流水对地貌的影响显而易见，以气候为主导的外营力的作用十分突出。因此，气候是该地历史地貌演变中不可忽略的影响因子。

四、植被和土壤

在植被郁闭的条件下，当存在发育很好的枯枝落叶层和生草层时，能有效抵抗外营力特别是降雨径流的侵蚀，意味着外营力主导下的地貌过程会减弱，而当植被、土壤受到破坏时则会加速其发展。所以，考察董志塬历史地貌过程的成因，必须要考虑历史时期陇东盆地的植被、土壤状况。

植被是气候的函数，土壤是气候和植被的函数。在黄土高原，土壤与成土母质对植被发育的影响区别不明显，二者抗蚀性能的差别也不大。因此在给定气候带内，土壤只是植被的函数。从其对地面的固结作用而言，可以将土壤的贡献量归纳到植被之中。作为地貌形成和发展的影响因子，本章主要针对植被因素加以分析。

五、地面坡度

历史时期董志塬塬面坡度变化不大，但四周坡地及沟道流域坡度变化很明显。正如样点流域所显示，现代侵蚀沟沟口侵蚀基准面

---

① 杜恒俭、陈华慧、曹伯勋主编：《地貌学及第四纪地质学》，北京：地质出版社，1981年，第10页。

往往下降数十米，导致沟道纵比降明显增大，地面坡度和坡地面积也随之增加。地面坡度的增大，既是董志塬地貌演变的结果体现，也是引发其地貌进一步演变的原因。由于难以对其进行量化分析，本章不再单独讨论，而是将降雨径流和地面坡度结合起来分析。

本章从第二节开始，分别讨论地震、降雨径流、自然植被对董志塬地貌演变的影响。至于人为因素的影响，将在第七章中进行集中讨论。

第二节　地震及其影响

陈永宗等指出，"地震是现代构造运动的重要表现之一。强烈地震常诱发和复活大量滑塌或崩塌，……地震的侵蚀作用是通过地震波传播而产生效果的。地表物质接受地震波冲击失去原有平衡，发生位移，以致改变地面形态。同样强度的地震，在平原区的振幅比山区小得多，而且是坡度愈陡，振幅愈大，破坏作用也愈强"。[1]目前还无法统计历史时期对黄土高原地区产生过影响的、包括发生在该地区的地震的确切数量，就已有研究情况看，数量不少。例如，明嘉靖三十五年（1556年）陕西华县8.0级地震、清顺治十一年（1654年）甘肃天水南8.0级地震、清康熙五十七年（1718年）甘肃通渭7.5级地震、1920年宁夏海原8.5级地震、1927年甘肃古浪8.0级地震等，都曾造成密集的崩滑展布区。[2]为了对其具体影响有一个明确

---

[1] 陈永宗、景可、蔡强国：《黄土高原现代侵蚀与治理》，北京：科学出版社，1988年，第95页。

[2] 陈永明、石玉成、刘红玫等：《黄土地区地震滑坡的分布特征及其影响因素分析》，《中国地震》2005年第21卷第2期；姚清林：《中国西北黄土地区地震崩滑的分布与宏观影响因素》，《气象与减灾研究》2007年第30卷第1期；陈永宗、景可、蔡强国：《黄土高原现代侵蚀与治理》，北京：科学出版社，1988年，第95-96页。

认识，笔者针对"5·12"地震对陇东黄土高原的影响作了调查研究，借以说明地震的影响力。

2008年5月12日14点28分，四川省发生的以汶川为震中的里氏8.0级强烈地震破坏力大、波及范围广。陇东黄土高原也深受影响，产生了新的滑坡、崩塌等次生地质灾害。笔者根据甘肃庆阳市、平凉市"5·12"地震地质灾害的实地调查资料，对此次地震所造成的影响作简要分析，并进一步探讨地震与黄土高原土壤侵蚀之间的关系。

一、研究区概况及"5·12"地震调查结果

陇东黄土高原地处中国黄土高原中部，其主体范围是甘肃省陇东地区。另外还包括陕西省和宁夏回族自治区的部分县区。"5·12"地震后，笔者对其主体区域——甘肃省平凉市、庆阳市发生的崩塌和滑坡情况进行了实地调查，并以此为例分析"5·12"地震对陇东黄土高原的影响。

两市的经纬度位置为北纬 34°54′～37°19′、东经 106°45′～108°42′，总面积 38 000 km²，海拔 885～2 857 m。境内大部分地区属于泾河水系，六盘山以西的静宁县、庄浪县属于渭河一级支流葫芦河流域。大致以北纬36°线，即环县合道川一线为界，以北为丘陵沟壑区，以南为高原沟壑区。[1]

两市与震中汶川县（北纬 30°45′～31°43′，东经 102°51′～103°44′）直线距离在 400 km 以上，"5·12"地震对其地貌乃至水土

---

① 刘东生等：《黄土与环境》，北京：科学出版社，1985年，第30页。

流失的影响仍很明显。根据庆阳市、平凉市原国土资源局统计资料，"5·12"地震以后，两市共形成比较严重的地质灾害 181 处，其中新增地质灾害隐患点 123 处，在原有灾害的基础上又有所活动的隐患点 58 处，以滑坡、地裂缝和崩塌为主。除正宁、华亭县外，其余11 县 2 区都有分布（表 6-1）。

　　实际灾害数量远大于此。以崇信县统计数据为例，表 6-1 中所列比较严重的地质灾害 38 处，但崇信县原国土资源局调查报告中统计数为 392 处。笔者通过对崇信县锦屏镇梁坡村牛哚嘴社、黄寨乡白新庄村戚家庄社、新窑镇周寨村周寨社、镇原县新城乡潘阳涧、西峰区彭原乡李家寺行政村庙头嘴组等地的实地考察，其结果更甚于此（表 6-2）。

　　因为数量太多，分布又广，无法做到尽数统计。据当地群众反映，地震日，泾河一级支流潘阳涧河东岸的许多沟谷内，"土烟"滚滚，一片狼藉。崇信县城南北塬上、西峰区彭原庙头嘴组附近的沟谷、庆城县东河（柔远河）东岸的山谷内也是这种情况。实际上，类似情况不仅仅发生在考察点，在庆阳、平凉的许多沟谷中都存在。当地统计资料，对于那些分布在远离居住区和主干道路、相对偏远的山沟里的小型崩塌和滑坡，特别是未对当地人民生命财产安全构成威胁的灾害，没有进行统计，也没有引起足够的重视。时间一久，就连当地人也不能分辨其发生原因究竟是什么，这会对后来的研究工作造成困难。

表6-1　"5·12"地震后平凉市、庆阳市新增及受到影响的原有地质灾害隐患点统计

地区	崩塌 数量/个	崩塌 最大/万m³	崩塌 最小/万m³	滑坡 数量/个	滑坡 最大/万m³	滑坡 最小/万m³	不稳定斜坡 数量/个	不稳定斜坡 最大/万m³	不稳定斜坡 最小/万m³	地面塌陷 数量/个	地面塌陷 最大/万m³	地面塌陷 最小/万m³	泥石流 数量/个	泥石流 最大/万m³	泥石流 最小/万m³	滑塌 数量/个	滑塌 最大/万m³	滑塌 最小/万m³	地裂缝 数量/个	地裂缝 最大/m	地裂缝 最小/m
镇原	1			5	2 022	120	6	280	60				1		2.76				7	2 000	60
西峰	4	300	3							1	0.5								2	1 000	1 000
庆城				4	100	1.8															
宁县	2	45	26	4	110	42	1	58													
华池	1	50		21	5	0.6													4		
合水				1	30														1	270	
环县	17	225		13	150	1.2															
崆峒				4		0.1										1	0.3		19		
泾川				5	3.5	0.8															
静宁				5	760	202.5															
庄浪				3	20	10	3												1		
崇信	3	0.2	0.005	9	10	0.02							4						22	600	47
灵台				4	4.3	0.08													1	215	
合计	29			78			10			1			5			1			57		

说明：此表依据平凉市和庆阳市各县区原国土资源局统计资料整理，根据实地调查，对个别数据作了修改。

表6-2　"5·12"地震后平凉市、庆阳市实地调查情况统计

地点	崩塌		滑坡		滑塌		地裂缝	
	数量/个	规模/万 m³	数量/个	规模/万 m³	数量/个	规模/万 m³	数量/个	规模/万 m³
庆阳市镇原县新城乡新城村西庄贺石沟	>20	0.000 1~0.024	1	0.03	1	0.04		
庆阳市镇原县新城乡新城村西庄涝池沟	>30	0.000 1~0.03	2	0.03~0.04	2	0.01~0.06		
庆阳市西峰彭原乡李家寺村庙头嘴组四周的沟谷	>30	0.000 1~3.4	1	0.05			1	100
平凉市崇信县黄寨乡白新庄村戚家庄社硷洼沟	>20	0.000 1~0.05					1	500

二、"5·12"地震崩塌和滑坡的特点

此次地震造成的地质灾害有如下特点：

一是规模小。滑坡、崩塌均以小型为主，规模介于十几至数万立方米不等。笔者以现有的统计和实地调查数据为依据，对此次地震地质灾害数量作了频率分析，发现"5·12"地震以后，平凉、庆

阳市规模小于 100 m 的地裂缝占总量的 61%，小于 $1.0×10^5$ m³ 的滑坡占总量的 63%，小于 $1.0×10^4$ m³ 的崩塌占总量的 73%（图 6-1）。规模较大的地质灾害相对较少。实际上，正如后文将要提到的，更大数量的小规模灾害尚未被统计，否则，小规模灾害的比例还要高。而一些大型的如镇原县殷家城乡桑树洼行政村桑树洼自然村（北纬 36°9′32.3″，东经 106°58′31″）的滑坡体积达 $2.022×10^7$ m³，但灾害尚未形成，属潜在滑坡。因此，此次地震在陇东地区所造成的崩塌和滑坡以小型为主。

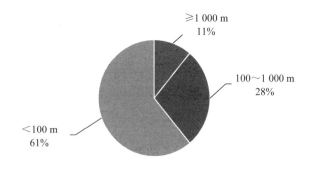

（a）地裂缝规模分布

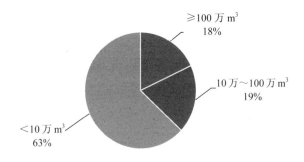

（b）滑坡规模分布

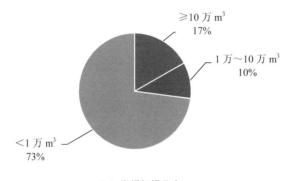

（c）崩塌规模分布

图 6-1 平凉市、庆阳市"5·12"地震地质灾害规模频率分布

二是数量多。实地考察结果显示，"5·12"地震所造成的崩塌和滑坡数量众多，远远超过了当地的统计量。

新城乡新城行政村西庄自然村、郿肖公路东侧的贺石沟，沟长约 750 m，但规模在十数立方米以上的崩塌、滑坡就达 20 多处，郿肖公路西侧的涝池沟的数量更多。两沟合计 54 处以上，但当地只统计了 1 处不稳定斜坡和 1 处潜在滑坡，实际数量是统计量的 27 倍以上。

位于董志塬东部边缘的西峰区彭原乡李家寺村庙头嘴组四周的沟谷，同等规模的崩塌和滑坡也多达数十处。当地只统计了 1 处滑坡，实际数量是统计量的 32 倍以上。

崇信县黄寨乡白新庄村戚家庄社的硴洼沟，大约在 1 000 m 长的一段沟内就发生了 20 多起滑塌、崩塌，其中的 1 处崩塌造成了 1 名饮牛人死亡，1 处崩塌造成了 1 名学生死亡。这道沟一直通至崆峒区的白水乡，所发生的各种类型的重力侵蚀难计其数。崇信县原国土资源局也只统计了 1 处地裂缝，实际数量是统计量的 21 倍以上。

以上四道沟谷的面积之和不超过 16 km²，约占平凉市、庆阳市总面积的 0.04%，而实际发生的地震地质灾害数量是统计量的 26 倍多，按此比例，两市实际发生的地质灾害应该有 24.7 万多处。但因实地调查的样本数量太少，不能排除样本的特殊性，这种比较还缺乏足够的证据支持。这里旨在说明一种趋势，即"5·12"地震在平凉市、庆阳市造成的崩塌、滑坡等地质灾害数量众多，远超过了当地自然资源部门的统计量。

三、"5·12"地震崩塌和地震滑坡的分布规律及原因

表 6-1 统计资料及表 6-2 实地调查均表明，平凉市、庆阳市"5·12"地震地质灾害，多分布于现代侵蚀沟边缘（图版 6-1）及底部（图版 6-2），也有一些小崩塌发生在老滑坡壁上。

黄土高原的现代侵蚀沟沟坡陡峻，多为 40°～45°甚至更大，局部还形成了陡崖。长期的风化、侵蚀作用导致陡崖中上部土体破碎、疏松，经常发生的流水侵蚀则容易造成陡崖下部土体悬空，使其接近崩塌和滑坡的临界点。现代侵蚀沟底部沟坡的坡度虽然较小，但多在潜水渗流排泄口附近和沟道流水积聚处，土壤含水量较高，土体经常处于超重状态，加之活跃的沟道侵蚀，可能造成其基部镂空，容易接近滑塌或滑坡的临界点。一遇到地震波的影响，这类地点就会发生崩塌和滑坡。图版 6-2 所示的崩塌，原来是一道宽 2～4 m 的土梁，两侧为呈直角的悬崖，已具备发生崩塌的条件。图版 6-2 滑塌体基部已被流水浸泡和侵蚀，也具备滑塌的基础。以上就是典型例证。

塬面、川台地与梁峁部位的崩塌现象，与窑洞住宅和采矿业的

分布基本一致。这与采矿业的地下作业区和当地的窑洞民居附近地面支撑力较小有关，废弃窑洞更容易发生地震崩塌。历史时期死亡人数最多的华山地震、海原地震，就是因为当地的窑洞住宅较多。

根据国家地震局基于实地调查编绘的"汶川8.0级地震烈度分布图"（图6-2）[①]，平凉市及庆阳市西南部"5·12"地震的烈度为Ⅵ度。但该图缺乏Ⅵ度以下区域的资料，参考美国地质测量局提供的分析估计图形[②]，该地烈度大致介于Ⅳ度和Ⅵ度之间。

一般情况下，地震滑坡和崩塌发生的概率和规模与地震烈度成正相关。但根据当地统计资料，"5·12"地震崩塌和滑坡在地域分布上，与国家地震局公布的烈度图并不完全一致。

"5·12"地震以后，平凉市及庆阳市的镇原县、西峰区、宁县和正宁县四县（区）的地震烈度达到了Ⅴ～Ⅵ度，华池县、环县、庆城县和合水县四县的地震烈度则为Ⅳ～Ⅴ度。但从崩塌、滑坡数量及其影响程度来看，受其影响最大的是崇信县、崆峒区、华池县、环县、镇原县，华亭、正宁县的影响最小。从坍塌的窑洞数量看，以环县最为严重，崇信、华池次之，未见到其他各县的统计资料。

如图6-2所示，本区地震烈度最小的地区是环县和华池县，其北部一带的地震烈度虽只有Ⅳ度左右，但灾情却比较严重。以华池县为例，灾情最严重的是其北部，即地震烈度最小的地区。

烈度最大的地区是静宁、庄浪、华亭、崇信和灵台，除崇信县灾情严重之外，其他各县在本区15个县区中，属中等水平。其中，静宁、庄浪、华亭和灵台各县地震灾害频次是4～5次。如果以自然

---

① http://www.cea.gov.cn/manage/html/8a8587881632fa5c0116674a018300cf/_content/08_08/29/ 1219979564089.html.

② http: //earthquake.usgs.gov/eqcenter/shakemap/global/shake/2008ryan/.

资源部门的统计料为准，则分别占总量的 2.2%和 2.76%。如果计入实地调查资料，则分别占总量的 1.4%和 1.76%。普遍没有其他县区灾害严重（除正宁、合水县外）。

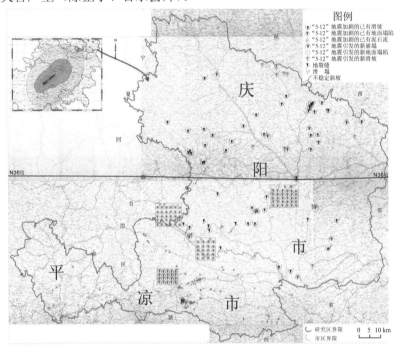

图 6-2　甘肃省庆阳市、平凉市"5·12"地震地质灾害分布

说明：该图是由 8 张 1：250 000 地形图拼接而成，由于其中的一幅图与另外 7 幅图不是同一年出版，因此颜色不同。各灾害点虽有精确的坐标位置，但为了能便于辨认，符号均比较大，只能反映其大概位置。符号的大小代表灾害的严重程度，不表示量值。实地调查点的灾害类型和数量统一表示在方框中。平凉市崆峒区共计 22 处灾害点，图上只表示出了有具体位置记录的 7 处。

　　正宁县地震烈度为 Ⅴ～Ⅵ度，其西南角甚至大于Ⅵ度。华亭县全境在Ⅵ度以上，其南部烈度接近Ⅵ度半。但这两个县都没有形成新的地质灾害，两县自然资源部门也没有关于窑洞住宅毁坏的报告和统计数据。

避开各县统计资料口径不一的问题，出现上述现象的原因，可能与黄土性质、现代侵蚀发育状况和当地经济状况有关。

据研究，北纬 36°线（环县合道川）是黄土高原上一条自然分界线，其北为沙黄土，以南为黄土，黄土性质从北向南逐渐由沙黄土向黄土过渡。[①]我们知道，黄土质地致密，同样条件下其抗震性能较强，而沙黄土的抗震性能较弱。因此，尽管北部地区地震烈度较小，但地震灾情仍较为严重。

陇东黄土高原的北部地区，处于泾河各支流源头附近，现代侵蚀沟的年龄较小，沟床比降大，流水的下切侵蚀活跃，形成了很多陡坡和悬崖，加之黄土质地更疏松，就很容易发生地震崩塌和滑坡。当地人民的生活水平普遍较低。环县是有名的国家级贫困县，除环江河谷地带经济状况较好外，广大山区人民生活水平较低，仍以窑洞民居为主，因此房屋损坏就比较严重。其他各县则相对要好一些。

四、环境效应分析

1. 在黄土高原地区，引发崩塌和滑坡的地震烈度为Ⅳ度

据研究，在黄土高原诱发崩塌和滑坡的地震震级和烈度一般较低，其展布受地震烈度控制也较为明显。

当地震烈度达到Ⅵ度时，就开始出现黄土崩塌和滑坡；在地震

---

① 刘东生等：《黄土与环境》，北京：科学出版社，1985年，第30页。

烈度达到Ⅸ度时，就可能开始出现大规模的黄土滑坡和黄土滑坡密集展布区。[1]

中国西北黄土地区产生地震崩落、滑移、滑陷、流滑的最低震级分别为 4、5、7.5、8 级；产生崩滑的最小地震烈度为Ⅴ度或稍低。……小地震产生的滑坡全是浅层小滑坡，数量也很少。[2]

但是，庆阳市北部地区较为严重的地震灾情，已经将产生崩塌和滑坡的最小地震烈度限定为Ⅳ度，与以上研究结果略有不同。

如图 6-2 所示，北纬 36°以北的庆阳市北部地区地震烈度大约在Ⅳ度和Ⅴ度之间，但"5·12"地震地质灾害数量达 46 处，占庆阳市总量（原国土资源局统计值）的 57.5%，其中滑坡就有 40 处。这还不包含大量的未列入统计的未对人民生命财产造成威胁的小型崩塌和滑塌。

以统计结果为准，结合表 6-3 和图 6-2，庆阳市北纬 36°27′以北地区，地震烈度大约为Ⅳ度，但"5·12"地震引发的崩塌和滑坡达 20 处，约占整个庆阳市地质灾害总量的 1/4，占平凉市、庆阳市地质灾害总量的 1/9。

就华池县而言，北纬 36°27′以北的Ⅳ度区面积大约为全县面积的 1/3，而"5·12"地震共造成的 25 处灾害点中，分布在其北部地区的却有 17 处，占总量的 68%（表 6-3）。

---

① 陈永明、石玉成、刘红玫等：《黄土地区地震滑坡的分布特征及其影响因素分析》，《中国地震》2005 年第 21 卷第 2 期。
② 姚清林：《中国西北黄土地区地震崩滑的分布与宏观影响因素》，《气象与减灾研究》2007 年第 30 卷第 1 期。

表6-3 "5·12"地震后华池县、环县北部新增及受影响较大的原有
地质灾害隐患点

序号	隐患点名称	详细位置		规模/万 m³
		乡、村	坐标	
1	元城林沟滑坡	华池县元城镇吕沟咀村	4074876，18752504	2
2	刘坪山里畔山体滑坡	华池县紫坊乡刘坪村	4046182，19243264	1
3	李崾岘阳洼公路滑坡	华池县乔川乡李崾岘村	4071844，18746510	2
4	艾蒿掌王沟公路滑坡	华池县乔川乡王掌子村	4073884，18728196	1.2
5	章渠子至艾蒿掌公路滑坡	华池县乔川乡章渠子村	4075208，18733141	0.7
6	县城东山山体滑坡	华池县柔远镇城关村	4040656，18767867	5
7	紫坊乡政府背山山体滑坡	华池县紫坊乡刘坪村	4048725，19247631	1.4
8	丰阳渠通村道路滑坡	华池县怀安乡丰阳渠村	4053082，18756443	1.1
9	五白公路 9 km 处山体滑坡	华池县白马乡杜寨子村	4049723，18747311	2
10	乔川北街山体滑坡	华池县乔川乡徐背台村	4073931，18737266	5
11	齐庄子小学背山山体滑坡	华池县乔河乡齐庄子村	4042851，19235176	2.1
12	齐沟门通村道路山体滑坡	华池县乔河乡齐庄子村	4042616，19236943	1.5
13	李沟门背山山体滑坡	华池县乔河乡火石沟门村	4045915，19232977	2
14	庆打公路 10 km 处滑坡	华池县乔河乡火石沟门村	4049045，19235104	4

序号	隐患点名称	详细位置		规模/ 万 m³
		乡、村	坐标	
15	通张庄道路 2.2 km 处滑坡	华池县乔河乡火石沟门村	4046376, 19234575	1.4
16	佘拐沟山体滑坡	华池县乔河乡火石沟门村	4045617, 19231446	1.7
17	乔紫公路 7 km 处山体滑坡	华池县乔河乡虎洼村	4049733, 19237941	2
18	周家沟滑坡	环县洪德乡新集子村周家沟	4065980, 18687475	40
19	骟马台滑坡	环县八珠乡冯家湾村骟马台	4039105, 18726147	15
20	杏儿铺崩塌	环县洪德乡河连湾村杏儿铺	4069681, 18695227	225

说明：此表依据华池县、环县原国土资源局统计资料整理。1～8 为新增滑坡，9～19 是受到较大影响的原有滑坡，20 为原有滑坡壁上发生的崩塌。

　　由此可见，地震与黄土高原重力侵蚀之间的相关程度更为密切。即地震烈度达Ⅳ度以上时，在地形陡峭、黄土疏松破碎、垂直节理发育之处即可产生大量崩塌和滑坡。事实上，地震作为黄土侵蚀特别是重力侵蚀的重要原因，已经得到了相关研究的证实[①]，而当地震与其他因素特别是人类活动相叠加时，其影响力还会进一步增加。

　　黄土高原是我国地震频发地区之一，据研究，历史时期发生在

---

① 陈永明、石玉成、刘红玫等：《黄土地区地震滑坡的分布特征及其影响因素分析》，《中国地震》2005 年第 21 卷第 2 期；陈永宗、景可、蔡强国：《黄土高原现代侵蚀与治理》，北京：科学出版社，1988 年，第 95-96 页；张振中：《黄土地震灾害预测》，北京：地震出版社，1999 年，第 24-26、79-95 页；邹谨敞、邵顺妹、蒋荣发：《古浪地震滑坡与断裂带的关系》，《中国地震》1994 年第 10 卷第 2 期；王家鼎、张倬元：《地震诱发高速黄土滑坡的机理研究》，《岩土工程学报》1999 年第 21 卷第 6 期。

这里的有记录的地震，都造成了不同程度的重力侵蚀。①如果将未载入史册的小地震考虑在内，其影响力可能更为突出。

2. 地震可改变重力侵蚀发生的时间

我们知道，水体浸泡或流水侵蚀陡坡断崖基部是触发不稳定斜坡土体位移，引发崩塌、滑塌、滑坡等的重要因素。但特大暴雨和洪水引发崩塌和滑坡是有条件的，一般为表土被水浸透，导致上部土体重量增加；或者山坡基部被流水冲刷，造成土体悬空，使其失去平衡而发生崩滑。前者与暴雨发生概率有关，后者则与沟（河）道侵蚀情况有关，即侵蚀量积累到一定程度才有可能发生。然而地震却会导致崩滑等重力侵蚀提前发生。与图版 6-1、图版 6-2 所示一样，本节所列举的崩塌和滑坡体，如果不是"5·12"地震，会保持数十甚至数百年不变。正是因为地震的发生，才导致崩塌、滑坡提前若干年发生了。

表 6-4 所列各类重力侵蚀，或者是"5·12"地震直接引发的，造成了灾害发生点重力侵蚀的提前发生；或者是"5·12"地震对原来已有灾害的加剧，改变了灾害点重力侵蚀的发展进程。

表 6-4 平凉市、庆阳市"5·12"地震引发的重力侵蚀统计

类型	崩塌/处	滑坡/处	滑塌/处	地面塌陷/处
基于统计和实地调查	>129	>82	>4	>1

一般情况下，窑洞住宅区和采矿区是不会在同一时间发生崩塌

---

① 陈永明、石玉成、刘红玫等：《黄土地区地震滑坡的分布特征及其影响因素分析》，《中国地震》2005 年第 21 卷第 2 期；姚清林：《中国西北黄土地区地震崩滑的分布与宏观影响因素》，《气象与减灾研究》2007 年第 30 卷第 1 期；陈永宗、景可、蔡强国：《黄土高原现代侵蚀与治理》，北京：科学出版社，1988 年，第 95-96 页。

的。"5·12"地震以后，庆阳市同时崩塌的住房和窑洞多达6 525间（孔），崇信县倒塌窑洞233孔，加上未曾统计的不明数量的废弃窑洞，数量会更大。可见地震造成该地重力侵蚀发生了变化。

地震会造成现代侵蚀沟边缘部位的陡崖土体结构发生变化，使原来基本完好的悬崖变得更加松散和易崩滑，提高重力侵蚀的发生概率。

"5·12"地震以后，平凉和庆阳市共计形成多于57处的地裂缝、10处不稳定斜坡，其中一些就是潜在滑坡。例如，平凉市崇信县黄寨乡白新庄村戚家庄社（北纬35°21.35′，东经106°53.61′）的地裂缝，呈弧形，长500 m，已具备滑坡形态，如果再遇到外力——地震或者其下部沟道进一步遭受侵蚀，就会发生滑坡。

对窑洞住宅的影响也一样。"5·12"地震后，庆阳市出现裂缝等不同程度损坏的窑洞达17 356间（孔），崇信县裂缝窑洞1 643孔，导致一些本来无忧的窑洞住宅，受到了重力侵蚀——崩塌的威胁，增加了相关地点崩塌发生的概率。

3. 地震能对黄土微地貌产生影响

主要表现在三个方面。

一是负地貌进一步扩展，正地貌有所缩小。发生在现代侵蚀沟边缘部位的崩塌、滑塌、滑坡，会导致相关沟谷局部的宽度增加及塬、梁、峁等正地貌的进一步缩小。这不仅指古代侵蚀沟底部现代侵蚀沟的土体陷落、位移，也包括塬、梁、峁部位的现代侵蚀沟谷进一步发展。例如，崇信县锦屏镇梁坡村牛咪嘴社的滑坡体厚达40 m，黄寨乡水泉洼村刘天沟社的滑坡体厚约10 m，使相关地点沟谷宽度分别增大了40 m和10 m。

就现有资料看，"5·12"地震后平凉市、庆阳市新增灾害点多于 231 处，其中滑坡多于 43 处，崩塌多于 119 处，滑塌多于 3 处，且绝大部分发生在现代侵蚀沟的边缘和底部。影响较大的原有 58 处灾害点中，除一部分崩塌是发生在老滑坡后壁上以外，被激活的老滑坡也分布在现代侵蚀沟边缘。这类灾害均可造成负地貌的扩展和正地貌的缩小。

二是人类活动的叠加，使地震对地貌的影响力度和范围都有所增大。

黄土高原地区传统民居以窑洞为主，且多分布在地形条件相对较好的平坦地面。除了砖（石）箍窑洞，大部分窑洞依山而挖，或者在地面挖出一个四方形坑，再在其四周崖壁上修建窑洞，这样就导致黄土下部悬空，具备了崩塌的条件。"5·12"地震后，两市共崩塌住房和窑洞多达 6 758 间（孔），出现裂缝等不同程度损坏的达 18 999 间（孔），正是基于这种情况发生的。地震造成的窑洞住宅以及未曾统计的不明数量的废弃窑洞崩塌，使其影响扩展至缓坡和平坦地面。

采矿作业区的情况也一样。西峰区彭原乡杨坳村姚咀组的地面塌陷，就是因为"5·12"地震与采砂活动镂空其下部相互叠加所致。这种情况在崇信县采煤区的表现更为明显（表 6-5）。

表 6-5 "5·12"地震后崇信县新窑煤矿的地质灾害点

部位	类型	规模
地面	新窑镇寨子村寨子社塌陷裂缝	
	新窑镇寨子村牌坊岭社塌陷裂缝	
	新窑镇周寨村周寨社地裂缝	600 m
井下	7 家煤炭公司的井下共出现了 17 处裂缝和变形	变形共计 396 m，裂缝共计 649 m

三是影响地貌的演变进程。由于黄土具有良好的直立性，若无外部因素影响，黄土区许多陡坡、断崖、黄土柱会屹立多年而不变。类似图版 6-1、图版 6-2 所示的黄土梁和沟坡地，因为"5·12"地震，提前发生崩塌和滑塌，改变了该地微地貌的演变进程。

4. 地震可导致局部地区水土流失进一步加剧

崩滑落至山坡的土体，土质疏松，在未生长植被时，抗蚀能力弱，易受外力特别是雨水和流水侵蚀。崩滑堆积至沟道的土体，则形成大小不等的"湫"（堰塞湖）。为数不多、规模较大的"湫"可以存留若干年，但大部分"湫"的规模有限，一遇暴雨就被冲毁，这无疑会增加相关地点的水土流失量。

据调查，"5·12"地震形成的为数众多的崩滑体，已经加剧了两市的土壤侵蚀。就现象看，平凉市、庆阳市境内因地震形成的一些微型堰塞湖，其中的一些已经被洪水冲毁，使其土壤侵蚀量明显有所增大，这种情况有可能还要持续一段时间。可惜目前尚无水文和水保部门的实测资料进行量化分析。但地震是造成水土流失的诸多因素中较为重要的间接因素，却是毋庸置疑的。

针对地震与黄土高原水土流失的研究，过去因资料有限，只能研究一些有记载的大案例，客观上忽略了中小地震的影响。据"5·12"地震的调查情况看，烈度较小的地震对黄土高原水土流失造成的影响，应该得到更多关注。

实际上，即使针对大地震的影响力，也未形成一个较为准确的结论。如前所述，地震烈度达到Ⅳ度以上时，会造成为数众多的崩滑，对当地的水土流失具有明显加剧作用。那么，当震级和烈度更大时，只限于会造成更大规模的崩滑吗？显然不是，还会包括更大数量的、无法确定其成因的中小规模崩塌和滑坡。

我国地处世界两大地震带，地中海—喜马拉雅地震带和环太平洋地震带交汇处，地震频繁。因此，地震尽管属于偶发事件，但对黄土高原水土流失的影响不可轻视。探讨黄土高原水土流失的成因时，不仅要考虑大地震，也要关注小地震的影响。不仅要考虑发生于黄土高原的地震，也要关注震中位于其他地区而波及黄土高原（如"5·12"地震）的地震所造成的水土流失。

五、结论

"5·12"地震震中虽然距离甘肃平凉市、庆阳市较远，但却造成了大量的小型崩滑、滑坡、不稳定斜坡和地裂缝，对当地环境产生了一定程度的影响，特别是在减小正地貌、加剧水土流失方面，影响更明显。

地震烈度达到Ⅳ度时，会造成黄土崩滑。这与之前最小烈度为Ⅴ度或稍低时，才能引起崩塌和滑坡的认识略有不同。说明由于黄土高原特殊的环境特征，对地震的敏感度很高。因此，董志塬地貌的演变，地震是不容忽略的影响因素。

第三节　降雨径流变化及其影响

样点研究已然揭示，黄土地貌演变过程中沟状侵蚀发挥了十分重要的作用，历史时期黄土地貌发育主要受现代侵蚀沟的发育程度所控制，现代侵蚀沟发育速度越快地貌演变速度就越快。而那些没有现代侵蚀沟发育的地点，其地貌变化不明显甚至无法在 1∶10 000 地形图上表现出这种变化。该规律不仅存在于董志塬，在黄土高原其他地区的表现也一样明显。陇东黄土塬区就是被快速发育的现代侵蚀沟分割成了若干个相对独立的地貌单元。

影响黄土侵蚀地貌的主要外营力是水力。水力侵蚀强度大小与降雨径流关系密切，故降雨径流是历史时期董志塬地貌演变研究中必须要考量的影响因子。相关研究进一步表明，在外营力以水力侵蚀为主的地区，多种多样的地貌形态主要是差别化侵蚀造成的。而差别化侵蚀与降雨径流关系密切。年降雨量大，相应的地表径流量也大，侵蚀作用会比较活跃。但降雨丰富的地区，自然植被通常较好，侵蚀结果不一定很严重。降雨稀少地区的径流量小，植被较差，水力侵蚀相对弱化，可风力作用会相应增强。[1]黄土高原东南部年降水量在 600 mm 左右，西北部年降雨量只有 300～400 mm，上述特征表现得十分明显。其东南部水热条件较好，植被覆盖度较高，加上相对高差较小，侵蚀相对轻微。西北部因降水量小，坡面不易产生径流，坡面上的侵蚀作用不是很强烈；沟谷中因河流侵蚀基准面较高，溯源侵蚀也相对较弱。侵蚀作用最活跃地区是年降雨量在 500 mm 左右的中部地区。[2]董志塬位于黄土高原中部，属温带季风性半湿润易旱气候区，年降水量 500～600 mm，正处在水力侵蚀最

<hr>

[1] 江忠善等：《黄土区天然降雨雨滴特性研究》，《中国水土保持》1983 年第 3 期；陈永宗：《黄土高原沟道流域产沙过程的初步分析》，《地理研究》1983 年第 2 卷第 1 期；陈永宗、景可、蔡强国：《黄土高原现代侵蚀与治理》，北京：科学出版社，1988 年，第 80-95 页；张汉雄等：《黄土高原的暴雨特征及分布规律》，《水土保持通报》1982 年第 2 卷第 1 期；刘尔铭：《黄河中游降水特征初步分析》，《水土保持通报》1982 年第 2 卷第 1 期；夏军、乔云峰、宋献方等：《岔巴沟流域不同下垫面对降雨径流关系影响规律分析》，《资源科学》2007 年第 29 卷第 1 期；侯建才、李占斌、崔灵周：《黄土高原典型流域次降雨径流侵蚀产沙规律研究》，《西北农林科技大学学报（自然科学版）》2008 年第 36 卷第 3 期。
[2] 陈永宗、景可、蔡强国：《黄土高原现代侵蚀与治理》，北京：科学出版社，1988 年，第 80 页。

活跃的区域。所以还需要从侵蚀过程角度考察降雨径流对沟间地浅沟发育和沟谷地中现代侵蚀沟发育之影响。

一、沟间地浅沟发育的影响因子

黄土高原的侵蚀过程因侵蚀作用发生的地形部位不同会有所差别。沟间地现代侵蚀沟的发育以浅沟发育为开端，随着汇水面积增加，浅沟演变为切沟，切沟进一步发育为冲沟和河沟。浅沟侵蚀是黄土高原普遍存在的主要侵蚀类型之一，是细沟侵蚀与切沟侵蚀之间的过渡类型，在坡沟系统中起着承上启下的作用。其分布面积可占到沟间地的70%左右，侵蚀量占坡面侵蚀量的35%～70%。[1]浅沟的发育可使坡地的面积增大，集水区域增加，坡面水流集中，流速加快，侵蚀动能剧增。浅沟侵蚀是发生切沟侵蚀的起因，也是导致沟头前进和沟谷不断扩展的直接根源。[2]黄土高原现代地貌的发育，特别是黄土塬状地貌的破碎始于浅沟侵蚀。

浅沟侵蚀与降雨量的关系不甚密切，受降雨强度的影响很大，特别是与30分钟最大雨强的关系极为密切。天然降雨通常为复合式雨型。降雨强度直接关系到径流发生的时间，雨强越大，产流发生时间越短。当降雨强度大于土壤入渗速度时，随着雨强的增大，产流系数显著增大。这说明雨强越大，相同降雨量时产流越多。所以雨强对浅沟的发生和发展具有重要影响。[3]黄土高原地区的侵蚀性降

---

① 张科利：《浅沟发育对土壤侵蚀作用的研究》，《中国水土保持》1991年第1期。

② 唐克丽、席适勤等：《杏子河流域坡耕地的水土流失及其防治》，《水土保持通报》1983年第5期。

③ 许建民：《黄土高原浅沟发育主要影响因素及其防治措施研究》，《水土保持学报》2008年第4期。

雨多为短历时的强降雨。分析历史时期董志塬地貌演变中浅沟的发育情况，需要研究历史时期强降雨，以及次降雨中 30 分钟最大雨强的变化情况。如果能大致梳理出不同历史时期强降雨的次数特征以及次降雨中 30 分钟最大雨强的分布特征，就可以明晰同时期浅沟发育的大致情况。但这是一个艰难的工作，至少到目前，还没有相关的研究成果可供参考，笔者也无法给出一个说法，哪怕是一个最粗浅的描述性的结论。

二、沟谷地中现代侵蚀沟发育的影响因子

沟谷地的土壤侵蚀主要发生在现代侵蚀沟。现代侵蚀沟的发育以侵蚀基准面的下降为开端，侵蚀从沟口开始，逐渐向上游发展。由于流域产沙量与降雨量加径流深组合因子成正比，并随坡度的增加而增加。[①]从相关性考察，沟谷地中土壤侵蚀量大小直接取决于沟床比降和流域径流量大小，它们之间呈良好的正相关。如果不考虑下垫面因素，那么径流量是沟谷地土壤侵蚀量的直接影响因子。研究历史时期董志塬现代侵蚀沟的演变情况，最好能搞清楚历史时期各相关流域径流量的变化情况。但就目前的研究状况来看，不要说了解历史时期董志塬四周每一个流域的径流量变化，即使是最著名的黄河径流量，也未能得出较为一致的研究结论。

鉴于以往的研究已经证实，降水量与径流量成正相关。

泾河流域地处多沙粗沙区，其补给方式主要是大气降水和地下

---

① 陈永宗：《黄土高原沟道流域产沙过程的初步分析》，《地理研究》1983 年第 2 卷第 1 期。

水，因此径流总量的多寡及其变率大小等取决于大气降水量、降水强度和变化特性。决定年径流、输沙量大小的是汛期几场大洪水。流域暴雨集中，产流量集中，一次产流量大，含沙量也特别高，最大超过 800 kg/m³。高强度暴雨形成高含沙水流，高含沙水流既有极强的输沙能力，又有很强的侵蚀能力。以环江庆阳以上流域为例：1966 年 7 月 24 日一次暴雨，流域平均次降水量 150.8 mm，占年降水量的 26.7%；而产洪量为 $1.41×10^8$ m³，占年径流量的 46.1%；产沙量 $1.11×10^8$ t，占年输沙量的 70.3%。1977 年 7 月 5 日和 8 月 5 日两次暴雨，流域平均次降水量之和为 129.7 mm，占年降水量的 25.6%；而输沙量之和高达 $1.81×10^8$ t，占年输沙量的 88.4%；产洪量之和为 $2.51×10^8$ m³，占年径流量的 65.5%。[①]

在不能确定历史时期相关流域径流量大小的情况下，根据历史时期降水量变化情况推测相应区域的径流量及其土壤侵蚀情况，不失为一种方法。因小空间尺度上降水量的地域差别不是很明显，所以在以下部分，笔者根据陇东黄土高原沟壑区古城址的变迁规律，探讨历史时期该地的降雨量变化以及董志塬现代侵蚀沟的发育和演变情况。

---

① 冉大川、刘斌、罗全华等：《泾河流域水沙变化水文分析》，《人民黄河》2002 年第 2 期。

三、历史时期陇东黄土高原气候的干湿变化

1. 历史时期陇东黄土高原古城遗址分布规律

根据考古调查结果和《中国历史地图集》[①]《泾河中上游汉安定郡属县城址及其变迁研究》[②],将陇东黄土高原沟壑区历史时期已经发现的聚落遗址制作在地图上(图 6-3)。发现该地区古聚落遗址的分布具有一定规律。

(1)先秦时期

先秦时期聚落遗址共有 14 处,多分布在塬区靠近古代侵蚀沟的沟头附近,沟谷地带位于古代侵蚀沟的沟掌盆地,河谷地带则主要在二级阶地后缘和三级阶地前缘——一般都高出今天河床 60～100 m。

(2)秦至东汉中后期

秦至东汉中后期的古城遗址共有 13 座。有 10 座分布在河谷地带,占总量的 76.9%;3 座分布于塬区,占总量的 23.1%;沟谷地带没有发现一座秦汉古城,这与先秦聚落遗址的分布明显不同。

河谷地古城遗址中,8 座位于二级阶地前缘,占总量的 61.5%,占河谷城址的 80%;2 座位于一级阶地,占总量的 15.4%,占河谷城址的 20%。就河谷地古城遗址的选址看,很好地印证了现代城市区位理论。泾河干流河谷的 3 座古城中,2 座位于二级阶地,即秦汉泾阳县和阴槃县。1 座位于一级阶地,即两汉临泾县。其他流域位于二

---

① 谭其骧等编著:《中国历史地图集》,北京:中国地图出版社,1982 年。

② 张多勇:《泾河中上游汉代安定郡属县城址变迁研究》,硕士学位论文,兰州:西北师范大学,2006 年。

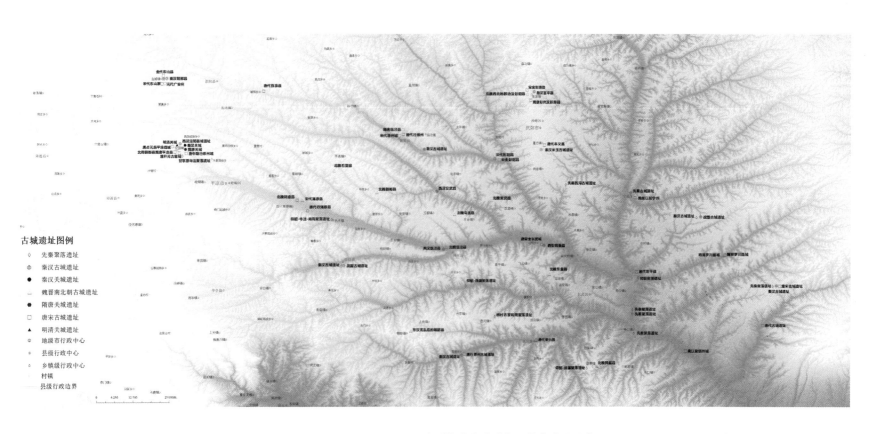

图 6-3 历史时期陇东盆地部分聚落遗址分布

说明：①图上显示的仅是目前已经发现的泾河流域古聚落遗址。②甘肃省平凉市崆峒区安国镇附近聚落遗址密集，为便于分辨，其位置标注的不是十分准确。

级阶地的共有 5 座古城：秦汉朝那县，位于茹河南岸二级阶地；西汉彭阳县，位于茹河北岸二级阶地；西汉安武县，位于洪河南岸二级阶地；崇信县刘家沟沟口战国秦汉古城遗址，位于汭河南岸二级阶地；灵台县百里战国秦汉古城遗址，位于达溪河南岸二级阶地。位于一级阶地的有 1 座古城，即镇原县祁家川战国秦汉古城遗址，位于茹河北岸一级阶地。这些古城遗址一般只高出今天河床 10～40 m。

塬区的古城遗址中，秦汉时期的只有 1 座，就是旬邑县职田镇秦汉古城。其余 2 座为西峰区肖金镇米王秦汉古城遗址和宁县米桥乡蒙家行政村五队安点沟战国秦汉古城遗址，明显具有承继先秦古城的特点。

（3）东汉中后期至隋唐初

东汉后期至隋唐初期的古城遗址共有 12 座，9 座分布在塬区，占总量的 75%；3 座分布在河谷，占总量的 25%。

分布在塬区的古城遗址是：东汉羌乱后的朝那县，位于今灵台县朝那镇北 1.5 km 的边家崖湾；北魏朝那县，位于今镇原县中原乡武亭行政村刘城自然村；北魏安武县，位于今镇原县上肖乡杨城村的万俟沟圈；北魏石堂县，位于今镇原县新城乡杜寨子村；北魏乌氏县，位于今泾川县玉都镇太阳墩；北魏安定县，位于今镇原县新城乡原峰村；北魏鹑觚县，位于今灵台县邵寨乡政府所在地；东汉富平县，位于今西峰区彭原乡李家寺行政村庙头嘴自然村；北魏东盘县，位于今泾川县窑店乡。

分布在河谷的 3 座古城：1 座位于泾河中游干流北岸一级阶地，即北魏临泾县，但文化层中包含了若干次洪水淹没的痕迹；1 座位于泾河一级支流四郎河西岸二级阶地前沿，是魏晋罗川县；1 座位于泾河与小路河交汇处、泾河北岸二级阶地后缘，即北魏阴槃县，地面高出一级阶地后缘 40 m 左右。就河谷地的古城分布来看，二级阶地上古城遗址仍然占多数，达 2/3。

（4）隋唐以后

隋唐以后的古城遗址共 21 座，17 座位于河谷地带，占总量的81%；4 座位于塬区，占总量的 19%。

位于河谷地带的古城全部位于一级、二级阶地上，除唐宋金的长武城、隋唐以后的宁州城地势较高外，其余城池与现今河床高差均在 20 m 以下，一些古城遗址与今河床高差在 10 m 左右。

2. 历史时期陇东盆地古城遗址变迁规律

先秦时期聚落遗址的明显优势是符合聚落布局的一般规律。即使分布在塬区的聚落遗址也靠近古代侵蚀沟沟头，以便于取水。更多的遗址则分布在沟掌盆地或者河流二级阶地后缘、三级阶地前缘。

秦至东汉中后期，3/4 以上的古城遗址分布在河谷地带，且以二级阶地前缘居多，甚至分布在一级阶地。比起先秦时期，有下移趋势。

东汉末至隋唐初，特别是北魏时期，3/4 分布到了塬区。其中一些是秦汉时期分布在河谷地区的古城遗址因各种原因搬迁到了塬区，河谷地带的城址反而比较少见。比起前一时段，有上移趋势。

隋唐以后，80%以上的古城遗址分布在河谷地，其中一些是北魏时期搬迁至塬区的古城遗址又一次搬回了河谷，塬区则比较少见。与北魏时期相比，有下移趋势。

这些迁徙变化的聚落遗址中，有些存在承继关系。东汉及魏晋南北朝时期分布在塬区的 9 座城址，有 3 座是从河谷就近搬迁至塬面的，隋唐以后又迁回了河谷地带。如西汉安武县在洪河谷地（今镇原县曙光乡川口村），北魏迁到了屯字塬（今镇原县上肖乡杨城村万俟沟圈），隋代废省。秦汉朝那县位于茹河河谷（今彭阳县古城乡），东汉羌乱后南迁至塬区（今灵台县朝那镇边家崖湾），北魏朝那县虽然与东汉朝那县不同，但依然在塬区（今镇原县中原乡武亭村），隋唐时期又迁到泾河河谷（今平凉市崆峒区安国镇油坊庄）。彭阳县也如此，西汉时位于茹河河谷（今镇原县临泾乡彭阳村），北魏时迁到了董志塬（今庆阳市西峰区彭原乡），宋代又一次迁回茹河河谷（今镇原县临泾乡彭阳村）。[①]

　　古城迁址事件不仅仅发生在陇东地区。据王乃昂等研究，河西走廊及其毗邻地区发生过古城废弃事件。魏晋南北朝期间废弃的古城占22.2%，中唐至五代占4.4%，明清两朝约占53.4%。在3—6世纪，塔里木盆地的楼兰、且末、罗布庄、尼雅、喀拉墩、古民丰、精绝古国等也都被先后废弃。[②]从两地古聚落遗址的变迁时间上看，魏晋南北朝时期，河西走廊及其毗邻地区的古城废弃与陇东盆地古城迁到塬区，具有较好的对应性，这不应该是巧合。那么，为什么在相距如此遥远的地方会发生相同性质的事件？

　　3. 魏晋南北朝时期城址从河谷搬迁到塬区是气候变化造成的

　　从区位要素考虑，除了一些具有军事目的、宗教意义等特殊功能的城市，城市一般会布局在地形平坦、气候适宜、人口密集、工农业生产发达、交通便利之处。中国古代的县城兼多种功能于一身，除了行政职能还要处在交通要道。这在和平时期便于收缴过往旅客税收，战争年代则易于发挥军事功能。

① 张多勇：《泾河中上游汉安定郡属县城址及其变迁研究》，硕士学位论文，兰州：西北师范大学，2007年，第29-49、53-73页。
② 王乃昂、赵强、胡刚等：《近2 ka河西走廊及毗邻地区沙漠化过程的气候与人文背景》，《中国沙漠》2003年第23卷第1期。

从行政角度考察，县城应该分布在河谷，因为河谷地带人口更稠密。我们无法复原历史时期塬区和河谷地带的人口状况。以现今情况考察，塬区人口密度与河谷地带相差无几。这主要是因机井的广泛使用解决了吃水难问题。但在30多年前，塬区的人口还比较稀疏。1980年前后包产到户时，甘肃省庆阳市西峰城区附近的村民，人均上好塬地多于4亩。而许多河谷地区的村民，包括山坡地在内，也达不到4亩。也就是说，受水源条件限制塬区并不是早期居民居住的首选地，多数情况下河谷地带的人口更为稠密。从交通角度考虑，县城应该分布在交通要道上。地形平坦的河谷地带人口稠密，工农业生产和商贸业相对发达，取水方便，一般情况下是古代的交通优选地。汉唐丝绸之路古道就多分布于河谷。[①]正因为较为平坦的河谷地带是主要居住区，往往也是主要交通路线的必经地，受其制约，城池经常分布在河谷。

至于黄土塬区，在一些地下水位较浅的交通要道上，也具有建城的区位条件。特别是当河道弯曲狭窄影响交通时，如河谷地段不仅路程遥远，还要频繁渡河，会使通行不易，则交通要道会选择在塬区。例如古丝绸之路兰州至西安段，最理想的行进路线是沿渭河谷地行走。但因宝鸡至天水段渭河谷地崎岖难行，所以自古以来的两条主要路线都不在渭河河谷。一是与今天的G312国道基本重合，取道咸阳原，翻越关中北山、六盘山进入陇中盆地。二是经由宝鸡、陇县翻越陇山进入陇中盆地。蒲河下游段存在类似情况。从宁州（今甘肃宁县）向西、西北、北方向行进，需要翻越董志塬；加上西峰区肖金镇米王村一带地下水埋藏不深，20世纪70年代以前，只有

---

① 张多勇：《泾河中上游汉代安定郡属县城址变迁研究》，硕士学位论文，兰州：西北师范大学，2006年，第6-7页。

30 m 左右（现在下降了很多），具备城市布局的区位要素；故这里秦汉古城遗址的布局十分合理。宁县米桥乡蒙家行政村五队安点沟战国秦汉古城遗址，也位于邠州（今陕西彬县）前往宁州（今甘肃宁县）的交通要道上，虽然不能确知当时此地地下水位埋藏深度，但其北距老侵蚀沟沟头不足 300 m，便于取水，具有建城条件。长武县浅水村的唐宜禄县城所在地，在 20 世纪 70 年代以前，地下水位只有 10 m 左右。由于政平至亭口段的泾河河道弯曲，河床摆动幅度大，不易通行。从邠州（今陕西彬县）北上，须经鸦儿沟上长武塬才能到达，此地具有建城的必要条件。但并不是所有黄土旱塬都具有上述优势。相反，大多数旱塬虽然地形平坦，土壤肥沃，交通方便，却远离水源地。在没有机井的时代，居民解决吃水问题的途径无非两条：一是就近下沟挑水；二是吃窖水。正因如此，陇东地区的黄土塬区人口密度一般都小于河谷地带，主要交通道路和城市一般都分布在河谷地带，秦汉时期、隋唐以来古城遗址的分布正体现了这一特点。

可为什么东汉中后期至隋唐时期的大多数古城遗址分布在塬区？

历史文献多从战乱等角度来解释。从军事防卫角度，东汉末和魏晋南北朝时期，北方战乱频仍，陇东地区正是战争多发区，军事防卫成为县城的第一要务，肯定会受到重视。但将县城搬迁到塬区，就能更便于防卫吗？显然不是，至少不完全是。如果单从军事目的而言，位于泾河北岸二级阶地上的北魏阴槃县，更具有防卫的优势。与之相比，位于塬区的各个县城就稍微差一些。选择城址时，可考虑的因素很多，完全可以选择在非战乱区的河谷地带。例如，东汉羌乱、郡县内迁时，多数选择了关中的渭河谷地，说明战乱不是魏晋南北朝时期 3/4 县城分布在塬区的主要原因。有人也许会从拥有决定权限的官员的爱好来考虑，笔者不能排除这种可能。但如果只是一两座城，这种偶然因素的作用会很明显，问题是在发现的 12 座城址中，有 9 座分布在塬面上，其中的 3 座城市是从河谷地区搬迁上塬的。难道这 9 座城市是由一个人决定的？又或者决定这 9 座城城址的官员具有相同爱好？一个偶然因素能改写历史，但规律性不是由偶然因素决定的。所以，这一时期多数县城分布在塬区，还有其他原因。

有一种解释是这一时期的重要交通路线都改道塬区了。①如果此论成立，为什么又要改道塬区呢？最大的可能是这一时期气候变得湿润，河流水量大，河谷道路受到了洪水的威胁，频繁渡河不再是一件容易的事。从泾州（今甘肃省泾川县水泉寺古城遗址）城频频被洪水淹没这一事实来看，过大的洪水也威胁到了秦汉以来的城址。于是重要的道路改行塬区，一些县城也就顺势搬迁到塬区了。到了隋唐以后，或者是因为气候再次变得干旱，或者是河床下切严重，河水不再威胁河谷道路，县城再次搬回河谷地。但从泾河干流河谷的唐行原州城、定平县城、唐宋以来的邠州城，茹河河谷的彭阳县城、祁家川战国秦汉古城遗址、唐百泉县城，洪河河谷的西汉安武县城遗址、崇信县刘家沟战国秦汉古城遗址来看，近 2 000 年来，泾河上中游干流河谷和主要支流河谷河床的下切侵蚀并不明显。换句话说，河床下切造成河床容纳水量能力增强、河谷地区水患因此变得不严重，这个可能性存在但并不是很明显。所以，陇东地区历史时期县城的搬迁，是气候变化造成的。秦至东汉末年，陇东地区气

---

① 当地考古部门的人多持此观点。

候相对干旱，河流水量不大，洪水威胁较小，主要的交通路线和城址都分布在河谷。北魏时期，气候比较湿润，河流水量大，洪水频繁，主要交通路线和县城分布在塬区。隋唐以后，气候再次变得干旱，交通路线和县城又一次回到河谷地。

同样的原因也可用来解释河西走廊及其邻近地区发生的古城废弃事件。刘禹等研究发现，清光绪十六年（1890 年）以来贺兰山6—8 月降水与同时期气温呈弱的负相关。[①]对于内流区而言，魏晋南北朝时期湿润的气候和持续多雨天气，会造成气温较低，导致山上积雪消融速度下降，地表径流减少。类似河西走廊这样的灌溉农业区，农业生产用水主要来自积雪和冰川融水。地表径流量的大小与温度密切相关，温度高则地表径流丰富，灌溉水源充足，农业生产就可获得保障。相反，温度过低就意味着歉收，因此当地人不怎么喜欢下雨天气。对于干旱地区来讲，即使降水较多，恐怕也不会达到湿润半湿润地区的水平，无法满足农作物生长需求。但年降水量的增加会使年均气温有所下降，导致中高纬度干旱地区的温度不能满足农作物成熟要求，迫使农民放弃这里的农业生产，或者移民别处，或者改行发展畜牧业。降水的增多，也意味着冬雪比较多。我们都知道，太多冬雪是牧民的灾星。类似河西走廊等纬度、海拔较高地区，气温本来就较低，一场长时间不融化的大雪，对于没有牧草储备的牧民足以造成多年的积蓄在一个冬天消耗殆尽。因此，在这种情况下畜牧业也不容易得到发展。

魏晋南北朝时期，游牧民族南下造成北方的局势动荡不安，长期处于战乱状态。对此现象发生的原因，有人认为北方游牧民族的

---

① 刘禹、马利民、蔡秋芳等：《采用树轮稳定碳同位素重建贺兰山 1890 年以来夏季（6—8 月）气温》，《中国科学（D 辑）》2002 年第 8 期。

南迁与气候的变冷变干有关。[①]实际情况是与气候变冷的相关性更高一些，但气候变冷却不一定伴随干旱[②]，至少魏晋南北朝时期是冷湿气候。冷湿气候容易造成中高纬度雪灾频繁，无奈之下，只有向南迁移寻找容易过冬的地方，从而引发了民族冲突。

据此推测，秦汉以来我国西北地区经历了由比较干旱→相对湿润→相对干旱这样一个变化。但以上结论还需要新的证据进一步验证。

4. 自然指标与文献证据所揭示的中国北方地区历史气候变化规律

孔昭宸等通过分析历史文献记录和碳屑鉴定，揭示了天山北麓最近 2 000 多年以来的环境变化。距今 2 000 年以前，该地植被为荒漠草原。距今 1 300～2 000 年（公元前 50—650 年），植被为草原植被。其中距今 1 400～1 750 年（200—550 年），植被为有少量森林的草原植被；当时的年均气温较今低 1℃，而降水量较高，是新疆历史上一个相对冷湿的环境，适宜云杉生长，使得云杉林带下移，幅度可达 250 m 左右。距今 450～1 300 年（650—1500 年），植被为荒漠草原。距今 450 年以来，植被为荒漠草原—草原。[③]自然植被由荒漠草原→生长少量森林的草原→荒漠草原→荒漠草原—草原的变迁，表明秦汉以来的气候经历了由干旱→相对湿润→干旱的演变。这与通过古城遗址变迁得出的气候变化趋势基本一致。

---

① 张允锋、赵学娟、赵迁远等：《近 2000a 中国重大历史事件与气候变化的关系》，《气象研究与应用》2008 年第 29 卷第 1 期。

② 章典、詹志勇、林初升等：《气候变化与中国的战争、社会动乱和朝代变迁》，《科学通报》2004 年第 23 期。

③ 阎顺、孔昭宸、杨振京：《东天山北麓 2 000 多年以来的森林线与环境变化》，《地理科学》2003 年第 23 卷第 6 期。

古湖泊演变研究也得出了同样的结论。

史前自然水系时代的古猪野泽，最高湖面海拔为 1 315～ 1 320 m。但在汉代及其以后数百年间古猪野泽逐渐分为互不连续的西海和东海两个湖，并演变为近代的青土湖、白亭海。[①]位于黑河尾闾的居延海（包括古居延泽、索果诺尔和噶顺诺尔），史前最大面积曾达 2 000 km^2 之多。汉代居延地区农垦规模很大，由于当时流入下游的水量充沛，故东、西居延海和居延泽 3 个湖泊均以相当大的面积存在，但在五六世纪却强烈退缩。先秦时期，罗布泊湖泊面积较大，从罗布泊的湖相沉积和湖岸线来看，估计历史上湖水面积最大时曾达到 5 350 km^2。[②]至 5 世纪时，湖泊周长仅 150 km（《汉书·西域传》），只有它在 20 世纪 30 年代湖泊面积的一半。王乃昂等认为，这与魏晋南北朝（200—589 年）时期的气候相对干冷阶段相一致。[③]

关于中国中西部湖泊的演变研究显然有不同结论，笔者无法置评。但上述结论都是针对内流区而言的。内流区河湖的补给方式主要是高山积雪和冰川融水。如果在五六世纪，居延海面积明显缩小了，那么最大的可能是因气温降低，河流补给不足，水量减少，进而造成居延海的补给水源减少。5 世纪时，罗布泊周长还不及 20 世纪 30 年代的一半，就是因为 5 世纪前后气候比较湿润，唐宋以来气候相对干旱的缘故。这与本章结论相似，即魏晋南北朝时期气候比较湿润，之前及其后气候都要相对干旱一些。

魏晋南北朝气候湿润也得到了张德二先生的支持，"自公元

① 冯绳武：《民勤绿洲的水系变迁》，《地理学报》1963 年第 29 卷第 3 期。
② 杨川德、邵新媛：《亚洲中部湖泊近期变化》，北京：气象出版社，1993 年，第 92-99 页。
③ 王乃昂、赵强、胡刚等：《近 2 ka 河西走廊及毗邻地区沙漠化过程的气候与人文背景》，《中国沙漠》2003 年第 23 卷第 1 期。

300 年以来我国雨土年频数曲线"显示，5 世纪时的雨土频数处于低谷期。[①]

历史文献中的一些记载也支持本结论。《国语·周语》所记的"陂障九泽，丰殖九薮"中的"九薮""九泽"，是指九州的九大湖泊，其名称与所在，古籍记载不一。《吕氏春秋·有始》："何为九薮？……秦之阳华"。高诱注："阳华"在凤翔，或曰在华阴。俞樾《群经平议》认为：《周礼》之"杨纡"，《尔雅》之"杨陓"，并"阳华"之假音。高诱"在凤翔""在华阴西"两说，当以华阴之说为是。郑玄注《周礼·夏官·职方氏》说："'杨纡'所在未闻"。《尔雅·释地》郭璞注则说，"'杨陓'在扶风汧县西"。林甘泉认为，东汉以来的博学之士弄不清楚《吕氏春秋》成书前后秦地湖泊之首的方位，很可能在东汉中期前后，这个湖泊完全湮灭了。"当时北方湖泊的缩小和消失，绝不仅此一例"。秦汉时期如"阳华薮"这种湖泊迅速消失的情形，尤其引人注目。"湖泊池沼淤湮的一个重要原因，当是严重的水土流失"。[②]实际上，除水土流失严重，入湖径流含沙量大，泥沙淤积导致湖泊淤塞外，还有一个重要原因，就是气候的变化。《国语·周语》中记述的河湖应该不会涉及内流区，主要指外流区。对于外流区而言，河湖的补给方式主要是大气降水。也就是说，秦至东汉时期我国北方部分湖泊的湮灭，很可能是气候相对干旱，补给水源不足，加之泥沙淤积所造成的。到魏晋南北朝时期气候发生了变化。5 世纪初，赫连勃勃北游契吴山（今陕西省靖边县统万城遗址

---

① 张德二：《我国历史时期以来降尘的天气气候学初步分析》，《中国科学（B 辑）》1984 年第 3 期。

② 林甘泉主编：《中国经济通史——秦汉经济卷（上）》，北京：经济日报出版社，1999 年，第 8-9 页。

以北）时赞叹："美哉！斯阜，临广泽而带清流，吾行地多矣，未有若斯之美。"[1]与今天靖边县统万城遗址一带的环境状况相比，这句赞美之词名不副实，所以引起学术界争议。仅就这句话表面意思来理解，魏晋南北朝时期统万城一带气候要比今天湿润一些。可见历史文献记录对秦汉以来气候由干旱→相对湿润→干旱这样一个变化过程也有所反映。

5．小结

从以上研究中可归纳出，东汉以前中国北方西自新疆、东至关中，气候相对干旱；东汉至魏晋南北朝时期，西至新疆和河西走廊、东至陕北鄂尔多斯高原南部气候相对湿润；隋唐以来以上区域又转变为相对干旱。这与依据古城遗址推断出的陇东盆地比较湿润的气候具有良好的对应关系，说明本节关于历史时期陇东地区的气候干湿变化的研究具有较高的可信度。

四、降雨径流的变化对董志塬地貌演变的影响

历史时期董志塬地貌的演变受降雨径流变化的影响很明显。通过对董志塬沟道长度>3 000 m的34个沟谷流域的塬面现代侵蚀沟发育年限做统计，发现除石桥沟现代侵蚀沟的发育年限大于1 500年之外，其他流域均小于1 500年，而且多数是在近1 000年来形成的。

公元前50—650年，特别是200—550年，董志塬四周大部分古代侵蚀沟沟头附近现代侵蚀沟开始发育，这与同时期降水量有所增

---

[1]（北魏）崔鸿撰：《十六国春秋》，（清）汤球辑，广雅书局丛书本。

加，流域内径流量明显增大的趋势基本一致。随着时间的推移，现代侵蚀沟沟头向塬面发展，塬面的破碎趋势逐渐加剧，逐渐形成了今天的地貌格局。

虽然隋唐以后降水量较前期有所减少，但并不能说现代侵蚀沟发育会停止。因为就目前沟头前进的发生发展情况看，多雨时期沟道部位形成的沟头多为跌水，为侵蚀特别活跃的地点。只要条件适宜，就会继续发展，这已为相关研究所证实：流域输沙量的大小，不仅与降水量、径流量有关，还与暴雨发生情况相关。

2002年是三门峡站自1919年建站75年以来天然年径流量仅次于1928年的特枯水年，即使在这种情况下，局部地区发生大暴雨仍可以在本地区形成历史特大洪水和大的输沙量，这也说明暴雨强度对径流和沙量的影响程度。2002年7月河龙区间支流清涧河发生特大暴雨，子长站24小时降雨量达274.4 mm，较同时段实测最大的1977年165.7 mm大了108.7 mm，暴雨中心瓷窑总降水量高达463 mm，子长站两次降雨过程最大1小时降雨量分别达到78、85 mm。7月4日，子长站洪峰流量为4 670 m³/s，是自1958年建站以来的最大值。延川站7月4日洪峰流量达5 500 m³/s，是自1953年建站以来实测第二大洪水。因此，清涧河2002年径流量和输沙量都较大，分别达到2.39亿 m³、1.08亿 t，是水土保持治理后1970—1997年均值的1.7倍和3.4倍。[①]

因此，魏晋南北朝时期的多雨气候，是诱发董志塬地区现代侵

① 史辅成：《河口镇—龙门区间降雨径流关系变化的原因》，《人民黄河》2006年第4期。

蚀沟快速发育的重要因素。之后虽然降雨径流有所减少，却不意味着暴雨会减少。只要有暴雨存在，在多雨时期侵蚀结果的基础上，现代侵蚀沟会进一步快速发展。

谭其骧先生在《何以黄河在东汉以后会出现一个长期安流的局面》一文中指出，从汉文帝十二年（前 168 年）到王莽始建国三年（11 年）的 180 年间黄河决溢了 10 次，其中 5 次都导致了改道；东汉至隋 500 多年间见于记载的河溢只有 4 次；而唐代将近 300 年黄河决溢 10 次，冲毁城池 1 次，改道 1 次。他认为东汉至隋 500 年间黄河安流的根本原因是黄土高原地区"以务农为本的汉族人口的急剧衰退和以畜牧为生的羌胡人口的迅速滋长，反映在土地利用上，当然是耕地的相应缩减，牧场的相应扩展。黄河中游土地利用情况的这一改变，结果就使下游的洪水量和泥沙量大为减少"。[①] 除此之外，从黄河决溢次数之由多→少→多与黄土高原地区气候由干旱→相对湿润→干旱变化节奏一致可以看出，还应该与历史气候演变有关系。具体分析如下。

西汉时期：①气候相对干旱、农垦活动增加，天然植被遭受毁坏。②因地表植被减少，小流域汇流速度加快，径流洪峰流量较前期有所增大。③现代侵蚀沟开始切入包括董志塬在内的大多数黄土塬面上，这种厚层黄土在侵蚀初期土壤流失量非常大。所以黄河下游就更容易发生决溢事件。

东汉至隋唐 500 多年间：①相对湿润的气候和以畜牧为主的土地利用方式均有利于天然植被生长。②相对良好的植被能够削弱地表径流峰值，延缓峰值出现时间，同时又会使汛期历时加长。③相

---

① 谭其骧：《何以黄河在东汉以后会出现一个长期安流的局面》，《学术月刊》1962 年第 2 期。

对湿润的气候导致有长流水沟谷的数量有所增加。④发生于现代侵蚀沟的土壤侵蚀量不见得会减少。⑤这一时期有更多现代侵蚀沟伸入塬面，黄土高原的总侵蚀量不仅不会减小反而有所增大。⑥与西汉时期相比，相对湿润的气候虽然导致来自黄土高原的地表径流量增大、黄河的洪峰值有所减小，但径流总量增大了，黄河含沙量不见得会增加甚至会有所减小。⑦黄河下游因径流量的增大携沙能力也会相应增大，沉积量反而会有所减轻。是故黄河在这 500 多年相对安稳。

隋唐时期：①在气候变干背景下，黄河流域径流总量会有所下降。②社会安定，农耕活动再度盛行，天然植被覆盖度因此有所降低。③小流域汇流速度增加，洪峰流量再次变大。④随着深入塬面的现代侵蚀沟进一步增多，黄土高原总侵蚀量更大。⑤黄土高原侵蚀量增大、黄河径流总量减少导致黄河的含沙量进一步增大。⑥气候变干导致黄河径流总量变小，径流总量变小则携沙能力进一步降低。诸多因素叠加影响之下，黄河下游决溢次数就再次增多了。

五、结论

近 2 000 年来，陇东黄土高原的气候经历了由干旱到相对湿润，再由相对湿润到干旱的变化，董志塬的地貌演变特别是现代侵蚀沟发育深受其影响。魏晋南北朝时期的多雨气候与董志塬现代侵蚀沟开始快速发育的时间具有良好的对应关系，充分说明降雨径流是黄土高原地貌演变的主导因素之一。隋唐以后，气候虽然有干旱化趋势，但多暴雨气候仍然是现代侵蚀沟沟头发育较快的原因之一，并因此造成董志塬塬面逐渐破碎。

第四节　自然植被变迁及其影响（一）
——以阴阳坡现代侵蚀沟为例

一般认为，植被覆盖度与土壤侵蚀成负相关。水土保持工作中广泛采用的生物措施以及当前国家推行的"退耕还林（草）""封山禁牧"等政策，当基于此认识。大量实测数据和研究结果也证明了这一点。当林草植被良好时，树冠可截留雨水，枯枝落叶和腐殖质层可延缓地表径流下泻速度，增加地表水的下渗量，使流域年平均地表径流量和泥沙量减少。[①]甘肃省庆阳市监测结果表明，当地多年平均径流系数，高原沟壑区为 0.05～0.09，丘陵沟壑区为 0.04～0.05，子午岭林区则为 0.03[②]；多年平均侵蚀模数，高原沟壑区为 5 000～7 000 t/（km^2·年），丘陵沟壑区为 7 000～9 000 t/（km^2·年），子午岭林区则为 130 t/（km^2·年），林区毗邻部为 2 000 t/（km^2·年）。[③]林区明显偏小。陕北丘陵沟壑区侵蚀模数达到了 10 000～30 000 t/（km^2·年），而同样属于丘陵沟壑地貌的子午岭、崂山、黄龙山林区，侵蚀模数仅为 100～500 t/（km^2·年）。[④]相差极其悬殊。故植被覆盖

---

① 黄河水利委员会西峰水土保持科学试验站：《水土保持试验研究成果汇编（1952—1980）·子午岭林区森林对径流泥沙的影响》，内部资料，1982 年，第 183-207 页；方雨松主编：《庆阳地区：水资源调查评价及水利水保区划成果》，内部资料，2003 年，第 31-32 页。

② 方雨松主编：《庆阳地区：水资源调查评价及水利水保区划成果》，内部资料，2003 年，第 31 页。

③ 方雨松主编：《庆阳地区：水资源调查评价及水利水保区划成果》，内部资料，2003 年，第 46 页。

④ 朱士光、张利民：《绿化黄土高原是治理黄河之本》，《中国林业》1980 年第 8 期。

率越大，径流系数和侵蚀模数越小，反之则越大。①但以上针对不同区域的监测结果是在降水、地形、土壤、植被、人口密度、农业生产方式、民居和道路等诸多要素共同作用下形成的，植被覆盖度只是其中的一个影响因素。实际监测过程中未能将各因素的影响度进行区分，用作对比时无法区别每个因素所发挥的作用，导致对比结果出现偏差。

笔者在陇东黄土高原考察时发现，阴阳坡土壤侵蚀与植被覆盖度之间的负相关并没有之前人们所认知的那么紧密。因为阴阳坡地貌上的明显差异，是阴阳坡地表温度、土壤水分蒸发量和含水量、土壤理化性质、植被类型和密度、土地利用方式和耕作方式与布局存在的坡向差异对土壤侵蚀的共同影响所导致的。②所以，植被与土壤侵蚀、地貌演变之间的关系还需要进一步探讨。

一、普遍存在的阴坡和阳坡地貌差异现象

按照中国传统，"南向坡作为标准的阳坡，北向坡作为标准的阴坡。"③阴坡地貌和阳坡地貌普遍存在的差异在黄土高原地区表现得

---

① 朱显谟、任美锷：《中国黄土高原的形成过程与整治对策》，《中国历史地理论丛》1991年第4辑；文焕然、何业恒：《历史时期"三北"防护林区的森林》，《河南师大学报》1980年第1期；侯仁之：《从人类活动的遗迹探索宁夏河东沙区的变迁》，《科学通报》1964年第3期；史念海：《黄土高原历史地理研究》，郑州：黄河水利出版社，2001年；朱士光：《黄土高原地区环境变迁及其治理》，郑州：黄河水利出版社，1999年；《子午岭林区森林对径流泥沙的影响》，黄河水利委员会西峰水土保持科学试验站：《水土保持试验研究成果汇编（1952—1980）》，内部资料，1982年，第183-207页。
② 陈浩、方海燕、蔡强国等：《黄土丘陵沟壑区沟谷侵蚀演化的坡向差异——以晋西王家沟小流域为例》，《资源科学》2006年第28卷第5期；李孝地：《黄土高原不同坡向土壤侵蚀分析》，《中国水土保持》1988年第8期。
③ 林超、李昌文：《阴阳坡在山地地理研究中的意义》，《地理学报》1985年第40卷第1期。

尤为显著，图版 6-3 所示正是这样。泾河的一级支流洪河与二级支流茹河都发源于宁夏回族自治区东南边隅，六盘山脉东侧。大致流向都是西北—东南。两条河流之间的分水岭是洪河东北岸、茹河西南岸的郭家塬、张家崾岘、敖背梁、毛家塬、申家塬、屯子塬等一系列黄土塬和黄土梁。以现在地形地貌观察，分水岭地形原本是连在一起的黄土塬。但在两个河谷相距较近、黄土塬比较狭窄的区域，强烈的侵蚀作用导致塬面逐渐演变为崎岖不平的山梁，俯瞰这道分水岭就像是一系列黄土塬和黄土梁串到一起的糖葫芦。分水岭东北侧（阴坡或半阴坡）各级支流沟谷的流域面积、沟道长度等指标均大于西南侧（阳坡或半阳坡）。洪河流域西南岸（阴坡或半阴坡）各级支流沟谷的流域面积、沟道长度，均较阳坡或半阳坡（东北岸）大一倍有余。茹河流域、黑河流域、泾河干流分水岭的阴坡和阳坡，也存在类似情况。而且，分水岭和河道越是平直，这种现象越是明显。阴阳坡地貌上的差异不仅仅存在于陇东，在陕北高原和山西高原也存在。

林超等通过研究陕北韭园沟发现：

由于阴阳坡自然特点的差异，使阳坡的坡面侵蚀剥蚀作用比阴坡强烈得多。我们在观察到，阳坡不仅面蚀比阴坡严重，而且沟蚀也多。坡面上常出现许多纹沟、细沟、急切沟和悬切沟。……阴阳坡侵蚀剥蚀的强度不同，使阳坡变得陡短，阴坡相对来说坡面较长和坡度平缓，最终造成山坡不对称，甚至形成"气候单面山"。这种现象在东西走向的沟谷两坡也有表现，造成谷坡不对称。[①]

---

① 林超、李昌文：《阴阳坡在山地地理研究中的意义》，《地理学报》1985 年第 40 卷第 1 期。

陈浩等基于晋西王家沟流域的调查研究发现："阴阳坡地貌侵蚀演化程度存在着明显的差异，阳坡地貌侵蚀演化程度要高于阴坡"。从坡向看，"南偏西坡的沟谷发育速率最大，东偏南坡次之；以下依次为北偏东、东和南坡，而西坡的沟谷发育强度最弱。这些关系揭示出沟道流域沟谷侵蚀演化的坡向差异"。①

针对黄土高原阴阳坡的研究成果并不是很多。就目前能检索到的中文文献看，基本上认为阴阳坡地貌差异是阳坡土壤侵蚀量大于阴坡造成的。

阴阳坡形态表现出显著的不对称性。阳坡林地面积小、覆盖度低，土壤颗粒粗而干燥，降雨时径流系数大，土壤侵蚀强烈，每次暴雨都有大量泥沙堆积在坡脚，加上人类活动的影响，导致了河槽明显向阴坡方向移动。

……阳坡谷坡变缓，整个坡面呈凹形，仅在峁边线以下形成陡崖。阴坡热量输入少，限制了一些自然地理过程，地貌活动缓慢，只是因河流的不对称侧蚀在坡脚形成陡坎，多发生重力侵蚀。

……长武县鸦儿沟 1983 年汛期沟岸滑（崩）塌 52 起，阴坡有 46 起，占总数的 88.5%。我们对施家沟的支沟数、最长支沟长度、沟谷密度等因子的坡向差异作了统计分析，对某些梁峁地段的细沟情况作了调查，进一步证明了阳坡侵蚀强度和侵蚀速度远高于阴坡。②

---

① 陈浩、方海燕、蔡强国等：《黄土丘陵沟壑区沟谷侵蚀演化的坡向差异——以晋西王家沟小流域为例》，《资源科学》2006 年第 28 卷第 5 期。
② 李孝地：《黄土高原不同坡向土壤侵蚀分析》，《中国水土保持》1988 年第 8 期。

李孝地先生揭示的现象与其得出的结论有些矛盾。既然河槽向阴坡方向移动，阴坡坡脚更易受到侵蚀，坡长应该更小，为什么实际情况刚好相反？52 起滑坡中有 46 起发生于阴坡，怎么能断定阳坡的侵蚀速度远高于阴坡？

无论如何，上述研究至少得出两点结论：①阳坡比较短而陡峻、阴坡比较长且平缓，是黄土高原的普遍现象；②阳坡比较短而陡峻、阴坡比较长且平缓说明了出现此类现象是因为阳坡侵蚀剥蚀作用比阴坡强。但这个结论有些牵强。

一般来说，土壤侵蚀与侵蚀地貌发育发展是一个事件的两种不同表达，土壤侵蚀是侵蚀地貌发育发展的原因，侵蚀地貌是土壤侵蚀的结果。确定侵蚀作用强弱的最重要指标是土壤侵蚀量，但上述研究成果都没有能提供土壤侵蚀量值。

虽然获取特定流域总侵蚀量数据有一定难度，但南小河沟的实测数据显示，流域径流的 67.4% 来自塬区，8.6% 来自坡面，24% 来自现代侵蚀沟；泥沙的 86.3% 来自现代侵蚀沟，12.3% 来自塬区，1.4% 来自坡面。[1]说明黄土高原土壤侵蚀最严重的地形部位是沟道[2]，现代侵蚀沟土壤侵蚀量的变化趋势足可代表整个流域的变化趋势，研究阴阳坡土壤侵蚀及其地貌演变情况可用现代侵蚀沟数据来代替。

① 《陇东黄土高原沟壑区南小河沟水土流失与治理》，黄河水利委员会西峰水土保持科学试验站：《水土保持试验研究成果汇编（1952—1980）》，内部资料，1982 年，第 144-164 页。
② 高海东、李占斌、李鹏等：《黄土高原暴雨产沙路径及防控——基于无定河流域 2017-07-26 暴雨认识》，《中国水土保持科学》2018 年第 16 卷第 4 期；齐矗华：《黄土高原侵蚀地貌与水土流失关系》，西安：陕西人民教育出版社，1993 年，第 58-92 页；蔡强国、王贵平、陈永宗：《黄土高原小流域侵蚀产沙过程与模拟》，北京：科学出版社，1998 年，第 135-148 页。

故以下综合考虑区域尺度大小、地形特征、分水线、坡向等因素，在中国黄土高原的陇东、陕北、山西高原典型区域选择样本，利用高分辨率卫星影像数据，测算研究区现代侵蚀沟空腔体积，对比相关流域阴阳坡土壤侵蚀量大小。

二、阴阳坡现代侵蚀沟侵蚀量测算

数据测算时需要注意：①测算区域尺度必须要达到黄河的四级、五级甚至三级支流，测算结果才会更可靠。因为研究区域尺度过小会使坡向界定比较困难。例如，阴坡或半阴坡上发育出的向阳山坡与真正的阳坡有区别，如果将其看作阳坡则会影响研判结果；如果看作阴坡却与其坡向不符。②有大型滑坡之处会有两个甚至更多沟沿线，鉴于滑坡时间难以确定，所以要尽量避免测量发生过滑坡的地点。③现代侵蚀沟形态多不规则，平直沟沿线比较少，为减小误差，应尽可能多点测量，再求取平均值。④沟谷深度是根据相对高差得出的，对于纵比降相对较大的沟段，这个方法得出的数值会有一定误差。⑤深度在 1 m 以上的冲沟纳入现代侵蚀沟范畴进行测算；深度小于 1 m 者不纳入统计范围。

1. 陇东高原样本区

（1）样本区概况

样本区位于甘肃省镇原县、陇东高原中部的高原沟壑区（图版6-3）。属温带大陆性季风气候，年均降水量约 500 mm，其中 7 月、8 月、9 月三个月降水量约占全年降水量的 70%。[①]数据采集地为泾

---

① 赵红岩、张旭东、王有恒等：《陇东黄土高原气候变化及对水资源的影响》，《干旱地区农业研究》2011 年第 6 期。

河一级支流洪河和二级支流茹河之间的分水岭，长度约 21.4 km，涉及现代侵蚀沟 400 多道且多是黄河四级或五级支流。茹河和洪河两个流域的流域面积、河道长度、河流走向等接近，特别是样本区茹河河谷与洪河河谷直线距离为 3.55～6.25 km，间隔不大，分水岭两侧阴阳坡的降水量、黄土岩性、相对高差等相关要素差异小，具有可比性。样本区顶部多为山梁，分水线容易确定。随着溯源侵蚀发展，分水线会有明显位移，便于对比。分水岭呈西北—东南走向，比较平直。样本数量足以说明问题。

（2）测算方法及数据分析

结合等高线地图在高分辨率卫星影像图上测算阴阳坡现代侵蚀沟空腔体积。测算结果统计如表 6-6、表 6-7 所示。

汇总表 6-6 和表 6-7，得出表 6-8。

统计结果显示：①阳坡（洪河东北岸）流域面积 51.64 km^2，占 42.7%；阴坡（茹河西南岸）流域面积 69.41 km^2，占 57.3%；阴坡是阳坡的 1.34 倍。阳坡现代侵蚀沟空腔体积 1.61×10^8 m^3，占 42.82%；阴坡现代侵蚀沟空腔体积 2.15×10^8 m^3，占 57.18%；阴坡也是阳坡的 1.34 倍。②从现代侵蚀沟长度看，阳坡（洪河东北岸）除路家沟为 7 218 m，其余一级支流长度均小于 3 000 m。而阴坡（茹河西南岸）有 5 条现代侵蚀沟的沟谷长度大于 3 000 m。从支毛沟数量看，阳坡（洪河东北岸）的总数比阴坡（茹河西南岸）少 71 条，≥500 m 的支毛沟比阴坡（茹河西南岸）少 14 条。从分水岭两侧现代侵蚀沟的深度看，阳坡为 2～77 m，阴坡则为 1～108 m，阴坡（茹河西南岸）的沟谷深度略大于阳坡（洪河东北岸）。

表6-6 茹河与洪河分水线西南侧（阳坡）部分现代侵蚀沟发育情况统计

沟名	11	路家沟	豹沟	12	罗沟	13	安大庄沟	14	阳眦沟	靠背沟	15
主干沟长/m	2 699	7 218	1 231	2 090	2 907	2 131	1 326.4	963	2 333	2 417	672
主干沟深/m	4~25	2.6~29	6~17	3~50	5~31	4~23	6~23	3~21	6~13	4~27	5~12
现代侵蚀沟空腔体积/m³	3.14×10⁶	3.80×10⁷	6.36×10⁵	5.16×10⁶	1.47×10⁷	4.62×10⁶	3.95×10⁶	6.52×10⁵	1.54×10⁶	3.32×10⁶	3.29×10⁵
支毛沟数量/个	11	36	0	4	9	2	3	2	3	3	0
≥500 m支毛沟数量/个	1	15	0	0	3	0	0	0	2	2	0

沟名	2	16	4	17	18	秦家沟	上安沟	7	19	20	9
主干沟长/m	1 880	1 592	1 679	1 343	466	1 603	1 455	1 977	1 944	1 175	2 272
主干沟深/m	8~64	2~23	6~32	2~22	2~7	5~28	5~29	7~25	3~23	6~20	6~77
现代侵蚀沟空腔体积/m³	1.39×10⁷	1.90×10⁶	3.33×10⁶	1.97×10⁶	7.69×10⁴	2.20×10⁶	1.30×10⁶	6.77×10⁶	1.90×10⁶	9.48×10⁵	1.42×10⁷
支毛沟数量/个	9	3	4	2	0	6	6	7	4	0	14
≥500 m支毛沟数量/个	0	0	0	1	0	0	1	2	0	0	1

沟名＼分类	21	下沟	22	郝家沟	23	荀家沟	24	沟芦沟	合计
主干沟长/m	830	2 289	525	2 421	1 743	2 489	1 824	2 937	—
主干沟深/m	2～20	2～44	2～9	4～37	5～15	3～22	9～30	5～49	—
现代侵蚀沟空腔体积/m³	$4.32×10^5$	$4.87×10^6$	$1.21×10^5$	$1.05×10^7$	$2.35×10^6$	$4.44×10^6$	$2.19×10^6$	$1.16×10^7$	$1.61×10^8$
支毛沟数量/个	0	12	0	6	5	10	3	10	174
≥500 m 支毛沟数量/个	0	1	0	2	0	3	0	1	33

表6-7　茹河与洪河分水线东北侧（阴坡）部分现代侵蚀沟发育情况统计

沟名＼分类	25	兰沟	26	27	贺家沟	32	28	佛谷沟	颉家沟	29	路家坡沟
主干沟长/m	898	2 672	1 070	891	3 230	315	590	1 679	3 177	853	3 270.5
主干沟深/m	2～17	4～49	4～36	2～22	3～70	2～12	9～14	1～32	5～43	3～17	3～68
现代侵蚀沟空腔体积/m³	$1.21×10^6$	$1.52×10^7$	$2.05×10^6$	$6.97×10^6$	$1.97×10^7$	$1.87×10^6$	$6.86×10^5$	$2.0×10^6$	$1.42×10^7$	$8.46×10^5$	$3.18×10^7$
支毛沟数量/个	5	15	1	3	32	1	3	6	26	5	24
≥500 m 支毛沟数量/个	0	6	0	0	5	0	0	1	7	0	7

说明：茹河与洪河分水线两侧的许多沟谷没有名称，为了方便，对其统一编号。表中沟名一栏的数字就是编号。

沟名 分类	33	申家沟	34	1	3	35	40	5	36	6	30
主干沟长/m	702	2 144	639	2 320	2 405.9	684.4	506	2 333	668	2 592	2 845
主干沟深/m	4~13	2~108	4~16	3~40	2~30	2~9	1~2	1~30	3~4	3~34	3~34
现代侵蚀沟空腔体积/m³	3.04×10^5	2.03×10^7	4.57×10^5	1.36×10^7	6.9×10^6	1.86×10^5	3.11×10^4	7.24×10^6	1.56×10^5	1.72×10^7	1.01×10^7
支毛沟数量/个	0	5	1	16	17	0	1	18	0	18	16
≥500 m 支毛沟数量/个	0	2	0	3	3	0	0	3	0	4	4

沟名 分类	37	38	39	40	8	10	31	合计
主干沟长/m	2 658	864	649	581	2 831.7	3 332	3 603	—
主干沟深/m	2~41	1~14	3~4	3~4	3~56	2~48	2~38	—
现代侵蚀沟空腔体积/m³	4.09×10^6	5.69×10^5	7.87×10^4	9.39×10^4	1.23×10^7	1.13×10^7	1.40×10^7	2.15×10^8
支毛沟数量/个	4	0	0	1	12	13	21	241
≥500 m 支毛沟数量/个	1	0	0	0	2	0	5	47

表 6-8　茹河与洪河分水线两侧阴阳坡现代侵蚀沟发育情况

	长度≥500 m支毛沟总数/个	长度<500 m支毛沟总数/个	现代侵蚀沟深度/m	阴阳坡集水区面积		阴阳坡现代侵蚀沟侵蚀量	
				流域面积/km²	所占比例/%	空腔体积/m³	比例/%
阴坡（茹河西南岸，分水线东北侧）	47	241	1～108	69.41	57.3	2.15×10^8	57.18
阳坡（洪河东北岸，分水线西南侧）	33	174	2～77	51.64	42.7	1.61×10^8	42.82

2．陕北高原样本区

（1）样本区概况

样本区位于陕西省延安市安塞区施家沟附近、陕北高原黄土丘陵沟壑区（图版6-4）。[1]属中温带大陆性半干旱季风气候，年均降水量约 500 mm，其中 6—9 月降水量约占全年的 71%。因施家沟接近南北走向，坡向不易确定，故选择包括施家沟在内的西川河以南、杜甫川河以北的一段分水岭作为研究对象。阴阳坡上的沟谷多是黄河的三级和四级支流。

（2）测算结果

陕北高原样本区测算结果：阳坡（杜甫川河北岸，分水线南侧）集水区面积 9.62 km²，阴坡（西川河南岸，分水线北侧）则为

---

① 李孝地：《黄土高原不同坡向土壤侵蚀分析》，《中国水土保持》1988 年第 8 期。

21.62 km^2；阴坡集水区面积大约是阳坡的 2.25 倍。阳坡现代侵蚀沟沟谷深度 1～52 m，阴坡为 2～98 m；阳坡明显比阴坡小。阳坡现代侵蚀沟的空腔体积为 5.71×10^7 m^3，而阴坡为 3.12×10^8 m^3；阴坡土壤侵蚀量大约是阳坡 5.46 倍（表 6-9）。

表 6-9　西川河与杜甫川河分水线两侧阴阳坡现代侵蚀沟发育情况

	长度≥500 m 支毛沟总数/个	长度＜500 m 支毛沟总数/个	现代侵蚀沟深度/m	阴阳坡集水区面积		阴阳坡现代侵蚀沟侵蚀量	
				流域面积/km^2	所占比例/%	空腔体积/m^3	所占比例/%
阴坡（西川河南岸，分水线北侧）	34	59	2～98	21.62	69.2	3.12×10^8	84.53
阳坡（杜甫川河北岸，分水线南侧）	14	47	1～52	9.62	30.8	5.71×10^7	15.47

3．山西高原样本区

（1）样本区概况

山西高原丘陵沟壑区的王家沟流域（山西省吕梁市离石区）是北川河一级支流、黄河三级支流，流域面积 9.1 km^2。温带大陆性季风气候，年均降雨量 506.5 mm，汛期降雨量占年降雨量的 80.6%，主要集中在 5—9 月。[1]东西走向，阴坡阳坡分明（图版 6-5），适合

---

[1] 陈浩、方海燕、蔡强国等：《黄土丘陵沟壑区沟谷侵蚀演化的坡向差异——以晋西王家沟小流域为例》，《资源科学》2006 年第 28 卷第 5 期。

作为小流域样本进行研究。

（2）测算结果

山西高原样本区测算结果：王家沟阳坡（北岸）集水区面积为 2.7 km^2，阴坡（南岸）则为 6.4 km^2；阴坡集水区面积是阳坡的 2.37 倍。阳坡现代侵蚀沟深度 1～21 m，阴坡为 1～36 m；阳坡小于阴坡。阳坡现代侵蚀沟空腔体积是 4.32×10^6 m^3，阴坡的是 1.94×10^7 m^3；阴坡是阳坡的 4.49 倍（表 6-10）。

表 6-10　王家沟流域阴阳坡现代侵蚀沟发育情况

	长度≥500 m 支毛沟总数/个	长度<500 m 支毛沟总数/个	现代侵蚀沟深度/m	阴阳坡集水区面积		阴阳坡现代侵蚀沟侵蚀量	
				流域面积/km^2	所占比例/%	空腔体积/m^3	所占比例/%
阴坡（王家沟南岸）	13	17	1～36	6.4	70.3	1.94×10^7	81.8
阳坡（王家沟北岸）	6	5	1～21	2.7	29.7	4.32×10^6	18.2

4．结果讨论

根据陇东、陕北、山西高原样本区阴阳坡集水区面积、现代侵蚀沟的空腔体积等指标的统计结果：①黄土高原地区"谷坡不对称"现象普遍存在。②陇东高原样本区阴坡集水区面积是阳坡的 1.34 倍，其余两个样本区都在 2 倍以上（图 6-4）。陇东高原样本区阴坡现代侵蚀沟空腔体积是阳坡的 1.34 倍，而其他两个样本区分别为 5.46 倍和 4.49 倍（图 6-5）。

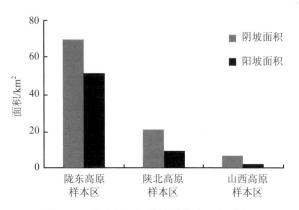

图 6-4　样本区阴阳坡流域集水面积对比

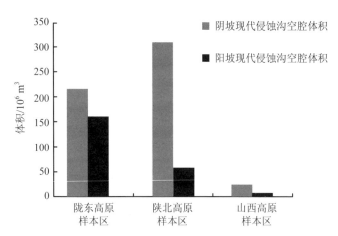

图 6-5　样本区阴阳坡现代侵蚀沟空腔体积对比

因黄土高原地区小流域泥沙主要来源于沟道[①]，根据现代侵蚀沟空腔体积的对比结果可信度较高。我们完全可以说，黄土高原地区阴坡的土壤侵蚀量大于阳坡。这与 Alex 和 Berjak 等在南非得到的结果基本一致。[②]

三、原因分析

一般认为侵蚀量与集水区面积成正相关[③]，因此在分析阴阳坡土壤侵蚀差异成因时必须要考虑影响流域面积发育的相关因素。地转偏向力，新构造运动[④]，降水、地形、植被、岩土性质[⑤]，人

① 《陇东黄土高原沟壑区南小河沟水土流失与治理》，黄河水利委员会西峰水土保持科学试验站：《水土保持试验研究成果汇编（1952—1980）》，内部资料，1982 年，第 144-164 页；高海东、李占斌、李鹏等：《黄土高原暴雨产沙路径及防控——基于无定河流域 2017-07-26 暴雨认识》，《中国水土保持科学》2018 年第 16 卷第 4 期；齐矗华：《黄土高原侵蚀地貌与水土流失关系》，西安：陕西人民教育出版社，1993 年，第 58-92 页；蔡强国、王贵平、陈永宗：《黄土高原小流域侵蚀产沙过程与模拟》，北京：科学出版社，1998 年，第 135-148 页。

② Berjak M，Fincham R，Liggit B，et al. Temporal and Spatial Dimensions of Gully Erosion in Northern Natal South Africa.Proceedings of the Symposium of ISPRS，1986，26（4）；Alex van Breda W. The Distribution of Soil Erosion as a Function of Slope Aspect and Parent Material in Ciskei South Africa. Geo Journal，1991，23（1）.

③ 甘枝茂：《黄土高原地貌与土壤侵蚀研究》，西安：陕西科技出版社，1990 年；汪丽娜、穆兴民、高鹏等：《黄土丘陵区产流输沙量对地貌因子的响应》，《水利学报》2005 年第 8 期；袁宝印、巴特尔、崔久旭：《黄土区沟谷发育与气候变化的关系（以洛川黄土源区为例）》，《地理学报》1987 年第 42 卷第 4 期。

④ 陈永宗、景可、蔡强国：《黄土高原现代侵蚀与治理》，北京：科学出版社，1988 年；景可：《黄土高原的新构造运动对侵蚀影响的研究》，《水土保持通报》1982 年第 2 卷第 6 期；李裕元、王力、邵明安：《新构造运动对黄土高原土壤侵蚀的影响》，《水土保持学报》2001 年第 15 卷第 5 期。

⑤ 张宗祜：《黄土高原土壤侵蚀基本规律》，《第四纪研究》1993 年第 1 期。

类活动①等因素都可能对阴阳坡土壤侵蚀或地貌发育造成影响；土壤温度和水分不仅对土壤侵蚀有直接影响②，而且对植被的影响更大，不容忽视。样本区阴阳坡之间最大距离不超过 20 km，陇东高原样本区阴阳坡之间最小距离更是不足 4 km③，范围都不大，故新构造运动、降水、岩土性质等因素比较相似。尽管如此，相关要素的细微差别也会对土壤侵蚀产生较大影响。

①降水。季风和地形对黄土高原降水影响很大。④除了石质山地，黄土高原其他地区相对高差多在 200 m 以下，如此高差很难形成地形雨。⑤样本区的夏季风既有西南季风也有东南季风，即使能形成地形雨，样本区的阳坡都是迎风坡，降水应更多，土壤水分含量也应更高。实际上，阳坡的土壤水分含量小于阴坡⑥之事实说明阴阳坡降水差别未能造成明显影响。此外，降水量与侵蚀量成正相关⑦，如果阳坡的降水更多，那么阳坡的侵蚀量会更大一些，实际上阳坡的侵蚀量小于

---

① 史念海：《黄土高原历史地理研究》，郑州：黄河水利出版社，2001 年；朱显谟、任美锷：《中国黄土高原的形成过程与整治对策》，《中国历史地理论丛》1991 年第 4 辑；景可、陈永宗：《黄土高原侵蚀环境与侵蚀速率的初步研究》，《地理研究》1983 年第 2 卷第 2 期。

② Marqués M A，Mora E. The Influence of Aspect on Runoff and Soil Loss in a Mediterranean Burnt Forest（Spain）. Catena，1992，19（3-4）；Berjak M，Fincham R，Liggit B，et al. Temporal and Spatial Dimensions of Gully Erosion in Northern Natal South Africa. Proceedings of the Symposium of ISPRS，1986，26（4）.

③ 甘肃地质灾害防治工程勘查设计院：《甘肃省镇原县地质灾害调查与区划报告（项目任务书）》，2002 年，第 1-15 页。

④ 彭梅香、谢莉、陈静等：《黄河中游泾渭洛河近 50 年降水分布特征及其变化特点分析》，《陕西气象》2003 年第 1 期；杨建平、丁永建、陈仁升等：《近 50 年中国干湿气候界线波动及其成因初探》，《气象学报》2003 年第 3 期。

⑤ 李孝地：《黄土高原不同坡向土壤侵蚀分析》，《中国水土保持》1988 年第 8 期。

⑥ 林超、李昌文：《阴阳坡在山地地理研究中的意义》，《地理学报》1985 年第 40 卷第 1 期；李孝地：《黄土高原不同坡向土壤侵蚀分析》，《中国水土保持》1988 年第 8 期。

⑦ 沈玉芳、高明霞、吴永红：《黄土高原不同植被类型与降水因子对土壤侵蚀的影响研究》，《水土保持研究》2003 年第 10 卷第 2 期。

阴坡。进一步表明降水对黄土高原阴阳坡土壤侵蚀差异的影响很小。

②黄土性质。有研究认为，在风化层较薄、基底岩层质地相对致密的地区，阴坡风化层厚度较大，入渗率较高，土壤侵蚀也更为严重。[①]但因研究区均位于五寨、绥德、志丹、环县一线以南，属典型黄土带[②]，阴阳坡黄土性质相似，抗蚀性能接近，风化层厚度差别可以忽略。岩土性质不能对阴阳坡土壤侵蚀差别造成显著影响。

③人类活动。人类活动会对土壤侵蚀造成较大影响，以近 2 000 年的影响最为显著。[③]限于资料我们无法确知历史早期研究区人类活动情况，仅就目前阴坡和阳坡的人口密度、农业生产方式、村庄道路等要素来看，差别并不明显。人类活动对阴阳坡土壤侵蚀的差异影响不会太大。

④新构造运动和地转偏向力。第四纪以来黄土高原内部处于间歇性、大面积不均衡抬升运动之中，六盘山是抬升中心，抬升速度最快。六盘山以东地区的隆起中心在保德一带。白于山地区抬升幅度也比较大。[④]不均衡抬升会使河（沟）水由抬升幅度较大的一侧向另一侧处流（摆）动，造成河流（沟谷）两岸阴阳坡面积发生变化。北半球地转偏向力向右偏，也会造成河流摆动，进而导致黄土高原

①　Berjak M，Fincham R，Liggit B，et al. Temporal and Spatial Dimensions of Gully Erosion in Northern Natal South Africa. Proceedings of the Symposium of ISPRS，1986，26（4）.

②　刘东生等：《黄河中游黄土》，北京：科学出版社，1964 年，第 181-186 页。

③　陈永宗、景可、蔡强国：《黄土高原现代侵蚀与治理》，北京：科学出版社，1988 年；史念海：《黄土高原历史地理研究》，郑州：黄河水利出版社，2001 年。

④　刘东生等：《黄河中游黄土》，北京：科学出版社，1964 年，第 181-186 页；景可：《黄土高原的新构造运动对侵蚀影响的研究》，《水土保持通报》1982 年第 2 卷第 6 期；邓起东、程少平、闵伟等：《鄂尔多斯块体新生代构造活动和动力学的探讨》，《地质力学学报》1999 年第 3 期；朱照宇：《黄土高原及邻区新构造与新构造运动》，《第四纪研究》1992 年第 3 期。

地区河流（沟谷）右岸的集水面积变小。

陇东高原的茹河和洪河基本为西北—东南流向，地转偏向力作用于西南岸（阴坡）；而新构造运动却使其西南岸（阴坡一侧）的抬升幅度略大，导致茹河和洪河向东北侧（阳坡一侧）摆动，引起阳坡坡脚后退。两种方向相反的外营力相互抵消的结果是阴坡面积大、坡度平缓，阳坡则面积小、坡度陡峻，但局部地段有所不同。

山西高原的王家沟流域主干沟谷水自东向西流，地转偏向力作用于其北岸（阳坡）。新构造运动则使其北岸抬升幅度略大，河水向南摆动冲刷南岸（阴坡）。两种方向相反的外营力相互抵消的结果是阴坡面积大、坡度平缓，阳坡则面积小、坡度陡峻。

陕北高原样本区及其附近地区地转偏向力与新构造运动的作用方向一致，都促使河水更多冲刷其南岸。反映在地貌上，应该是阴坡（南岸）更陡峻、面积更小，阳坡（北岸）更平缓、面积更大。但实际情况还是与陇东高原样本区一样，除局部地段外，大部分地区还是阴坡更平缓、面积更大。

研究区的实际地貌形态和土壤侵蚀情况表明，新构造运动和地转偏向力不是造成阴阳坡土壤侵蚀差异的主要影响因素。特别是陕北高原的施家沟附近地区，即使地转偏向力和新构造运动的作用都有利于阳坡发育，但阴坡集水面积还是达到了阳坡的 2.25 倍，阴坡侵蚀量更是阳坡的 5.46 倍，是三个样本区中差别最大的。

⑤土壤温度和土壤水分。阴坡土壤温度偏低、土壤水分含量偏高具有普遍性。[1]土壤水分含量高会增加山体重量，降低岩土层之间

---

[1] Famiglietti J S，Rudnicki J W，Rodell M. Variability in Surface Moisture Content Along a Hillslope Transect：Rattlesnake Hill Texas. Journal of Hydrology（Amsterdam），1998，210 (1-4)；Western A，Blöschl G，Bloschl G. On the Spatial Scaling of Soil Moisture. Journal of Hydrology，1999，217（3-4）.

的摩擦力，诱发滑坡等重力侵蚀。[①]美国南达科他州 White River Badlands 阴坡土壤平均含水率比阳坡高 15%左右，阴坡的重力侵蚀占比 85%，泥石流也更为频繁。[②]但 Weaver 等发现，在南非 Ciskei 地区如果不计入森林影响，非林区阴阳坡的土壤侵蚀无明显差别。[③]

　　黄土高原同纬度阳坡的地表土温比阴坡高 0～7℃[④]，土壤水分含量比阴坡偏低 0.77%～5.85%[⑤]，对土壤侵蚀造成了明显影响。一是阴坡土壤水分偏高会导致土体的抗剪强度变小[⑥]，诱发更多重力侵蚀。陕西长武县鸦儿沟流域 1983 年汛期沟岸滑（崩）塌 52 起，其中阴坡有 46 起，占总数的 88.5%。[⑦]山西省吕梁市离石区王家沟流域阴坡的重力侵蚀大于 50%（表 6-11）。[⑧]但重力侵蚀与土壤水分的相关系数不好确定。因黄土高原阴阳坡土壤水分含量的差值平均在

---

① Hack J T，Goodlett J C. Geomorphology and Forest Ecology of A Mountain Region in the Central Appalachians United States Geological Survey Professional Paper，1960；Beaty C B. Asymmetry of Stream Patterns and Topography in the Bitterroot Range Montana. Journal of Geology，1963，70.

② Berjak M，Fincham R，Liggit B，et al. Temporal and Spatial Dimensions of Gully Erosion in Northern Natal South Africa. Proceedings of the Symposium of ISPRS，1986，26（4）.

③ Churchill R R. Aspect-induced differences in hillslope processes. Earth Surface Processes and Landforms，1982，7（2）.

④ 林超、李昌文：《阴阳坡在山地地理研究中的意义》，《地理学报》1985 年第 40 卷第 1 期；李孝地：《黄土高原不同坡向土壤侵蚀分析》，《中国水土保持》1988 年第 8 期。

⑤ 马祥华、白文娟、焦菊英等：《黄土丘陵沟壑区退耕地植被恢复中的土壤水分变化研究》，《水土保持通报》2004 年第 24 卷第 5 期；王孟本、李洪建：《林分立地和林种对土壤水分的影响》，《水土保持学报》2001 年第 15 卷第 6 期；安文明、梁海斌、王聪等：《黄土高原阴/阳坡向林草土壤水分随退耕年限的变化特征》，《生态学报》2017 年第 37 卷第 18 期。

⑥ 鲁克新、李占斌、邹兵华等：《黄土高原小流域坡沟系统降雨型滑坡侵蚀特征》，《自然灾害学报》2009 年第 4 期。

⑦ 李孝地：《黄土高原不同坡向土壤侵蚀分析》，《中国水土保持》1988 年第 8 期。

⑧ 陈浩、方海燕、蔡强国等：《黄土丘陵沟壑区沟谷侵蚀演化的坡向差异——以晋西王家沟小流域为例》，《资源科学》2006 年第 28 卷第 5 期。

2.4%左右[1]，远不及美国南达科他州 White River Badlands 地区的差值大[2]，对土壤侵蚀的影响力也就不及后者明显。加之阴坡植被覆盖度偏高[3]，土壤水分含量会随其生物量的增加而减少。[4]因此黄土高原地区阴阳坡土壤水分差别对土壤侵蚀的影响不好定论。二是晚秋、冬季和早春季节，阴坡土壤温度偏低、土壤水分含量偏高，冻融作用相对活跃，导致地表土壤疏松，侵蚀会更加严重。但冻融过程与阴阳坡发育及其土壤侵蚀的相关系数有待进一步研究。

---

[1] 马祥华、白文娟、焦菊英等：《黄土丘陵沟壑区退耕地植被恢复中的土壤水分变化研究》，《水土保持通报》2004 年第 24 卷第 5 期；王孟本、李洪建：《林分立地和林种对土壤水分的影响》，《水土保持学报》2001 年第 15 卷第 6 期；安文明、梁海斌、王聪等：《黄土高原阴/阳坡向林草土壤水分随退耕年限的变化特征》，《生态学报》2017 年第 37 卷第 18 期。

[2] Berjak M，Fincham R，Liggit B，et al. Temporal and Spatial Dimensions of Gully Erosion in Northern Natal South Africa .Proceedings of the Symposium of ISPRS，1986，26（4）.

[3] 陈浩、方海燕、蔡强国等：《黄土丘陵沟壑区沟谷侵蚀演化的坡向差异——以晋西王家沟小流域为例》，《资源科学》2006 年第 28 卷第 5 期；林超、李昌文：《阴阳坡在山地地理研究中的意义》，《地理学报》1985 年第 40 卷第 1 期；李孝地：《黄土高原不同坡向土壤侵蚀分析》，《中国水土保持》1988 年第 8 期；Marqués M A，Mora E. The influence of Aspect on Runoff and Soil Loss in a Mediterranean Burnt Forest（Spain）. Catena，1992，19（3-4）；Berjak M，Fincham R，Liggit B，et al. Temporal and Spatial Dimensions of Gully Erosion in Northern Natal South Africa. Proceedings of the Symposium of ISPRS，1986，26（4）；Alexvan Breda W. The Distribution of Soil Erosion as a Function of Slope Aspect and Parent Material in Ciskei South Africa. Geo Journal，1991，23（1）；Churchill R R. Aspect-induced Differences in Hillslope Processes . Earth Surface Processes and Landforms，1982，7（2）.

[4] 马祥华、白文娟、焦菊英等：《黄土丘陵沟壑区退耕地植被恢复中的土壤水分变化研究》，《水土保持通报》2004 年第 24 卷第 5 期；王孟本、李洪建：《林分立地和林种对土壤水分的影响》，《水土保持学报》2001 年第 15 卷第 6 期。

表6-11　王家沟流域阴阳坡不同类型重力侵蚀的发生频率

	滑塌	坍塌	崩塌	滑坡	泻溜	注：①根据朱同新《黄土地区重力侵蚀发生的内部条件及地貌临界值分析》一文整理得出表中数据；②滑塌、坍塌、崩塌是五个分支沟谷平均值，滑坡和泻溜只是窑沟一个沟谷数值
阴坡	76.5%	51.6%	53.1%	44.4%	62.8%	
阳坡	23.5%	48.4%	46.9%	55.6%	37.2%	

资料来源：陈浩、方海燕、蔡强国等：《黄土丘陵沟壑区沟谷侵蚀演化的坡向差异——以晋西王家沟小流域为例》，《资源科学》2006年第28卷第5期。

⑥植被。黄土高原阴坡植被覆盖情况明显优于阳坡。[1]当阴坡草本群落覆盖度为35%～60%时，阳坡只有20%～30%。[2]结合图6-4、图6-5，我们发现：植被覆盖度较高的阴坡、半阴坡，沟道长度、集水面积较大，土壤侵蚀较为严重；而植被状况较差的阳坡、半阳坡则相反。

笔者考察时还发现，但凡季节性干沟，沟床多为黄土或红土层；而有长流水的沟谷，沟床多下切至基岩。即使都下切至基岩，季节性干沟的下切深度也要小于长流水沟谷。流域面积相近的沟谷，植被状况与沟谷下切深度的变化趋势一致。即许多植被覆盖较差的流域，多是季节性干沟，而植被覆盖较好的流域，多数都有长流水。也就是说在流域面积相似的沟谷存在这种现象：植被覆盖度高→沟谷水流时间长→下切侵蚀相对严重；反之，植被覆盖度低→沟谷水

① 陈浩、方海燕、蔡强国等：《黄土丘陵沟壑区沟谷侵蚀演化的坡向差异——以晋西王家沟小流域为例》，《资源科学》2006年第28卷第5期；林超、李昌文：《阴阳坡在山地地理研究中的意义》，《地理学报》1985年第40卷第1期；李孝地：《黄土高原不同坡向土壤侵蚀分析》，《中国水土保持》1988年第8期。

② 林超、李昌文：《阴阳坡在山地地理研究中的意义》，《地理学报》1985年第40卷第1期。

流时间短→下切侵蚀相对轻微。黄土高原阴阳坡植被发育与土壤侵蚀变化似乎有正相关迹象。

植被与土壤侵蚀成负相关[①]得到了普遍认可，中国水土保持工作中广泛采用的生物措施以及"退耕还林（草）""封山禁牧"等政策的制定都基于此认识。但也有研究发现植被在防止土壤侵蚀方面的能力是有限的。[②]概括起来有以下几点：

一是受降水强度限制。黄土高原沟头的快速前进往往是几次特大暴雨形成的，正常降水的影响相对较小。而黄河中游地区特大暴雨比较普遍[③]，面对特大暴雨，一般的森林和草场拦截雨水的作用很小。[④]在大暴雨或有前期降水的暴雨条件下，良好的覆被或较厚的枯枝落叶和腐殖质层会提高雨水入渗率[⑤]，却因表层枯枝落叶和腐殖质与其下土壤孔隙度不同，导致地表土含水量过高，加剧陡坡地土壤侵蚀。图版 6-6 所示的坡地浅根系植物分布区在暴雨条件下表层土壤呈片状侵蚀，这在裸露山坡是不会发生的。

---

① Churchill R R. Aspect-induced Differences in Hillslope Processes . Earth Surface Processes and Landforms，1982，7（2）.

② 黄秉维：《森林对环境作用的几个问题》，《黄秉维文集》编写组：《地理学综合研究》，北京：商务印书馆，2003 年，第 400-405 页；王涌泉：《黄河自古多泥沙》，《地名知识》1982 年第 2 期；［美］W.C.Lowdermilk：《森林地面覆被影响地面流量土层渗透量及山坡冲刷之试验》，黄瑞采译，南京：金陵大学农学院推广部，1935 年；黄秉维：《森林生态系统在水土保持中的作用》，《黄秉维文集》编写组：《地理学综合研究》，北京：商务印书馆，2003 年，第 406-410 页；《大叶相思栽培林中不同片层对地面侵蚀的影响》，El-Swaify S A，W C Moldenhauer，Andrew Lo. Soil Erosion and Conservation. Soil Conservation Society of America，Iowa，1985.

③ 陈永宗、景可、蔡强国：《黄土高原现代侵蚀与治理》，北京：科学出版社，1988 年。

④ 王涌泉：《黄河自古多泥沙》，《地名知识》1982 年第 2 期；王占礼、邵明安、常庆瑞：《黄土高原降雨因素对土壤侵蚀的影响》，《西北农业大学学报》1998 年第 26 卷第 4 期。

⑤ Berjak M，Fincham R，Liggit B，et al. Temporal and Spatial Dimensions of Gully Erosion in Northern Natal South Africa .Proceedings of the Symposium of ISPRS，1986，26（4）.

二是受地面枯枝落叶层限制。这一点早在 20 世纪 30 年代就有人认识到了。W. C. Lowdermilk 认为植被对土壤的保护作用主要来自其残落物[1]，如地面残落物存在则其他层片的作用无足轻重；残落物不存在则林冠可以使土壤侵蚀增强。[2]这个看法在 K. F. Wiersum 爪哇实验中得到进一步证实：①枯枝落叶的保护作用最大；②林下植物的保护作用不大；③林冠一方面增大雨滴的打击力，另一方面减少降到地面的水量，因而对地面的保护作用可以是正的或负的，但都不大，而以负的较常见。[3]有关历史早期黄土高原的植被状况争议颇多，地面的枯枝落叶状况也就难有定论。就今天的情况来看，除子午岭等几个少数林区外，其他区域地面的枯枝落叶非常少，对土壤的保护作用几可忽略。

三是受土壤侵蚀方式及其发生部位限制。植被能很好地预防和阻止塬面和缓坡上的面状、细沟及浅沟侵蚀，对发生于沟道及陡坡断崖上的下切侵蚀、溯源侵蚀、重力侵蚀的防护作用则十分有限。[4]

---

① ［美］W. C. Lowdermilk：《森林地面覆被影响地面流量土层渗透量及山坡冲刷之试验》，黄瑞采译，南京：金陵大学农学院推广部，1935 年。
② 黄秉维：《森林生态系统在水土保持中的作用》，《黄秉维文集》编写组：《地理学综合研究》，北京：商务印书馆，2003 年，第 406-410 页。
③ 黄秉维：《森林生态系统在水土保持中的作用》，《黄秉维文集》编写组：《地理学综合研究》，北京：商务印书馆，2003 年，第 406-410 页；《大叶相思栽培林中不同片层对地面侵蚀的影响》，El-Swaify S A，W C Moldenhauer，Andrew Lo. Soil Erosion and Conservation. Soil Conservation Society of America，Iowa，1985.
④ 黄秉维：《森林对环境作用的几个问题》，《黄秉维文集》编写组：《地理学综合研究》，北京：商务印书馆，2003 年，第 400-405 页；黄秉维：《森林生态系统在水土保持中的作用》，《黄秉维文集》编写组：《地理学综合研究》，北京：商务印书馆，2003 年，第 406-410 页。

而黄土高原小流域土壤侵蚀最严重的部位是沟道①，沟道部位最主要的侵蚀方式之一是重力侵蚀。②因此植被预防土壤侵蚀的作用是有限的。

四、结论

黄土高原地区阴坡土壤侵蚀量大于阳坡。根据测算，陇东高原样本区阴坡流域面积是阳坡的 1.34 倍，陕北和山西两个样本区阴坡流域面积都是阳坡的 2 倍以上。陇东高原样本区阴坡现代侵蚀沟的空腔体积是阳坡的 1.34 倍，陕北和山西两个样本区阴坡现代侵蚀沟的空腔体积分别是阳坡的 5.46 倍和 4.49 倍。

新构造运动和地转偏向力对阴坡和阳坡面积大小有明显影响。新构造运动会使河流由抬升较快的一侧向另一侧摆动，造成阴阳坡面积发生变化。地转偏向力则让中国黄土高原河流的右岸山坡受到更多冲刷。新构造运动和地转偏向力正是通过影响集水面积来影响土壤侵蚀量。值得注意的是，植被虽能有效预防和减轻正常降水条件下发生于塬面和缓坡地带的面状侵蚀、细沟及浅沟侵蚀，却会加大现代侵蚀沟的溯源侵蚀、下切侵蚀以及陡坡坡面的重力侵蚀。但两者的相关程度以及植被在其中的作用机理目前还不明确。尽管

① 《陇东黄土高原沟壑区南小河沟水土流失与治理》，黄河水利委员会西峰水土保持科学试验站：《水土保持试验研究成果汇编（1952—1980）》，内部资料，1982 年，第 144-164 页；高海东、李占斌、李鹏等：《黄土高原暴雨产沙路径及防控——基于无定河流域 2017-07-26 暴雨认识》，《中国水土保持科学》2018 年第 16 卷第 4 期；齐矗华：《黄土高原侵蚀地貌与水土流失关系》，西安：陕西人民教育出版社，1993 年，第 58-92 页；蔡强国、王贵平、陈永宗：《黄土高原小流域侵蚀产沙过程与模拟》，北京：科学出版社，1998 年，第 135-148 页。
② 刘秉正、吴发启：《黄土塬区沟谷侵蚀与发展》，《西北林学院学报》1993 年第 2 期。

Finney H. R.等认为植被不是形成阴阳坡侵蚀差异的主要因素[1]，但植被较好的阴坡重力侵蚀更严重却是事实。植被是塑造阴阳坡地貌的重要影响因素。至于其他因素的影响，还需要进一步研究。

第五节　自然植被变迁及其影响（二）
——历史时期董志塬植被概况及黄土高原植被变迁原因探索

自19世纪60年代德国著名的地理学家 Von Lichthofen 提出黄土高原天然植被是草原的观点之后，黄土高原植被问题逐渐成为我国地学界的研究热点。迄今为止，关于黄土高原历史植被类型的看法，分歧仍然存在：有人认为曾经广泛发育过森林和森林草原，有人认为草原植被是其顶级群落，也有人认为森林草原兼有但应区分不同地形部位和区域。[2]那么历史时期董志塬的植被状况如何呢？

---

[1] Finney H R，Holowaychuk N，Heddleson M R. The Influence of Microclimate on the Morphology of Certain Soils of the Allegheny Plateau of Ohio1. Soil Science Society of America Journal，1962（26）.

[2] 史念海：《论两周时期黄河流域的地理特征》，《陕西师大学报》1978年第3、4期；史念海：《黄土高原历史地理研究》，郑州：黄河水利出版社，2001年；朱士光：《黄土高原地区环境变迁及其治理》，郑州：黄河水利出版社，1999年；文焕然、何业恒：《历史时期"三北"防护林区的森林》，《河南师大学报》1980年第1期；朱志诚：《秦岭以北黄土区植被的演变》，《西北大学学报（自然科学版）》1981年第4期；文焕然、何业恒：《中国森林资源分布的历史概况》，《自然资源》1979年第2期；陈加良、文焕然：《宁夏历史时期的森林及其变迁》，《宁夏大学学报（自然科学版）》1981年第1期；鲜肖威：《历史时期甘肃黄土高原的环境变迁》，《社会科学》1982年第2期；王乃昂：《历史时期甘肃黄土高原的环境变迁》，《历史地理》（第8辑），上海：上海人民出版社，1990年，第16-32页；吕厚远、刘东生、郭正堂：《黄土高原地质、历史时期古植被研究状况》，《科学通报》2003年第1期；张宝信、安芷生：《黄土高原地区森林与黄土厚度的关系》，《水土保持通报》1994年14卷第6期；赵冈：《中国历史上生态环境之变迁》，北京：中国环境科学出版社，1996年。

一、历史时期董志塬地区的植被概况

1．春秋战国时期

孢粉分析结果表明，至少在距今 2 600±140 年的春秋时期董志塬北部还是森林草原景观。因为董志塬北部雷家岘子的黑垆土孢粉中，木本花粉含量超过了 60%，其中松属（Pinus sp.）占 37.5%，桦木属（Betula sp.）占 25.0%。草本花粉含量不足 40%，其中藜科（Chenopodiaceae）占 26.0%。[①]雷家岘子是董志塬北部两个塬之间相对低凹的部分，当地人称为嵝岘，今天的地表仅比塬面低了 20 m 左右，按地形区划分，仍可算作塬区。董志塬南北长度仅 110 km 左右，降水量和气温都不会有太大的区别。故整个董志塬塬面与同期雷家岘子一样，都可能是森林草原景观，至少具备森林草原景观的条件。至于其四周的坡地和沟谷，就更应该是森林草原景观了，因为人类活动的干扰相对更小。

2．秦汉至隋唐初

距今 1 935 年的公元前后，甘肃环县县城东塬的黑垆土孢粉中，草本花粉占 80%左右，其中蒿属（Artemisia sp.）占 77.9%，蓼科（Polygonaceae）占 2%。木本花粉主要是桦木（Betula sp.）。[②]这与现在的地带性植被完全不同。环县县城东塬处在草原向荒漠草原过渡的过渡带上，一般不会有类似于桦木这样的比较喜湿的种属。即使

① 刘东生等：《黄土与环境》，北京：科学出版社，1985 年，第 97-98 页。
② 刘东生等：《黄土与环境》，北京：科学出版社，1985 年，第 99 页；胡双熙：《甘肃中部干旱地区土壤环境与种草种树问题》，《甘肃黄土高原区农业资源开发利用研究文集》，兰州：兰州大学西北开发综合研究所，1984 年；王乃昂：《历史时期甘肃黄土高原的环境变迁》，《历史地理》（第 8 辑），上海：上海人民出版社，1990 年，第 16-32 页。

有乔木，也应该是耐旱耐瘠的树种。孢粉分析结果说明公元前后陇东地区的气候比今天湿润，地带性植被也应该以乔木为主。[1]历史文献也支持这个结果。据史念海先生考证，秦汉时期循长城一线的榆谿塞规模宏大，是长城附近的绿色长城，"其纵横宽广远超过于长城之上。"[2]

榆谿塞虽然是人工林，但以现在的环境条件衡量，循长城一线属于荒漠草原植被带，不适合乔木生长。"三北防护林"工程启动了数十年，在循长城一线没有形成成规模的人工林带。就是所谓的"老头树"也很难生长。说明在秦汉时期，循长城沿线的气候比今天湿润，具有生长乔木的条件，虽然只是比较耐旱的树种。董志塬今天的地带性植被是森林草原。无论降水量还是气温，都比环县县城东塬和循长城一线优越很多。秦汉时期，如果环县县城东塬和循长城一线可以生长乔木，那么董志塬更适合乔木生长，乔木孢粉的比例会更高，自然植被仍然是森林草原。

魏晋南北朝时期，因气候比秦汉时期更湿润，天然植被的生长环境更优越。森林草原中，乔木的比例会更高。但是，由于秦汉两朝大规模的移民开发，塬面的天然植被可能会遭到毁坏。但无法确定天然植被与农耕植被的面积比例。以当时的人口规模和开发力度，估计董志塬四周山地和沟谷中，植被仍会保存得比较好，是森林草原景观。

---

① 王乃昂：《历史时期甘肃黄土高原的环境变迁》，《历史地理》（第 8 辑），上海：上海人民出版社，1990 年，第 16-32 页。
② 史念海：《历史时期黄河中游的森林》，《黄土高原历史地理研究》，郑州：黄河水利出版社，2001 年，第 433-511 页。

3．唐宋以来

安史之乱（755—763 年）以后，今陕北、宁南、陇东一带的编户大增，原来的"荒闲陂泽山原"被大量垦殖。[1]虽然未见董志塬地区的相关记载，但其周边地区的植被比今天要好。例如，董志塬西侧茹河河谷的唐临泾县（今镇原县），直到元和三年（808 年）前后仍是"草木畅茂，宜畜牧，西番入寇，每屯其地。"[2]唐临泾县东南的土梨堡一带还有"林荟岩阻，兵易诡伏"的记述。[3]唐中后期良原（今灵台县）也有"平林荐草"的描述。[4]董志塬塬面上的植被情况应与之类似。可以推测，一直到公元 1000 年前后，董志塬周围的坡沟地带还可用"草木畅茂"来形容。至于"畅茂"到何种程度，因资料所限，无法得知。与秦汉时期相比天然林草植被可能要少一些。这从唐肃宗驾幸彭原等重大历史事件以及塬面上众多的唐宋古城遗址可以推测。董志塬此时是京畿附近的核心区域，农业生产相当发达，河谷和塬面上大面积天然森林植被会因此减少。

赵宋以后，特别是明清以来，随着人口增加，垦殖力度加大，董志塬坡沟地区的乔木越来越少，并逐渐演变为农田与草地并存的局面。

4．结论

至少在春秋战国时期，董志塬塬面还是森林草原景观。到了秦和西汉，随着农垦范围的扩大，塬面地区逐渐变成了农耕景观，此后塬面景观变化不会太大。其四周山坡地和沟谷地中的森林草原景

---

① 文焕然、何业恒：《历史时期"三北"防护林区的森林》，《河南师大学报》1980 年第 1 期。
② 《旧唐书》卷一五二《郝玼传》，北京：中华书局，1975 年，第 4077-4078 页。
③ 《新唐书》卷二一六《吐蕃（下）》，北京：中华书局，1975 年，第 6096 页。
④ 《新唐书》卷一五六《李元凉传》，北京：中华书局，1975 年，第 4902-4903 页。

观，可保持至唐安史之乱（755—763 年）前后。随着农垦活动的进一步深入，黄土平梁和缓坡地带也开始有了变化。到了明清以后，天然植被很快为农耕地和草地所取代，形成了今天的景观格局。

二、植被变迁——利益博弈的必然结果

董志塬植被的演变与陇东地区乃至整个黄土高原相比，其历程可能有所差别，规律则基本一致。即历史早期植被状况优于今天，天然林草植被的毁坏，主要是人类活动造成的。这就有了一个更值得关注的问题：人为毁坏天然植被的行为动机何在？

中国古代对天然植被效益的主流认识，不存在误区。早在春秋战国时期，人们已经认识到了天然植被的重要性，这在诸子百家的学说中都有迹可循。但是，天然植被并没有因为这种认识而得到很好的保护，而是日渐衰减，原因何在？有关人类毁坏植被的行为，此前的研究虽从不同角度给予探讨分析。[1]但基本围绕行为后果立言，涉及行为动机不多。客观认识历史时期人类行为在黄土高原植被变迁中的作用力及其动机，对地方经济社会发展模式的选择，对当前退耕还林（草）等相关政策的制定与实施上如何避免重蹈黄土高原的历史覆辙均有一定借鉴意义。故在前人研究的基础上，再次核实史料，进一步归纳和总结秦汉以后的 2 000 多年间黄土高原天然植被毁坏之原因。对自然、人为因素在植被变迁中的影响力大小给

---

① 赵冈：《中国历史上生态环境之变迁》，北京：中国环境科学出版社，1996 年；史念海：《历史时期黄河中游的森林》，《黄土高原历史地理研究》，郑州：黄河水利出版社，2001 年，第 433-511 页；朱士光：《黄土高原地区环境变迁及其治理》，郑州：黄河水利出版社，1999 年。

出明确判断之后发现，人类活动所造成的天然植被毁坏，在大多数情况下属于无奈之举，是生存、利益与生态效益博弈的必然结果。

1. 自然因素——有限的影响因子

影响植物生长的自然因素固然很多，但对于历史时期的给定地域——黄土高原而言，地形、土壤是相对稳定的，变化不大，其影响可以忽略。就地形为例，尽管近 2 000 多年来，土壤侵蚀导致地形起伏增大，但这种变化反而有利于气候适宜区乔木的生长。因为基岩山地和薄层黄土区更有利于森林的发育[1]，故天然植被的毁坏与之无关或关系不大。历史时期黄土高原的土壤因水土流失而变得贫瘠，集中表现在有机质的损耗上，土壤中的化学元素特别是微量元素并不会发生大的变化。即使因为淋溶等作用导致土壤化学元素有所变化，也不能达到使天然植被大面积死亡的程度，这从历史时期栽培植物的种属变化和种植业的发展轨迹可以得到证明。[2]土壤没有在时间维度里表现出越来越不适合天然植被生长的特性。所以，在探讨历史时期黄土高原天然植被毁坏的自然原因时，仅需要考虑这一时

---

[1] 吕厚远、刘东生、郭正堂：《黄土高原地质、历史时期古植被研究状况》，《科学通报》2003 年第 1 期；张宝信、安芷生：《黄土高原地区森林与黄土厚度的关系》，《水土保持通报》1994 年第 14 卷第 6 期。

[2] 按德国利比西的研究，作物产量常不是受环境中较充足的水、CO_2 等大需求的营养物限制，而是受土壤中储量很少、植物需求量也少的微量元素硼所制约。或者说植物生长依赖那些表现为最低量的化学元素，称为最低量定律。后来，布莱克曼进一步提出了限制因子概念。即可利用的 CO_2 的数量、可利用的水分数量、太阳辐射强度、叶绿素存在数量、叶绿素温度，认为其中任何一个若处于最少量时，就将控制这个过程的速率，甚至在其他因子都很丰富的情况下也会使过程停滞。以后的研究更加细化和科学，但就土壤化学元素来讲，因土壤的淋溶作用，历史时期各种化学元素的量会有所变化，但是否会达到限制植物生长，甚至造成植物大面积死亡的程度呢？笔者认为不会，因为从栽培植物来看，几千年来并无大的、根本性变化，即使有变化，也是种属变化，而不会造成大面积死亡和毁灭。

期的气候变化情况。

然而研究表明，黄土高原历史气候的变化幅度，远未达到能引起天然植被出现大面积剧烈变化的程度。Anders Mobery 等认为，过去的 2 000 多年中，北半球最低温度大约发生在明万历二十八年（1600 年），仅比 1961—1990 年平均温度低 0.7 K。最高气温发生于北宋咸平三年至元符三年（1000—1100 年），但没有证据支持该时段的温度高于 1990 年以后的平均温度[1]，气温变化幅度不大。竺可桢认为近 5 000 年来的最初 2 000 年，大部分时间的年平均温度高于现在 2℃左右，在那以后，虽有一系列上下波动，但摆动范围为 1～2℃。[2]任振球等研究表明，即使在异常期，气候的变化幅度也不是很大。"十七世纪气候恶化期"是 3 000 年来中国和北半球气候最恶劣的时期，在中国发生了有记载以来最频繁而严重的严冬和罕见的特大干旱（1637—1641 年），但全球平均气温仅比 20 世纪 50 年代低 2℃左右。"五世纪气候异常期"，古城楼兰由于沙漠扩张逐渐消失了[3]，但恶化的程度不一定能达到 17 世纪气候恶化期。[4]可见，历史气候虽有变化，但幅度不是很大[5]，其结果还不足以导致天然植被

---

① Anders Mobery，Dmitry M. Sonechkin，Karin Holmgren，Nina M. Datsenko，Wibjorn Karlen. Highly Variable Northern Hemisphere Temperatures Reconstructed from Low-and High-resolution Proxy Data. Natrue，2005，433.
② 竺可桢：《中国近 5000 年来气候变迁的初步研究》，《考古学报》1972 年第 1 期。
③ 王炳华：《楼兰古城》，《科学实验》1981 年第 3 期。
④ 任振球：《中国近五千年来气候的异常期及其天文成因》，《农业考古》1986 年第 1 期。
⑤ 竺可桢：《中国近 5000 年来气候变迁的初步研究》，《考古学报》1972 年第 1 期；王炳华：《楼兰古城》，《科学实验》1981 年第 3 期；任振球：《中国近五千年来气候的异常期及其天文成因》，《农业考古》1986 年第 1 期；龚高法、张丕远、张瑾瑢：《历史时期我国气候带的变迁及生物分布界线的推移》，《历史地理》（第 5 辑），上海：上海人民出版社，1987 年，第 1-10 页；王铮：《历史气候变化对中国社会发展的影响——兼论人地关系》，《地理学报》1996 年第 51 卷第 4 期；张丕远等：《中国近两千年来气候演变的阶段性》，《中国科学（B 辑）》1994 年第 9 期。

的种群结构出现剧烈变化。

我国史书有记录罕见自然现象及祥瑞、灾害的传统，气候变迁如果引起了黄土高原天然林草植被的种群结构变化，必然先引起现有植被的大面积死亡。对于此等大事，即使限于当时的科技水平，不能认知或不能正确认知其原因，但一定会如实记载。5世纪前后的纷飞战火，并未造成修史的长时间中断，成就了《十六国春秋》《三十国春秋》《魏书》等鸿篇巨作。17世纪气候最恶化期的1637—1641年正是明崇祯年间，其时明政权还未灭亡。如果这两次灾害造成了黄土高原天然植被的大面积被毁，并由此引起植物种群结构变化，史书是不应该遗漏这类史实的。至于和平时期就更不该有缺漏发生。历史文献记载的整体缺失，只能说明历史时期的气候变化，还不足以引起天然植被大面积死亡并造成植被种群结构出现大的变化。这说明近 2 000 多年来黄土高原自然植被衰减特别是森林植被的大幅度衰减的原因，自然因素的影响有限。

2．天然植被——生态效益与生存利益博弈的牺牲品

人类活动是造成历史时期黄土高原天然植被衰减的主要原因。诸如屯田垦荒、获取建材薪炭、木材贸易、战争等活动或行为，都在不同程度上发挥了一定的作用。[①]进一步分析人类活动的行为动

① 赵冈：《中国历史上生态环境之变迁》，北京：中国环境科学出版社，1996年；史念海：《历史时期黄河中游的森林》，《黄土高原历史地理研究》，郑州：黄河水利出版社，2001年，第433-511页；朱士光：《黄土高原地区环境变迁及其治理》，郑州：黄河水利出版社，1999年；文焕然、何业恒：《中国森林资源分布的历史概况》，《自然资源》1979年第2期；陈加良、文焕然：《宁夏历史时期的森林及其变迁》，《宁夏大学学报（自然科学版）》1981年第1期；王乃昂：《历史时期甘肃黄土高原的环境变迁》，《历史地理》（第8辑），上海：上海人民出版社，1990年，第16-32页；史念海：《汉唐长安城与生态环境》，《中国历史地理论丛》1998年第一辑；史念海：《黄河中游森林的变迁及其经验教训》，《红旗杂志》1981年第5期（总240期）。

机，还会发现历史文献所记载的毁损天然植被的事件，基本都脱离不开"生存""利益"两个关键词。当人们必须要在生存、利益与生态效益之间做出抉择时，博弈的天平总是向前者倾斜，而且大多数时候这种抉择带有诸多无奈成分。

（1）屯田垦荒——追求利益最大化的行为必然导致天然林草植被遭受毁坏

①种植业——黄土高原产业选择的必然性。

历史早期黄土高原地理环境比较优越：地面坡度相对和缓，千沟万壑的地貌特征尚未完全形成；气温的变率较大但相对温和，降水不多却雨热同期；河谷地区水源充足且便利，塬面上土层深厚而保墒；土壤的自然肥力较高；适合农林牧各业发展。值得注意的是先贤对此也早有认识。《禹贡》《管子·地员篇》《地官司徒下篇》等著作，对全国土壤所作的系统分类和区划，即是明证。就所处的时代而言，上述著作已经具备了相当高的科学价值，因为其分类所依据的土壤颜色、土壤质地、植被、水文和土壤肥力等诸多要素，也是近现代我国土壤分类的依据之一。这些论著的出现，不仅有益于贡赋管理，也可作为农业生产的指南。隶属雍州的黄土高原，"厥土唯黄壤，厥田唯上上"[①]，雄居九州榜首，其条件奠定了种植业作为主导产业的历史地位。但这仅仅是种植业得以优先发展的条件要素，生存需要、经济利益对产业选择的影响更大。

在商品经济尚欠发达的农业社会，土地的单位面积产出和供给能力，应以种植业为最高，牧业和林业次之。而当人口规模达到一定程度，有限的土地承载能力迫使人们必须做出选择时，种植业是

---

① 侯仁之主编，顾颉刚、谭其骧、侯仁之、黄盛璋、任美锷编著：《中国古代地理名著选读》（第一辑），北京：学苑出版社，2005年，第1-54页。

追求效益最大化的必然选择。

这不是一个纯粹的理论问题，有大量的历史事实可资证明。

历史上具有游牧传统的少数民族屡次南侵，只给黄土高原带来了短暂的农牧交替，未能从根本上动摇种植业的主业地位。当他们定居于此地以后，与原来生活在黄土高原的少数民族一样，逐渐放弃了以游牧为主的生活习惯，被"同化"为半农半牧或者纯粹的农民。足以证明相对于畜牧业和林业，种植业是优势产业。

有人认为，自春秋至西汉我国存在着发展出以城市为中心的商品经济的可能，农业经济不是历史的必然。[①]然而，前工业时期的世界文明发祥地，都是以发达的农业经济为基础的。春秋战国时期，农业发达者即是强国，在当时就已经是共识了，后起的秦国就是依靠关中及蜀中发达的灌溉农业征服了关东六国。秦汉以降的历代王朝每每推行重农抑商政策，也说明当时的种植业是经济收益较高的产业，或许可与当时的商业经济等量齐观。

正因为黄土高原的自然、历史环境与生存、利益需求的交互影响，种植业的主业地位才成为历史的必然选择。其结果使得黄土高原的种植业过多地侵占了天然植被的生存空间。因为在给定地域内，农、林、牧各业用地此消彼长：某一产业用地过大，其他各业的发展就会受到限制。

②日益扩张的种植业必然导致天然植被日趋萎缩。

研究显示，历史时期黄土高原的人口数量虽有变化，总体上却呈现出弱增长趋势。清中叶以后人口增长幅度开始明显增大。[②]人口

---

① ［美］许倬云：《汉代农业——中国农业经济的起源及特性》，王勇译，桂林：广西师范大学出版社，2005年。
② 梁方仲编著：《中国历代户口、田地、田赋统计》，上海：上海人民出版社，1980年；曹同民、李师翁编著：《庆阳生态与环境》，兰州：兰州大学出版社，2004年。

的日渐增多意味着需要有更多的土地去满足其生存和生活需要。当有限的土地资源难以满足生存和生活的基本需要时，为了保证基本生存条件、获取更高的经济利益，种植业就成为前工业时期国家和个人的首选项。因此，垦荒不可避免地发生了。农垦活动从条件较好的汾渭河谷、地势平坦的塬面和川台地带，逐渐向山地丘陵延伸。垦荒所及之处，天然植被为农作物所代替。

列国纷争，强者生存。为了能与东方诸侯争雄，秦国增强国家实力的举措是大力发展农业生产。将"陵阪丘隰，不起十年征。者于律"。并以"草茅之地，徕三晋之民"。努力使其土地利用由"毂土不能处二"向"山陵处什一，薮泽处什一，溪谷流水处什一，都邑蹊道处什一，恶田处什二，良田处什四"①的目标转变。此目标是否完全实现，不得而知。从秦国最终统一六国这一事实来推测，当时的垦殖政策收效甚著。这是国家的生存和发展需要与生态环境效益之间的博弈，胜出者是国家利益，其结果是秦国境内大量的天然植被逐渐为栽培作物所取代。

国家安全和国防需要，毫无疑问是每个国家政治生活的核心内容。为了达到长治久安的目的，秦汉以后的历代封建王朝所采取的应对措施几乎是相同的，即移民戍边和屯田垦荒。

秦和西汉曾大力推行"实关中""强本弱末""戍边郡"等移民实边政策。黄土高原自然条件适合种植业发展，易于致富②，加之"先为室屋，具田器"，"皆赐高爵，复其家"③以及赐钱物、赦罪等优惠

① （战国）商鞅：《商君书校注》，张觉校注，长沙：岳麓书社，2006年，第114-123页。
② 《汉书·食货志》"新秦中"下引应劭注云："秦始皇遣蒙恬攘御匈奴，得其河南地造阳之北千里地甚好，于是为筑城郭，徙民充之，名曰新秦。四方杂错，奢俭不同，今俗名新富贵者为'新秦'，由是名也"。说明徙居者易于致富。
③ 《汉书》卷四九《晁错传》，北京：中华书局，1962年，第2268页。

条件，使这类政策收效明显。种植业的影响范围很快扩大到黄土高原北部一带，到西汉元封六年（公元前 105 年）时，已"北益广田至眩雷（约位于今内蒙古鄂尔多斯市杭锦旗东）为塞"了。[①]

东汉至隋唐期间，黄土高原的农垦活动因战乱而有所减弱，天然植被得到少许恢复。至迟到了唐代，这一情况就发生了变化，垦荒进一步扩展到相对偏远的地区。特别是安史之乱（755—763 年）后，国库空虚，费用不支，于是广开屯田。如李元谅"节度陇右，治良原。良原隍堞湮圮，旁皆平林荐草，……元谅培高浚渊，身执苦与士卒均，蕃翳榛莽，辟美田数十里，劝士垦艺"。[②]元和中，振武军饥，因"募人为十五屯，每屯百三十人，人耕百亩，就高为堡，东起振武（今呼和浩特南），西逾云州，极于中受降城（今包头西南），凡六百余里，列栅二十，垦田三千八百余顷"。大和末，"河西邠（今陕西彬县）宁（今甘肃宁县）节度使毕諴亦募士开营田，岁收三十万斛，省度支钱数百万缗"。[③]荒闲陂、泽、山、塬被大量开垦。

真正对黄土高原天然植被造成毁灭性的破坏是从明代开始的。垦荒力度之大从《明史·食货志》的称赞中可见一斑。

北方近城地多不治，召民耕，人给十五亩，蔬地二亩，免租三年。每岁中书省奏天下垦田数，少者亩以千计，多者至二十余万。官给牛及农具者，乃收其税，额外垦荒者，永不起科。二十六年（1393年）核天下土田，总八百五十七万七千六百二十三顷，盖骎骎无弃

---

① 《汉书》卷九四《匈奴传上》，北京：中华书局，1962 年，第 3773 页。

② 《新唐书》卷一五六《李元谅传》，北京：中华书局，1975 年，第 4902-4903 页。

③ 《新唐书》卷五三《食货志》，北京：中华书局，1975 年，第 1373 页。

土矣。[①]

　　有明一代垦屯田以军屯为主。"天下兵卫邻边闲旷之地，皆分亩为屯，倚耕以守"[②]，到永乐年间，"东自辽左，北抵宣、大，西至甘肃，……在在兴屯矣"。[③]垦荒区域包括陕西北部红柳河、黑河、榆林河、秃尾河、窟野河等流域[④]，以及豫西山地、山西沿边等在内的黄土高原地区。垦荒效果以洪武、永乐、万历时期最为显著，规模之宏大，前无古人。洪武二十六年（1393 年）山西都司并行都司农田数额 418 642.48 顷，其中屯田占 14.88%。陕西都司并行都司农田数额 315 251.75 顷，其中屯田占 53.42%——占农田的一半以上。[⑤]如果将陕西屯田中包含的陕南、河西地区数字与河南屯田中包含的豫西地区数字相互交换[⑥]，则黄土高原地区屯田最多时可达 230 709.26 顷，占农田总量 733 894.23 顷的 31.4%，占黄土高原面积 38.084 2 万 km^2[⑦]的 4.04%。意味着明初短短 20 多年，黄土高原垦殖指数增加了 4 个百分点。陕西和山西农田总数可折合为 4.89 万 km^2，

① 《明史》卷七七《食货志（一）》，北京：中华书局，1974 年，第 1882 页。
② 《天下郡国利病书》卷四五（第 13 册）《山西·屯田》，清光绪二十七年（1901 年）图书集成局铅印本（陕西省图书馆藏），第 15 页。
③ 《明史》卷七七《食货志（一）》，北京：中华书局，1974 年，第 1882-1884 页。
④ 文焕然、何业恒：《历史时期"三北"防护林区的森林》，《河南师大学报》1980 年第 1 期。
⑤ 程民生：《中国北方经济史——以经济重心的转移为主线》，北京：人民出版社，2004 年，第 571 页。
⑥ 因为陕西数据中包含陕南、河西等非黄土高原地区的垦屯田数，而河南数据中包含豫西一带黄土高原数据。交换的意思是黄土高原的垦屯田数据只计入陕西全部数据，不计入河南数据。但这种交换没有什么依据，只是因为缺乏数据，能找到的数据无法直接利用，就采取这种懒惰办法处理一下。最关键的是，后面要得出的结论，不会基于数据，而是基于史料分析，数据仅为了帮助我们更好地理解明代屯田之盛行程度。
⑦ 刘东生：《黄土与环境》，《科技和产业》2002 年第 11 期。

将其作为黄土高原耕地数量看待虽然存在不小误差，但占黄土高原面积的 12.84%，这个大致比例依然能说明一些问题。采用垦屯田办法解决驻军给养，导致黄土高原垦殖指数过高，对已经千沟万壑、环境脆弱的黄土高原而言不是好事。

充满功利思想的"永不起科"政策是洪武二十八年（1395 年）为了进一步调动百姓垦荒积极性颁布的，但所产生的影响并没有止步于明代。

明清以来人们向大自然无度索取的贪欲令人发指。明隆庆年间右佥都御史庞尚鹏的奏章充分反映了这一点。古人"天人合一"的智慧被明代统治者抛却脑后了。

臣巡历西来，……三关（今山西的上党关、壶口关、石陉关）平原，悉为良田。若问抛荒，惟孤悬之地间有之，亦千百十一耳。其余山上可耕者，无虑百万顷。臣岭南人，世本农家子，常叹北方不知稼穑之利。顷入宁武关（今山西忻州境内），见有锄山为田，麦苗满目，心窃喜之。及西渡黄河，历永宁（今山西离石）入延绥（陕西榆林），即山之悬崖峭壁，无尺寸不耕。彼皆长子老孙之人，岂浪用其力，无所利而为之耶？……永宁州有孝文、水峪、马房三屯……今前项屯田俱错列万山之中，岗阜相连。

自永宁州渡河西入延绥，所至皆高山峭壁，横亘数百里。土人耕牧，锄山为田，虽悬崖偏坡，天地不废。及至沿边诸处，地多荒芜。臣召父老面语之，皆云地力薄而房患不可测。……该镇东西延茅一千五百里，其间筑有边墙，堪护耕作者仅十之三四。房骑钞掠，出没无时，边人不敢远耕。其镇城一望黄沙，弥漫无际，寸草不生。猝遇大风，即有一二可耕之地，曾不终朝，（今陕西靖边）尽为沙碛，疆界茫然。至於河水横流，东西冲陷者，亦往往有之。……且天时难必，水利不兴，雨晹或致愆期，则束手无从効力。此米价之腾涌，边储之缺乏，职此故也。查得沿边东起黄甫川，西至定边营，千有余里，膏腴之地，无虑数万顷。往年西路如安边（今陕西定边）、靖边（今陕西靖边）等处，皆房人出入之区，迩来修筑边墙，耕者得以安其业，而岁获之利，辄以万石计。惟东路绝无藩垣限隔，胡马一鸣，即长驱突内地，宁有耕作之日乎？今若查照西路筑墙为守，当有不赀之费，然於保障之功。[①]

反映类似思路的记载在《明实录》《明经世文编》等文献中比比皆是。

明嘉靖时期，曾经兴盛一时的垦屯田就开始衰落，甚至出现逃亡撂荒现象。

宣德中，屯法大行，频岁丰登，边士一切用度，多以粟易。于是令户部灌输贸籴，多至二三十万石，少亦不下十万。而天顺中，都御史叶盛巡抚宣府，修复官牛官田法，垦田益广，积谷益多。……其后奉行不善，屯种军余，苦于赔补，相继逃亡，田亩日荒，而九边供输之费，遂以大困。惟时心计之士，硕画之臣，相与持筹布策，讲求修复，为国家建无疆之利，而竟因循废格，日益兹坏。及嘉（靖）隆（庆）以来，累清屯田，虽时盈时耗，而较其见存之数，大约损故额十之六七。盖在洪、永间，辽东屯粮以石计者七十万，今者十七万。甘肃六十万，今十三万。宁夏十八万，今十四万九千。

① （明）陈子龙等选辑：《明经世文编》卷三五九《庞中丞摘稿（三）·清理延绥屯田疏》，北京：中华书局，1962 年，第 3870、3874-3875 页。

延绥六万，今五万。蓟州（今天津蓟州）十一万。今仅视延绥、山西，计其当初亦不下十万，今得二万八千有奇。是何盈缩相去若此甚也？[①]

曾任过陕西左布政使张瀚也指出：

陕西三边，延袤数千里。国初因田硗瘠，赋税不给，抛荒者听令开垦，永不起科，故塞下充实。已而计亩征粮，差赋繁重，加以虏酋之警，水旱之灾，收获既歉，征输愈急，所以民日转徙，田日荒芜也。即今不大布宽恤，尽免积逋，使人无畏忌，尽力开垦，则边境之忧，日甚一日，熟知底止哉。[②]

　　为了让屯田能维持下去，各级官员想了很多办法，《明经世文编》中有很多此类建议。然而，无论颁布什么鼓励措施，都不能使屯田再现"洪、永、熙、宣"盛景。不知道当时是否有人认识到撂荒问题就是明初大规模屯田开荒造成的，但老百姓已经用行动投了一票。
　　弃耕抛荒的原因从庞尚鹏记述中可见些许端倪——环境被严重透支了。可惜屯田是明代国策，即使个别有话语权的先贤认识到这一点，也不敢批评太祖国策。以至于这项坚持了200多年的国策所遗祸患至今未能消除，甚至愈演愈烈。这是典型的不考虑后代子孙

① （明）陈子龙等选辑：《明经世文编》卷四六一《苍霞正续集·屯政考》，北京：中华书局，1962年，第5059-5060页。
② （明）张瀚撰：《松窗梦语卷四·三农记》，盛冬铃点校，北京：中华书局，1985年，第72页。

生存问题的乞丐思维。正所谓成也萧何败也萧何。垦屯田并没有如朱元璋所看到的那样为大明帝国带来百世繁华，相反却成了明王朝灭亡的罪魁祸首——灭亡大明王朝的主力军就来自黄土高原北部屯田区域的饥荒人群。

清雍乾时期为解决"食众田寡"问题进一步调整和落实垦荒政策，激励民众垦荒积极性。一是延长垦荒地的起科年限。"雍正初元，谕升科之限。水田六年，旱田十年，著为例。"[①]并将其制度化。[②]二是降低新垦田地的征收标准。各地科则不同。试举例以说明。乾隆三年（1738年）甘肃中卫（今宁夏中卫）规定：

上地每亩征一斗二升，中地六升，全齁（碱）地每亩征银一分三厘。[③]

乾隆五年（1740年）特降谕旨对部分新垦土地免科：

边省、内地零星可垦者，听民、夷垦种；及山西新垦瘠地，自十亩以下，陕西畸零在五亩以下，俱免升科。凡隙地及水冲沙杂，与田不及亩者，及边省山麓河壖旷土，均永远免科。[④]

在这一系列政策鼓励下，垦荒取得了明显成效，耕地数量持续增长。到光绪年间黄土高原相关省份耕地总量是顺治十八年（1661

---

① 《清史稿》卷一二〇《食货志一》，北京：中华书局，1977年，第3502页。
② 李龙潜：《明清经济史》，广州：广东高等教育出版社，1988年，第376-377页。
③ 《清朝文献通考》卷四《田赋四》，上海：商务印务馆，1935年。
④ 《清史稿》卷一二〇《食货志一》，北京：中华书局，1977年，第3504页。

年）的 1.5 倍。[1]

上述屯田垦荒，更多地表现出了由政府主导之特征。实际上，即使没有政府的激励政策，民间自发的屯田垦荒行为也不能说没有。民国时期，甘肃镇原县孙家堡有一个名闻遐迩的大财主，当时流传一句"宁打孙家堡，不打庆阳府"的说法，是说其储粮多过了当时的庆阳府城。后来红军打下了孙家堡，证明此言不虚。孙家堡的粮食主要是来自孟坝、庙渠、三岔一带山地的垦荒所得。[2]据说每年秋末春初农闲季节，孙家都要雇佣附近农民到山上去修筑梯田。

利之所在，人皆趋之。如果说由政府主导的垦屯田带有各种政治色彩，那么，民间自发的行为，纯粹是以逐利为目的。政府的介入，进一步加大了垦屯田的力度和范围。持续不断的垦屯田，使耕地面积越来越大，天然林草地面积则逐渐萎缩。

据文献记载，明代至迟到成化年间垦荒的后果便开始显现。陕西巡抚提督军务马文升"命同知薛禄，择地所宜树，……甫三年，树皆成荫，行人忘暑"。[3]从其所倡导的植树活动的本身，就能反映出当时甘肃庆阳一带植被的稀缺程度。此后，历史文献中关于天然植被减少的记述越来越多。嘉靖时期庆阳府安化县彭原人傅学礼明确指出，"昔吾乡合抱参天之大木，林麓连亘于五百里之外，虎豹獐鹿之属得以接迹于山薮。据去《旧志》[4]才五十余年尔，今橡檩不具，且出薪于六七百里之远，虽狐兔之鲜，亦无所栖矣"。并认为"斧斤

---

① 梁方仲编著：《中国历代户口、田地、田赋统计》，北京：中华书局，2008 年，第 380 页。
② 朱光远：《梯田、区田、代田，保水保肥增产》，《陇东报》2005 年 3 月 18 日第 3 版。
③ 民国《重修镇原县志》，据民国二十四年（1935 年）铅印本影印，台北：成文出版有限公司，1967 年。
④ 指明正德五年（1510 年）的《庆阳府新志》。

不时，已为无度，而野火不禁，使百年地力一旦成烬"。[1]到了清乾隆年间，除了子午岭林区，今庆阳市农耕区仅留下一些小块森林或片林。如乾隆时期的《敕修甘肃通志》《庆阳府志》《环县志》所记载的今甘肃庆城、镇原、环县交界处，蒲河上游的大黑河、康家河、白家川流域的"曲西林区"。据乐天宇等调查，20世纪40年代的庆阳一带保留有大约 500 km^2 林地。"陕甘宁盆地森林分布图"显示，从曲西林区东至子午岭林区之间广大地区还存在一些天然次生片林，[2]但这些林地最终也未能得以保留。到20世纪50年代末，曲西林区不复存在，天然次生片林也消失殆尽了。

历史文献中野生动物记载所间接反映的天然植被信息与上述变化趋势一致。

《重修镇原县志·变异》云："清乾隆二十年（1755年），大旱，有虎入乡，有鸟蔽野。四十八年（1783年）……十一月野花开，有虎毙二人，旬余不见。四十九年（1784年）春三月，有二豹，乡人毙其一"。[3]虎豹为森林动物，持续达29年的异常频繁的虎豹伤人事件，正说明垦殖活动造成天然林草植被萎缩，侵扰了虎豹领地，达到人与虎豹争地之程度。但自乾隆四十九年（1784年）以后就不再有虎豹等大型猛兽为害的记载，可能是镇原县天然林地还在进一步减少，虎豹的生境进一步恶化，不得不栖居他乡或彻底灭绝。20世

---

① 嘉靖《庆阳府志》，兰州：甘肃人民出版社，2001年，第61-62页。嘉靖本《庆阳府志》成书于嘉靖三十六年（1558年），与正德五年（1511年）成书的由乐蟠人韩鼎主修的《庆阳府新志》，相隔近50年。在50年时间里，林线后退很多，自然景观迥然不同，傅学礼因此而感叹。
② 乐天宇、徐纬英：《陕甘宁盆地植物志》，北京：中国林业出版社，1957年，第12-15页。
③ 民国《重修镇原县志（全六册）》，据民国二十四年（1935年）铅印本影印，台北：成文出版有限公司，1967年。

纪五六十年代，子午岭林区还有金钱豹踪迹，甘肃庆阳市各地常有野狼伤人的传闻。[1]20世纪70年代初经常有狐狸等中小型食肉动物偷鸡事件发生。现在，且不说子午岭地区难见金钱豹的踪迹，即使是一只狐狸，除子午岭等偏远山区外，大部分地区已很难见到了。定居人口的活动范围之大，已经无法容纳一只狐狸生存了。

趋利心理是人的本性。当国家利益与民众利益一致或民众趋利心理得到政府的鼓励而膨胀时，屯田垦荒的范围、规模及其所造成的后果就最大化了。天然植被一次又一次沦为国家和民众短期利益的牺牲品。

（2）建筑、薪炭用材——生活必需品的索取与天然林草植被的衰减

人类生活离不开居所，需要营建室屋、城郭，置办家具、丧葬用品。因此，木材是民众必不可少的生活物品。作为木材的来源地，森林属于可再生资源，正常消耗一般不会造成破坏。但当人口过多、需求量过大、资源的储存量减少到一定程度时，即使正常消耗也能达到破坏的程度。

渭河上游居民自古有"以板为室屋"[2]习惯，直到现在，当地民居屋顶的橼木上仍然铺盖木板。这种建筑风格，比起陇东、陕北、关中等地的房屋，每间屋耗费的木材要更多一些。实际上，对于森林资源日见短缺的黄土高原而言，无论是哪一类建筑物——土木结构、砖木结构或"以板为室屋"，都会对当地森林植被产生较大影响。

都市的建筑群密集，会导致其所在地及其临近地区的林木损耗

---

① 《泰安范村史话》编委会：《泰安范村史话》，内部资料，西安：西安白云印务有限公司印制，2005年，第129-131页。
② 《汉书》卷二八《地理志下》，北京：中华书局，1962年。

量过大。秦都咸阳，汉唐长安、洛阳，北宋开封，元明清北京等古都的建设，均曾取材于黄土高原。有些城市屡遭破坏，屡次修建或修缮。这类木质结构建筑对林木的耗费量极大。

唐以前，政治、经济、文化中心均在北方，黄土高原地区就是其中之一。这里人口众多，城镇、村落鳞次栉比。唐以后尽管重心南移，但正如前面已经提及的，总体上人口仍呈缓慢增长趋势，清中叶以后，增幅还有所扩大。[①]日渐增加的人口会需要更多的木材来满足生活需要，因此，林木消耗没有因政治经济文化中心南移而有所减轻，相反随着森林面积减少、林木蓄积量下降，这种需求的破坏力日益凸显。

如果说建筑用材仅限于可用之材，那么薪炭耗费则不分种类和大小一扫而光。唐以前我国尚未使用煤炭。[②]在漫长而缺乏替代品的时代，草木一直是黄土高原居民生活的主要燃料，其用量大而带有普遍性。大到都市、城镇，小到家庭、个人，不分贫富贵贱，都有炊膳、取暖需求。早在13世纪马可·波罗就注意到这一点：

这个国内（指元帝国的契丹省，大致是今黄河以北地区）并不缺少树木，不过因为居民众多，灶也就特别多，而且烧个不停，……每个人一星期至少要洗三次热水澡，到了冬季，他们还是一天要洗一次。每个当官的或者富人都有一个火炉供自己使用。像这样大的消耗，木材的供给必定会感觉不足。[③]

① 梁方仲编著：《中国历代户口、田地、田赋统计》，上海：上海人民出版社，1980年；曹同民、李师翁编著：《庆阳生态与环境》，兰州：兰州大学出版社，2004年。
② 史念海：《汉唐长安城与生态环境》，《中国历史地理论丛》1998年第一辑。
③ ［意］马可·波罗：《马可·波罗游记》，梁生智译，北京：中国文史出版社，1998年，第146-147页。

　　这段话传递了两个信息：一是元帝国的契丹省（包含部分黄土高原在内）林木资源比较丰富；二是林木消耗量非常大。感谢马可·波罗先生记录了这段文字，让我们对黄土高原林草资源有了一个大致认识。据赵冈研究，"中国历史上因薪炭之消耗而彻底毁损的林地，由汉代的 100 多万亩增加到清末的 900 多万亩"。[①]太行山、军都山、燕山森林的大面积毁损，很大程度上是因北京作为元、明、清都城，薪炭用量大所导致的。据考证，易县曾设立过柴厂，经常有数千民夫在此伐薪烧炭供给北京。[②]明末清初甘肃省合水县人口仅 500 多户，到乾隆二十六年（1761 年）增加到 9 000 多户。这些外来人口多"采薪烧炭，卖以糊口"，其结果使合水八景及以树为名的村庄已多有名无实。[③]这些都是典型事例。

　　煤炭得到使用始自赵宋，但用户数量并不多。加之政治经济文化重心南移，这里经济、文化落后，交通不便，人民生活穷苦，作为燃料的煤炭并未得到普。一直到 20 世纪六七十年代，大部分普通百姓的生活燃料仍然是草木。此时的黄土高原树木奇缺，炊膳取暖燃料多以干草为主，人们砍尽树木去割草，割完高草扫草叶。每到秋冬季节，大人小孩拿着扫帚、木杆上山，把草地上的干草叶打下来、扫干净，作为火炕燃料。漫山遍野的"清洁工"，让人心碎。

　　除生活所用之外，生产性薪炭消耗也不容忽视。历史时期的冶

---

① 赵冈：《中国历史上生态环境之变迁》，北京：中国环境科学出版社，1996 年。

② 邱仲麟：《明代长城沿线的植木造林》，《南开学报》2007 年第 3 期；史念海：《黄土高原历史地理研究》，郑州：黄河水利出版社，2001 年。

③ 乾隆《合水县志·户口》（第 105-109 页）、《合水县志·风俗》（第 212-230 页）、《合水县志·田园》（第 88-92 页）、《合水县志·形胜·八景》（第 30 页），据清乾隆二十六年（1761 年）抄本影印，台北：成文出版社有限公司，1970 年。

金工业多以木材为燃料，即使在有了煤炭以后，受运力所限，木材仍占相当比值。一些有特殊用途的树种，更容易遭受破坏。例如松树可被用作烧烟制墨，松林的衰减速度就很快。沈括曾明确指出，"今齐、鲁间松林尽矣，渐至太行、京西、江南[①]，松山大半皆童矣"。[②]

市镇建设的木材需求尚有商榷余地，但普通民居、家具、丧葬、薪炭甚至包括制墨、冶金等在内的木材消耗却是无法回避的现实需要。即使作为一个激进的环保人士，面对最低的生存需求与宏观生态效益之间的博弈，其结果也是不言自明。事实上，黄土高原地区窑洞民居的广泛使用，锅连炕的家居布置，已经是这场博弈中人们所能做出的最大让步了。

（3）木材贸易——利益驱使下的森林破坏

从表象考察，贸易是一种纯粹的逐利行为，利润是贸易的灵魂。但是，买方市场才是贸易的基础，是交换需求促成了商业贸易。作为商品，木材也概莫能外。木材是一种生活必需品，因此木材贸易及其所造成的天然林草植被的毁坏，仍带有诸多无奈成分。我们并不否认人类的贪婪、无知以及其他因素所发挥的作用，甚至是十分明显的作用。王公贵人、豪门望族甚至庶民百姓，日常生活所需的木材、燃料等，都会从市场购买。大到建筑用料，小到一块薪炭，只要有需求就会进入市场。旺盛的市场需求所带来的高额利润，诱惑着无数商人从事木材贸易。这只"无形的手"操纵着一张巨大的网络，悄无声息地把各地森林资源化为乌有。但并不是从一开始贸易活动就促成了森林的破坏。我们知道，只有当一种资源转变为稀缺资源时才有利可图。从什么时候开始木材成了稀缺资源？尚不得

---

① 原文此处未断句。

② （宋）沈括：《梦溪笔谈》，侯真平点校，长沙：岳麓书社，2002 年。

而知。但据研究，至少到北宋时木材贸易就开始对森林造成危害了。此时开封附近森林早已遭到破坏，不能满足都城发展的需要，商贩们就把手伸向了伊洛河流域、关中南山北山、黄龙山、吕梁山、渭河上游等地，破坏最严重的当数渭河上游。[①]

因边防需要北宋王朝曾禁止采伐北部边境地区的森林，并严禁私贩林木，对私贩林木者严加惩处。或者可将保护森林看作是军事对立带来的好处。为了存留树篱以阻挡敌骑的快速推进，双方都会有意保护林木。北宋甚至在北方边境大力营建北方军事防御林，以达到"代鹿角"的目的。[②]但巨额利润的诱惑，或者说巨大消费的需求，使各地官吏、商贩对禁令熟视无睹，边地采伐活动屡禁不止。[③]即使在北宋初年，有权势的达官贵人也曾派遣人员到渭河流域采购木材，"联巨筏至京师治第"，甚至私贩牟利。[④]限于史料，其采伐量无法准确统计。仅"秦州夕阳镇"一地，就"岁获大木万本，以给京师"。[⑤]营建北方军事防御林的同时，盗伐活动始终未曾停止。

元代以后来自北方少数民族的威胁相对小一些。但明清北京的人口在百万以上，附近大中小城市及京畿一带农户所需木材数量不小。受利益驱动，北方地区尤其是阴山以南蒙晋陕黄土高原的森林遭受了毁灭性破坏。明马文升曾上书说，成化（1465—1487 年）以后，

……大同、宣府规利之徒，官员之家，专贩筏木，往往雇佣彼

---

① 史念海：《黄土高原历史地理研究》，郑州：黄河水利出版社，2001 年。
② 郭文佳：《简论宋代的林业发展与保护》，《中国农史》2003 年第 2 期。
③ 史念海：《黄土高原历史地理研究》，郑州：黄河水利出版社，2001 年。
④ 《续资治通鉴长编》卷一二《太祖》，北京：中华书局，1995 年，第 262 页。
⑤ 《续资治通鉴长编》卷三《太祖》，北京：中华书局，1995 年，第 68 页。

处军民，纠众入山，将应禁树木，任意砍伐。……贩运来京者，一年之间，岂止百十万余。……再待数十年，山林必为之以空矣。[1]

　　几十年以后，原来一望不彻的林木被砍伐净尽。[2]正因为"大同州县居民，日夜锯木解板，延边守备操防，……通同卖放"，采伐者更"百家成聚，千夫为邻，逐之不可，禁之不从"，使这里"延烧者一望成灰，砍伐者数里如扫"。[3]

　　木材贸易不是自赵宋始，只要有利可图，这种贸易活动会一直存在且将持续下去。之所以赵宋以后显得突出，是因为之前的林木短缺矛盾还不很突出，木材贸易的利益及破坏作用还不十分明显，只有当量变积累到一定程度时贸易的破坏性才开始引人注目。随着人口增加木材需求量逐渐增加，而随着林木减少贸易的破坏性也日益凸现。市场需求给木材贸易商不断注射兴奋剂，使这种盗伐行为永不间断。除非森林资源恢复到无利可图的程度，否则酷刑峻法也无济于事。

　　（4）获取战争胜利所付出的代价——局部地区林草植被的毁灭

　　一般认为，战乱会造成人口减少，农田荒芜，林草植被得以恢复。但对局部地区而言，战争不仅会对天然林草植被造成相当严重的毁坏，而且也包含有更多无奈成分。对交战双方而言，为战争胜利所付出的代价是惨痛的。即使付出生命的代价都也在所不惜，何况植被。在一场博弈中，如何获取战争胜利永远被放在第一位，其

①（明）陈子龙等选辑：《明经世文编》卷六三《为禁伐边山林木以资保障事疏》，北京：中华书局，1962 年。
②（明）陈子龙等选辑：《明经世文编》卷六三《复胡顺庵》，北京：中华书局，1962 年。
③（明）陈子龙等选辑：《明经世文编》卷六三《摘陈边计民艰疏》，北京：中华书局，1962 年。

他利益则等而下之。至于包括植被在内的环境生态问题，恐怕极少会被列入交战双方考虑的范畴之内。因此，战乱带来的天然林草植被的毁坏无法避免，且主要表现为战争战乱的直接破坏和战争难民的无序垦荒。

黄土高原地区地处农牧交错带，历史时期北方游牧民族与南方农耕民族之间战争频仍：秦汉与匈奴的战争，三国魏晋南北朝时期的北方混战，唐、回鹘、突厥、吐蕃等民族之间，宋、西夏、辽、金、蒙古之间，清末回汉之间的战争，甚至黄巢、李自成等农民起义等都曾转战于黄土高原。作战双方军队所到之处，开道、屯驻无不影响植被，甚而至于以植被为武器来对付敌军。这对生态脆弱的黄土高原中北部地区的影响更大。

北宋庆历四年（1044年）夏辽大战，李元昊佯装三次撤退，"每退必赭其地"，在鄂尔多斯凡百余里的地区实行坚壁清野，使这里脆弱的生境遭受了严重破坏。[①]事实上，这类战术也经常被运用于宋夏之间。例如，北宋熙宁四年（1071年）宋神宗曾批示"可令陕西、河东宣抚及诸路经略司，早为清野之计，毋得轻易接战"。知太原府吕公弼也上言"严戒边吏，专为坚壁清野之计"。虑及夏辽联盟时，王安石也说："且我坚壁清野，积聚刍粮以待敌，则敌未能深我为患"。[②]所谓坚壁清野就是"尽焚其草莱"，使其马无所食。[③]可见，这是一种常见的战术。加之这里战事点集不逾岁，征战不虚月，其破坏性异常强烈。

明代为防止北方少数民族入侵，在其北部漫长的边境地区实行

---

① 胡玉冰校注：《西夏志略校证》，兰州：甘肃文化出版社，1998年，第54页。
② 《续资治通鉴长编》卷二二〇《神宗》，北京：中华书局，1995年，第5334-5350页。
③（宋）沈括：《梦溪笔谈》，侯真平点校，长沙：岳麓书社，2002年。

烧荒防御政策。《明实录·英宗实录》卷九八，正统七年（1422年）十一月，锦衣卫指挥佥事王瑛奏请：

御虏莫善于烧荒，……近年烧荒，远者不过百里，近者才五六十里，胡马来侵，半日可至。向年甘肃，今者义州，屡被扰害，良以近地水草有余故也。今敕边将遇深秋，率兵约日同出数百里外，纵火焚烧，使胡马无水草可恃。

卷九九，正统七年（1422年）十二月，翰林院编修徐埕奏言：

太宗皇帝建都北京，镇压北虏，乘冬遣将出塞，烧荒哨瞭。今宜於每年九月，尽敕坐营将官巡边，分为三路：一出宣府（镇守区相当于今河北省西北长城内外），以抵赤城、独石（今河北赤城一带）；一出大同，以抵万全（治所在今河北宣化）；……各出塞三百五里，烧荒哨瞭，如遇虏寇出没，即相机剿杀……。[①]

如果这些措施贯彻落实到位，对当地植被所造成的影响可想而知。

战争时期屯田垦荒对植被的危害更严重。因为这时的中心问题是如何取得战争胜利，而不是保护环境。北宋时期，为了能与西夏长期对垒，范仲淹曾建议"先取绥、宥，据其要害屯兵营田，为持久之计"。北宋政府解决西北边地四五十万军士粮饷的具体措施，就

[①] 《明实录》[民国二十九年（1940年）梁鸿志影印]，据江苏国学馆图书馆传抄本影印，陕西师范大学图书馆珍藏。

是"通漕运、尽地利、榷商贾"①，其中"尽地利"主要指垦屯田。实际上，宋、西夏不仅在己方边界一侧进行屯垦，以解决军队给养，而且还经常发生越界"侵耕"和"扰耕、抢获"行为，并由此导致频繁不断的军事摩擦。正如熙宁四年（1071 年）范育所言，"自兴兵以来，边人乘利侵垦，犬牙交错，或属羌占田于戎境之中"。②这种行为同样也来自西夏一方，《宋史·俞充传》云："环州（今甘肃环县）田与夏境犬牙交错，每获必遭掠，多弃弗理"。③ "侵耕"带有短期行为特征，对环境的影响更大。20 世纪三四十年代，为了应对国民党的经济封锁，陕甘宁边区开展军民大生产运动，摆脱了困境的同时也对陕北南泥湾等地林草植被产生了巨大影响。

战乱期间的无序垦荒带有掠夺性。"葛怀敏败于定川，贼（西夏）大掠至潘原，关中震动，民多鼠窜山谷间"。④上至秦汉，下迄民国，类似事件会发生在任何战乱时期。为躲避战乱，无助难民只有逃离家园，躲进偏僻荒凉山区寻求活路。这样一来，森林地区——最好的避难所无疑要遭受破坏。最直接、最严重的破坏方式是毁林毁草垦荒。由于带有短期行为目的，所以这种开荒表现出两个明显特征：①破坏性。黄土区土壤自然肥力好，一次烧荒后的土壤肥力可以保证几年的种植需要，正符合短期行为者要求。无所顾忌的破坏林木和放火烧荒行为，更容易发生在战乱年代。②掠夺性。为了最大限度地解决温饱或获取利益，就尽可能多地开荒，从平坦地面开始，一直开垦到山坡，待已耕种土地肥力耗费流失后又去开垦新的荒地。

---

① （清）张鉴撰：《西夏纪事本末》卷一二《龙图诏谕》，龚世俊等校点，兰州：甘肃文化出版社，1998 年，第 85 页。
② 《续资治通鉴长编》卷二二八《神宗》，北京：中华书局，1995 年，第 5547-5549 页。
③ 《宋史》卷三三三《俞充传》，北京：中华书局，1977 年，第 10702 页。
④ 《宋史》卷三一四《范仲淹传》，北京：中华书局，1977 年，第 10272 页。

环境自我修复能力较差的黄土高原，战争战乱对植被造成的影响范围虽然不大，但其行为后果却不容忽视。因为以植被为武器的军事战略战术，多采取过激行为，而战争战乱时期的垦屯田则带有明显的短期、无序特征。

三、结论

历史时期，董志塬从森林草原景观逐渐演变为农耕植被景观。天然植被从塬面开始，逐渐向平梁、缓坡地带退缩。到唐宋以后，董志塬四周现代侵蚀沟中的乔木，也逐渐被草本植物所取代。

自然环境变迁尤其是气候变化没有造成天然植被种群结构发生明显变化，天然植被毁坏的主要原因是人为因素。

人为毁坏植被很多时候是人们的短期利益甚至是所面临的生存挑战与长远环境效益之间的一种博弈，而博弈的结果则几乎每次都是前者占优势。

人为毁坏天然林草植被方式不同，其程度和效果也不同。概略起来，垦荒的破坏力最大，其次是建筑、薪炭用材，再次为木材贸易和战争。破坏力度之大小还与人口数量成正相关：人口越多，破坏越严重。

在利益诉求渠道正常、畅通的情况下，追逐利益过程中造成的植被毁坏不会很明显。但当个人与国家利益发生冲突，个人利益无法通过正常渠道得到满足时，民众就会利用各种不正常利益诉求方式来达到目的。相对于国家，个人处于弱势地位，因此这类诉求方式包含有发泄利益诉求者不满情绪的成分，行为的危害程度往往更大。

毁坏植被行为还与国家或地方政府的制度、政策密切相关。当政策与人们短期利益一致时，行为的破坏力达到最大化；当制度不能起到约束人类无限欲望的作用时，甚至当毁坏力量来自政策层面时，人类天性中丑恶的一面就暴露无遗，其毁坏性就更为严重。

第六节　小　结

黄土高原地貌演变的基础因素是新构造运动。第四纪以来，除了有限的几个坳陷盆地，黄土高原大部分地区以不均衡上升运动为主，由此造成侵蚀基准面下降。侵蚀基准面下降导致沟道纵比降明显增大，地面坡度和坡地面积也随之增大；地面坡度增加，既是董志塬地貌演变的结果体现，也是引发其地貌进一步演变的原因。但相对于短暂的人类历史，新构造运动的影响力很难界定；具体到董志塬这一小区域，其时空差异不会很大。

降雨径流是黄土地貌演变的主导因素之一，其影响大小与侵蚀作用的发生部位有关。沟间地坡面上细沟、冲沟发育主要是受次降雨强度，特别是 30 分钟最大雨强和坡面植被覆盖度影响；细沟、冲沟发育与 30 分钟最大雨强和坡面植被覆盖度成较好的正比关系。沟谷地现代侵蚀沟发育，则主要受降雨量、径流量大小控制。

在黄土高原地区，当地震烈度达到Ⅳ度时就会引发崩塌和滑坡等次生地质灾害，地貌上则表现为沟岸扩张、地面塌陷等变化；改变各种形式的重力侵蚀的发生时间，导致地震结束后若干年内的侵蚀量有所增加，从而影响地貌演变进程，地震的影响不容忽视。

董志塬位于北纬 36°以南，关中北山以北，属于典型的黄土区。①虽然从严格意义上讲，董志塬南北部黄土性质是不同的，但因其南北跨度不大，黄土性质差异可以忽略。

林草植被在防止面状侵蚀方面可以发挥很好的作用，但对发生在现代侵蚀沟中的各类侵蚀活动来说，既有促进作用也有抑制作用，促进作用更明显。阴阳坡现代侵蚀沟发育情况与流域内植被覆盖度呈现良好正相关的结果表明，植被覆盖度越高，古代侵蚀沟中的现代侵蚀沟发育速度越快，负地貌扩张速度越快。至于相关现象的机理尚需进一步深入研究。

在一个完整流域，土壤侵蚀速度与降雨径流、地震呈明显的正相关；与植被覆盖度的关系，不好确定，至少还无法得出一个令人信服的结论。

---

① 刘东生等：《黄土与环境》，北京：科学出版社，1985 年，第 30 页。

第七章　驱动因素：人类活动

第一节　引　言

历史时期黄土高原的土壤侵蚀和地貌演变并不完全是自然因素造成的，人类活动的影响同样明显。董志塬及其附近的黄土塬区现代侵蚀沟的发育规律已经证明了这一点。人类活动干预较为明显之处，现代侵蚀沟的发育速度较快；人类干预较小的地方，现代侵蚀沟的发育速度较慢。

自然因素造成的土壤侵蚀和地貌演变多数情况下超出了人类所能控制的范畴。面对地壳隆升引起侵蚀基准下降及其造成的土壤侵蚀和地貌演变，地震引发的重力侵蚀及其附带产生的地质灾害，降雨径流变化引起的土壤侵蚀和地貌演变，人类的力量是那么的渺小。只有在遵循自然规律的前提下，尽量降低其影响。换句话说，只有在遵循自然规律的前提下谈水土流失的综合治理，才是科学的态度，才能见成效，否则将事倍功半，甚至一事无成。正因为此，水土保持工作应该更多地关注如何消除人类活动的影响。

一、人类活动差别影响下样点流域现代侵蚀沟发育情况对比

为了便于对比，按人类活动干预程度将第三章、第四章样点流域现代侵蚀沟的沟头前进速度、年均侵蚀量，分类统计在表 7-1 中。统计结果表明，受人类活动影响较小的 4 个流域的沟头前进速度较小，除了方家沟大于 3 m/年，其余 3 个均小于 3 m/年；年均侵蚀量也表现出了同样的特点。受人类活动影响较大的 12 个样点流域中，除了背阴洼沟沟头平均前进速度小于 3 m/年，其余的 11 个沟谷多为 4～7 m/年。无论沟头延伸速度，还是年均侵蚀量，后者都是前者的 2～15 倍，甚至更大。

表 7-1　样点流域现代侵蚀沟沟头前进速度和年均侵蚀量比较

类型	编号	沟名	人类活动证据	沟长/m	沟头平均前进速度/（m/年）	年均侵蚀量/（m³/年）
人类活动干预比较明显的沟谷	1	鸦儿沟	唐宜禄县城、长武—彬县古道，明以来长武县城	15 987	3.796	2.21×10^4
	2	崆峒沟	秦汉古城、唐宋古城、董志镇，古道路	15 950	6.56	1.1×10^5
	3	固益沟	唐宋以来的早胜镇、长武—宁县古道	11 888	3.25	2.3×10^4
	4	南小河沟	唐以来庆州（今庆城县）至原州（今镇原县）和渭州（今平凉市崆峒区）的必经道路[①]	11 266	4.19	5.23×10^4

---

① 史念海：《历史时期黄河中游的侵蚀与原的变迁》，《黄土高原历史地理研究》，郑州：黄河水利出版社，2001 年，第 1-30 页。

类型	编号	沟名	人类活动证据	沟长/m	沟头平均前进速度/（m/年）	年均侵蚀量/（m³/年）
人类活动干预比较明显的沟谷	5	彭原沟	唐宋彭原县城、古道路，长庆公路汇流区	9 050	5.42	5.22×10⁴
	6	大杜坪沟	东汉富平县城、古道路，长庆公路汇流区	7 225	5.803	9.67×10⁴
	7	店子水沟	店子古镇、和盛镇，长庆公路汇流区	5 900	4.837	4.26×10⁴
	8	官草沟	长武—宁县古道	4 504	6.57	6.69×10⁴
	9	路坳沟	东汉富平县城、古道路	4 125	3.13	5.20×10⁴
	10	背阴洼沟	唐宋彭原县城、古道路	1 800	2.029	2.13×10⁴
	11	驿马西沟	唐以来的驿马镇，长庆公路汇流区	980	4.135	2.14×10⁴
	12	火巷沟	今庆阳市西峰城区排水区	8 201	3.33	＞5 000
接近自然状态的沟谷	1	方家沟		3 920	3.472	1.727×10⁴
	2	井沟		2 676.5	1.455～2.647	0.678×10⁴～1.234×10⁴
	3	枣嘴沟		171.4	0.455	335.06
	4	沟头调查平均值			1.849	1 191.1

接近自然状态的四道沟谷之间的差别也与其所受人类活动影响大小有关。例如，方家沟流域除沟掌村庄道路影响之外[①]，还与一条过境道路有关。目前没有考古资料和历史文献资料证明方家沟曾经有过一条古道路，但根据经由此沟西北岸山坡而行的现状道路，即

---

① 姚文波：《硬化地面与黄土高原水土流失》，《地理研究》2007 年第 26 卷第 6 期。

镇原县—玉都—泾川县的简易公路推测，古道存在的可能性极大。只是这条道路的级别较低，影响有限，所以将其列入受人类活动影响较小的流域。井沟位于汉彭阳县城北门外，宋金彭阳县城西门外。从位置的相关性以及井沟所在地的山坡坡度看，沟谷也应该是在古城北上临泾塬道路的基础上发育而成的。因缺乏足够的证据，加之以后的上塬道路改道该沟谷东西两侧山梁上，道路级别低，影响力有限，故将其列入受人类活动影响较小的流域。只有枣嘴沟是真正意义上的自然状态的沟谷。特别是近 1 500 多年来，除农耕活动和农庄、村道的影响外，其他人类活动的影响很小，该沟的沟头平均延伸速度和年均侵蚀量，基本能代表自然沟谷情况。

受人类活动影响较大的沟谷之间也有区别。背阴洼沟发育过程中受到持续的人类活动影响，主要来自沟头部位的农庄和村道。来自唐宋彭原县城的影响，主要是城市排水。北门外入城道路虽然也有影响，但因其位于北门外，平时的维护工作比较及时，加上北侧的大杜坪沟和南侧的湫沟，均是北上和西去的大道，分担了这条道路的部分功能，故道路影响不显著。古城废弃之后，这条道路也同时废弃了，充其量也就是一个普通集流槽。该沟沟头距离长庆公路比较远，没有承受来自现代公路的集流。因此，沟头延伸速度比较慢。

火巷沟是今甘肃省庆阳市西峰城区的主要排水通道。第五章第一节已经提到，火巷沟是范家川一级支流、盖家川二级支流、马莲河三级支流、泾河四级支流，而范家川曾经是宁州（今甘肃宁县）北上庆阳（今甘肃庆城）、银川的必经之路。[①]所以火巷沟的发育，

---

① 姚文波、孟万忠：《西晋以来彭原古城附近沟谷的演变与复原》，《中国历史地理论丛》2010 年第 2 辑。

除了受西峰城区排水影响，也有可能与古道路有关。1985 年 5 月西峰设市后，随着城市建设力度加大和城区面积扩大，注入火巷沟的生产生活废水和雨水越来越多，火巷沟沟头延伸速度变得十分快捷，大有将城区一分为二之势。为保证西峰城区安全，近些年实施了严密的沟头防护措施，在沟头修建了排水管道，直通沟底，使沟头前进速度趋缓。但因黄土高原的现代侵蚀不是呈简单的线性变化，而是带有一定的偶然性，往往一两场暴雨，会造成剧烈侵蚀，其余时间变化不大。黄委会西峰水土保持试验站 1954 年调查数据中，火巷沟沟头 33 年间向塬心伸进了 110 m，沟头平均每年前进 3.33 m。[1]在黄委会调查期间发生的最大的一次侵蚀活动，沟头前进了 18 m，塌方量 5 000 m³ 以上。[1] 2006 年、2007 年的两场大暴雨，造成火巷沟沟岸大范围崩塌，两岸数家工厂厂房受到严重威胁，部分厂区已经陷落沟底。说明沟头防护措施只保证了沟头在一段时间内不再延伸，沟床的下切侵蚀还在持续，沟岸两侧的崩塌、滑坡等重力侵蚀依旧活跃。火巷沟沟头调查数据中的沟头前进速度和年均侵蚀量与实际情况相比明显偏小。

固益沟基本属于自然沟谷。由于受沟头部位的早胜镇、北岸的长武—宁县古道路的共同影响，沟头延伸速度还是比较快的，达到了 3.37 m/年。井沟的情况较为特殊，未能得出具有比较性的量值，只是一个变化范围。尽管如此，其变化量还是远比自然沟谷大。

样本流域现代侵蚀沟的发育情况还表明，一般情况下，受人类活动影响比较大的沟谷，不仅沟头延伸速度、年均侵蚀量比较大，其沟道长度也都比较长。自然沟谷则相反。但也有例外。这是因为

---

[1] 宋尚智：《南小河沟流域水土流失规律及综合治理效益分析》，1962 年手稿，第 41 页。

长度较大的沟谷，除了受现代侵蚀的影响，其长度大小还受基底地形的制约。如果古代侵蚀沟比较长，在其基础上发育的现代侵蚀沟也会比较长。所以并不是所有的长度较大的沟谷都是人类活动影响的结果。而一些长度较小沟谷的发育，也会受人类活动的过度干预和影响。例如一些原来的山脊、分水岭，因为道路选择从此经过，受其侵蚀，后来在分水岭上发育了沟谷，这类沟谷长度大多不是很长，背阴洼沟和井沟就属于此类。还有诸如驿马镇西侧沟一类，原来并不存在此沟，因驿马镇排水，形成了一条新的侵蚀沟，此沟的长度不足 1 000 m。尽管如此，沟谷长度在一定程度上还是能反映人类活动的参与度。

二、董志塬沟道等级分类

表 5-2 的统计结果表明，长度为 0.5～1 km 的沟谷占董志塬沟谷总量的 57.52%，而 >10 km 的沟谷只占总量的 0.68%。可见长度较大的沟谷即使受人类活动的过度干预，数量和所占比例也比较小。正因其数量相对较小，对董志塬地貌发育的影响，远没有以往研究所认为的那么严重。[1]但这并不是说，人类活动的影响不大。相反在其他要素接近的条件下，各种人类活动，诸如土地利用方式的转变，导致下垫面性质、流域径流量大小发生变化；村庄、城镇、道路等硬化地面面积的增加，也会造成流域径流量发生变化[2]。从而使相关流域的侵蚀速度、侵蚀量发生变化，造成现代侵蚀沟发育速度明显

---

[1] 史念海：《黄土高原历史地理研究》，郑州：黄河水利出版社，2001 年；朱士光：《黄土高原地区环境变迁及其治理》，郑州：黄河水利出版社，1999 年。
[2] 姚文波：《硬化地面与黄土高原水土流失》，《地理研究》2007 年第 26 卷第 6 期。

加快，正地貌的萎缩速度和负地貌的扩张速度明显增大。此外，人类的生产生活活动也会增大或放大地震等自然灾害的影响力。[1]事实上，发育速度较快的现代侵蚀沟已经造成董志塬呈现块状分割的趋势。故有必要进一步探讨人类活动之影响。

三、人类活动的综合分析

人类生产生活活动致使各种自然环境因素有所改变，甚至直接参与到环境因子的相互作用过程中，影响环境的自然演变进程，这类因素都可看作是人为因素。其影响主要表现在四个方面。①人类活动导致天然植被状况发生变化，进而间接影响地貌演变进程。②农业生产方式或土地利用方式转变直接或间接影响地貌演变进程。③硬化地面措施改变土壤结构，提高地面硬化区域的集流能力，导致小流域径流量增加，进而影响地貌演变进程。④人类活动直接改变地貌形态。

植被覆盖度与地貌演变之间的关系复杂，目前还无法确定其作用性质。历史时期董志塬天然植被的日趋减少无疑对地貌产生了影响。造成天然植被毁坏的主要原因是人为因素，这在第六章第四节已做了分析，本章不再涉及。

黄土高原地区人类活动直接导致的地貌变化，自有人类居住以来就存在。修建窑洞住宅，是经常见到的一种直接改变地貌的活动。其他诸如修建道路、梯田、水利设施、开矿山等，都对地貌产生了不同程度的影响。但这类活动的影响力有多大，是如何变化的，限

---

① 姚文波、刘文兆、侯甬坚：《汶川大地震陇东黄土高原崩塌滑坡的调查分析》，《生态学报》2008 年第 28 卷第 12 期。

于资料，无法给出具体答案。其他两种方式的人类活动的影响，将在本章分别讨论。

第二节　人口问题的重要性

但凡涉及人类活动，就与人口有关，而历史人口问题始终是历史研究中争议最多的问题。就本书的研究区域而言，虽然只涉及了董志塬，其面积相当于本地区的一个小县，但在历史时期常分属不同行政区划，变化复杂，使其人口问题变得十分棘手。

一、历史时期董志塬所属行政区人口数量

一般来说，要比较不同时期人口变化的趋势，人口密度是最有价值的指标。但是计算给定地域的人口密度，必须要掌握其人口数量和土地面积。我们都知道，这两项指标的获取非常困难。具体表现为：

①数据来源不同，应用起来很困难。董志塬是自然地理单元，而我国的人口统计，历来都是按行政单元来统计的。要将不同历史时期行政单元内的人口统计数，放在董志塬这一自然区域内进行对比，得出不同历史时期董志塬的人口变化趋势，首先需要知道各相关行政区的面积和人口，才能计算出人口密度，再将其应用到董志塬。但这是不可能的。除了明清两代，其他时期董志塬的行政归属已无可考证。即使是明清两代，县域之间的界限也有不可考者，所以地方志中按县域统计的人口数据就无法应用到董志塬。计算人口密度难度之大远超想象。②不同历史时期人口统计口径不同，处理

起来有难度。③资料缺失严重，无法弥补。明清两代的资料较为完整，有方志记录可资利用。明清以前，只能在各种地理总志中寻找。但地理总志资料很难直接利用。即使能直接引用，因资料缺失比较严重，或者有人口资料，却无法找到相应区域与之对应；或者有行政区划，却无人口资料；或者两者都缺失。例如，《汉书·地理志》中西汉北地郡所领马领、直路、灵武、富平、灵州、昫衍、方渠、除道、五街、鹑孤、归德、回获、略畔道、泥阳、郁郅、义渠道、弋居、大㶚、廉等十九县①中的大多数既无法找到城址，更不知道其具体的管辖范围。《后汉书·郡国》中东汉北地郡所领富平、泥阳、弋居、廉、参䜌、灵州等六县②也存在类似问题。辖区大小及边界问题不仅存于县级行政区，郡级行政区同样不清楚。④行政归属变化多端，相关数据获取困难。历史时期董志塬所隶属的行政辖区经常变化。或者隶属同名行政区，但行政区所辖范围大小不同。或者所隶属的行政区不同名，辖区范围更不一样。如两汉的北地郡名称相同，其管辖范围是否相同？面积有多大？无法知道。以上诸多原因使得历史时期董志塬的人口研究工作异常困难。

"运用人口统计方法进行数据库重建时必须十分谨慎，数字宜粗不宜细，时间范围宜短不宜长，空间范围宜大不宜小"。③董志塬地域范围太小正是人口研究之难点所在。为了解决这一难题，笔者采取模糊处理的方法，即不做人口密度对比，只将不同历史时期董志塬所属的郡、府一级行政区的人口数量，从地理总志、地方志及相

---

① 《汉书》卷二八《地理志下》，北京：中华书局，1962年，第1616页。
② 《后汉书》志第二三《郡国五》，北京：中华书局，1965年，第3519-3520页。
③ 葛剑雄：《中国人口史》第1卷《导论·先秦至南北朝时期》，上海：复旦大学出版社，2002年，第115、118-119页。

关研究文献中摘录出来（表 7-2），从中透析其大概变化趋势。至于
具体的人口数量是否准确、人口数量的变化是什么原因造成等，只
有留给历史人口学者们去关注了。

表 7-2　历史时期董志塬所属行政区人口统计

朝代	人口统计年号	所属行政区	户数	口数	资料出处
西汉	元始二年（2 年）	北地郡	64 461	210 688	《汉书地理志》卷二八《地理下》
东汉	永和五年（140 年）	北地郡	1 122	18 637	《后汉书》卷三三《郡国志第二十三·郡国五》
西晋	大康元年（280 年）	北地郡	2 600		《晋书》卷一四《志第四地理上》
隋代	大业五年（609 年）	北地郡	70 690		《隋书》卷二九《志第二十四·地理上》
唐初	武德元年（618 年）	宁州、庆州	23 408	76 647	《旧唐书》卷三八《志第十八·地理一》
唐中	天宝元年（742 年）	宁州、庆州	61 070	157 482	《旧唐书》卷三八《志第十八·地理一》
北宋	崇宁元年（1102 年）	宁州、安化郡、原州	88 477	281 973	《宋史》卷八七《地理志第四十·地理三·陕西》
金朝	泰和七年（1207 年）	宁州、庆阳府、原州	98 728		《金史》卷二六《志第七·地理下》
元代	皇庆元年（1312 年）	巩昌等处总帅府	45 135	369 272	《元史》卷六〇《志第十二·地理三·陕西诸道行御史台》
明代	正德至嘉靖年间	庆阳府	14 495	173 195	嘉靖《庆阳府志》卷三《户口》
清初	顺治七年（1650 年）	庆阳府	9 275	丁：12 105	顺治《庆阳府志》卷三《户口》

朝代	人口统计年号	所属行政区	户数	口数	资料出处
清中	乾隆二十六年（1761年）	庆阳府	19 972	丁：118 255	乾隆《庆阳府志》卷九《里甲附户口》
清末	宣统元年（1909年）	庆阳府		233 525	曹同民、李师翁编著《庆阳生态与环境》第159页
中华民国	民国十七年（1928年）	泾原行政区		318 088	曹同民、李师翁编著《庆阳生态与环境》第160页
中华人民共和国	1949年	庆阳分区专员公署		907 800	曹同民、李师翁编著《庆阳生态与环境》第160-171页
	1953年			965 718	
	1964年			1 196 176	
	1982年	庆阳地区		1 842 682	
	2000年	庆阳市		2 420 960	

　　葛剑雄先生指出，历代户口调查的主要目的是征集赋税，户口调查的精确程度取决于户口制度的效益目标。为了逃避赋税，很多情况下，户籍资料丝毫不能反映人口数量的实际变化。即使在户籍与赋税脱钩以后，依然存在户口不实的现象。[1]特殊时期户口不实现象就更严重。正如南燕慕容德建平四年（403年）尚书韩𧨾所言，"百姓因秦晋之弊，迭相荫冒，或百室合户，或千丁共籍，依托城社，不惧燔烧，公避课役……"[2]形象地说明了历史文献中所载户口数字的不可靠性。因此，表7-2中的数字仅供参考。

---

① 葛剑雄：《中国人口史》第1卷《导论·先秦至南北朝时期》，上海：复旦大学出版社，2002年，第115、118-119页。
② 《晋书》卷一二七《慕容德载记》，北京：中华书局，1974年，第3170页。

根据曹同民等的统计，目前庆阳市的人口分布，以塬区的密度最大，川区次之，山区最小。[①]实际上，这种分类不科学，因为在塬区和川区之间存在过渡区丘陵山地，很难将其严格分类。倒是按地形区划分，可信度会更高一些。即高原沟壑区人口密度较大，丘陵沟壑区人口密度较小。董志塬位于高原沟壑区，在整个庆阳市人口密度中属于偏高类型。但在高原沟壑区，董志塬塬区人口密度小于河谷地带。以人均占有的耕地为例：1980 年前后董志塬人均耕地 4～5 亩，远大于河谷地带的 2～3 亩，说明其人口密度偏小。董志塬虽然比高原沟壑区河谷地带人口密度低，却比丘陵沟壑区的华池县、环县等北部县区人口密度高，基本处于中间水平。故董志塬历代所属郡、府或州的人口变化趋势，基本可以反映董志塬人口变化趋势。

二、历史时期董志塬人口变化趋势分析

一般情况下，给定地域人口数量的变化会随着时间的延续呈持续增加趋势。但在战争、饥荒、瘟疫等灾害影响下，人口的变化趋势会更复杂一些。表 7-2 的统计结果也反映出这一特征，即毫无规律可循。直到 1949 年，全国总人口为 5.4×10^8 人[②]，人口密度为 56.42 人/km^2，达到了史无前例之水平。而同年甘肃省庆阳分区专员公署总人口为 90.78 万人，人口密度为 3.35 人/km^2。依此类推，庆阳这个人口数据也应是 1949 年之前的历史人口峰值。就是说此前的人口

---

① 曹同民、李师翁编者：《庆阳生态与环境》，兰州：兰州大学出版社，2004 年，第 164 页。
② 侯杨方：《中国人口史》第 6 卷《1910—1953》，上海：复旦大学出版社，2001 年，第 281 页。

数量或者人口密度，在不同历史时期虽然有所不同，但在1949年之前董志塬的人口密度最多徘徊在3.35人/km²左右，或者更小。这样的人口密度意味着，秦汉以来的大规模移民垦殖造成董志塬塬面地区成为农耕区以后，塬面上的土地利用类型基本以耕地为主，周围山地则随着人口数量的起伏变化而略有变化。与陇东其他地方一样，董志塬在历史时期发生过很多次移民事件，其中既有以农耕为业的汉民，也有以畜牧为业的少数民族。就其对环境的影响而言，不同的移民群体会产生不同影响。人口数量不同，所需的住宅面积、道路里程和等级都不相同，产生的影响也不同。所有这一切，都值得进一步分析研究。

第三节　土地利用及其影响

土地按利用类型通常可划分为耕地、林地、草地、建筑用地、难（未）利用土地五大类。不同土地利用方式下土壤侵蚀力度不相同。在以水力侵蚀为主的黄土区，土壤侵蚀力度之不同会影响到地貌发育进程。

给定区域土地的利用类型既取决于自然条件，也取决于该地的人口状况。在自然条件差别不明显的地区，更多地体现为生活在该地区的人对生产生活方式的选择以及其他社会因素。具体表现在同一地区在不同时期土地利用方式可能不同，同一时期不同地区的土地利用方式也不一样。土地利用方式既随着时间的变化而变化，也有着明显的地域差异。关于地域差异导致土地生产力和土地利用类型之不同在现代自然地理中有大量研究，本节不再详述。但在自然条件相同或相似情况下土地利用方式随着时间的变化是如何变化的，还需要进一步探讨。

一、影响土地利用状况的因素

在给定地域的局限条件下，人口密度、入住人口的生产生活习性、开发环境、国家开发政策等因素都会影响当地土地利用状况。

1. 人口密度

人口密度与土地利用的相关度极高。前工业时期耕地的单位面积产出最高，一般情况下，人口密度大则土地承载量大，产出较高的耕地面积会有所增加，相应的林草地会减少；反之，则耕地减少而林草地增加。

为进一步厘清人口密度与土地利用之间的关系，将 2000 年前后甘肃省庆阳市高原沟壑农耕植被区、丘陵沟壑农耕植被区、子午岭林区的相关指标加以统计（表 7-3）。结果表明：①人口稠密的高原沟壑农耕植被区，耕地比例达 42.67%，建筑用地 9.59%，二者之和超过土地总面积的 1/2。林草地之和占土地总面积的 35.04%，略大于 1/3。耕地面积大于林草地之和。林草地分布在陡坡、沟谷、河漫滩等处。②人烟相对稀少的残塬沟壑区，建筑用地和耕地之和只占土地总面积的 35.92%，略大于 1/3，通常这个比例会随各地人口密度的变化而有所不同。林草地占土地总面积的 53.67%，超过了 1/2。这种情况与高原沟壑区刚好相反。③人口密度更小的子午岭林区，耕地比重为 13.67%，建筑用地只占 1.42%，二者之和仅为 15.09%，不足总土地面积的 1/6。林牧业比重大，林草地之和占总土地面积的 80.29%。由于该区气候条件较丘陵沟壑区优越，虽然其人口密度较丘陵沟壑区大，但耕地的比例反而更低，说明林区的林业和牧业的收入之和肯定大于山坡地的农耕业。否则，此地居民为何不学习丘陵沟壑区农民的生产方式，去开垦山坡地？但川台地、缓坡等处则已开垦为耕地。④丘陵沟壑农耕植被区的人口密度最小，人均土地占有量最大。因气候较为干旱，耕地比例略高于林区。耕地、建筑用地比重之和为 22.08%，略大于 1/5。林草地之和占总土地面积的71.35%，超过了 2/3。除川台地外，山地丘陵多采用歇耕制度——轮换耕作，每年只耕种所属土地的 1/2 或者 1/3，其余撂荒。歇耕地经营粗放，有刀耕火种痕迹——耕作前放火烧荒。①休耕期的歇耕地、荒沟陡坡、河漫滩等处为林草地。

表7-3　甘肃省庆阳市不同类型区人口密度与土地利用情况统计

	南部高原沟壑区	中部残塬沟壑区	东部子午岭林区	西北部丘陵沟壑区
土地总面积/km^2	5 440.38	7 106.49	6 120.4	19 701.81
人口/万人	115.88	52.57	23.71	25.34
人口密度/（人/km^2）	212.4	70.7	41.1	28.9
耕地比例/%	42.67	31.6	13.67	20.46
林地比例/%	15.14	8.15	45.4	12.95
草地比例/%	19.9	45.52	34.89	58.4
建筑用地/%	9.59	4.32	1.42	1.62
其他用地/%	12.7	10.41	4.64	6.57

资料来源：庆阳地区行政公署土地管理处：《庆阳地区土地管理志》，内部资料，庆阳：庆阳地区土地开发勘测规划室印刷，2001 年，第 148-156 页。

---

① 这种土地通常不施肥。据了解，甘肃省华池县部分地区的川台地也不施用或很少施用农家肥，随着化肥的使用，农田投入才有所增加，但农家肥使用的仍然很少，这可能与当地人均耕地较多、农家肥难以搬运等因素有关。

可见，一般情况下人口密度与耕地、建筑用地之比例成正相关，与林草地比例成负相关。但也有例外。例如，子午岭林区人口密度达 41.1 人/km²，耕地、建筑用地比重之和只有 15.09%，林草地之和占土地总面积的 80.29%。庆阳市西北部丘陵沟壑区的人口密度是 28.9 人/km²，耕地、建筑用地比重之和为 22.08%，林草地之和占土地总面积的 71.35%。与丘陵沟壑区相比，林区的人口密度超出了 12.2 个百分点，耕地、建筑用地的比重却低了 6.99 个百分点、林草地比重高出了 8.94 个百分点。所以在某种意义上说，人口密度与土地垦殖指数之间的正相关并不是绝对的。

2．入住人口的生产生活习性

常住人口的生活习性在一定程度上左右着居住区的土地利用方式。英国传统农业中畜牧业的比重很高，凡是英裔移民国家的畜牧业都很发达，就是承继了他们原有的生活习性。历史时期的黄土高原地区也一样。一般情况下，入住人口以汉族为主，耕地会增加而林草地会减少。如果是以少数民族尤其是有从事畜牧生产习惯的少数民族为主，则林草地会增加而耕地减少。

入住人口的生产生活习性及其对土地利用的影响，也不是一成不变的。正如第六章第四节中所分析的，它要受迁入地自然条件和经济规律制约。秦汉以来黄土高原地区发生过多次少数民族迁徙事件，这里经常处于多民族混居状态。不同生活习性的民族混居在一起，相互影响的结果是移民的生产生活习性将随时间推移而发生变化。由于种植业收益与其他各业相比始终保持着一定优势，所以黄土高原没有演变成纯粹的畜牧区，而是农林牧多种生产方式动态并存。如战乱、瘟疫等特殊事件之后，因人口数量下降导致土地相对富余时，稼穑为业的汉民会畜养牲畜，在满足其对生产动力需求的同时也可改善食品结构、扩大收入来源。出于同样理由，以畜牧为业的少数民族，因土地面积所限会逐步提高种植业比例。和平岁月因人口数量增加导致土地相对紧缺时，无论民族和生活习性，大家都会选择产出较高的农耕业。新人口入住之初，从业者之民族性尚明显，至后期就趋同了。就农耕业对环境的影响而言，由于游牧民族的农耕技术和经验相对较差，与同等数量的汉族人口相比，所造成的水土流失可能会更严重。所以同样是农耕业的影响，也因从业者的原有习性不同而有所不同。

3．开发环境

和平时期，人口增长快，土地开发力度大，耕地会增加，林草地面积则相应减少。战乱时期，人口减少，农田荒芜，林地草地面积会有所增加。但这也不是绝对的，宋明时期在北方边境实行屯耕、坚壁清野、烧荒防御之类措施[①]所造成的后果就是例外。

4．国家的开发政策

国家政策有利于种植业发展，则耕地会增加而林草地减少；政策利于林牧业发展，则林草地会增加而耕地减少。[②]"圈地牧马"与"劝课农桑"、"以粮为纲"与"退耕还林（草）"等政策所导致之结果即是明证。

土地利用和生活习惯具有继承性。历史时期黄土高原的土地利用方式始终是林、草、耕地并存，其比例基本随人口密度的变化而呈现动态变化。总趋势大致为：唐安史之乱以前，黄土高原人口数

[①] 胡玉冰校注：《西夏志略校证》，兰州：甘肃文化出版社，1998年，第54页；《明实录》[民国二十九年（1940年）梁鸿志影印]卷九八、卷九九，据江苏国学馆图书馆传抄本影印，陕西师范大学图书馆珍藏。

[②] 中国历史上，"劝课农桑"虽然占据主导地位，但不时也会出现"圈地牧马"的小插曲。至于移民实边、屯垦等政策更是不绝史书。

量有限，林草地比例偏大，越往前林草地比例越大，耕地面积越小。之后农耕业逐渐占据主导地位，越往后林草地比例越小，耕地面积越大。

二、土地利用方式对土壤侵蚀的影响

不同类型的土地利用方式，对土壤侵蚀和地貌演变造成的影响不一样。林地、草地、耕地与土壤侵蚀之间的关系，已经被水保部门的实验所证实。

在塬面和坡面上，就集流能力而言，林地、草地、耕地有如下规律：天然林地最小，其次为人工林地、人工草地、天然草地，裸露的耕地最大。给定区域的山坡，如果没有前期降水且降水时间持续较短、强度不大时，坡耕地因土质疏松利于雨水下渗，集水量较坡草地为小但土壤侵蚀更严重。如果降水持续时间较长、强度较大，坡耕地则因地面裸露而汇流迅速，水、土流失量均大于坡草地。有前期降水时与区域降水持续时间较长、强度较大的情况相似。对于坡林地，因其植被覆盖度大，枯枝落叶层厚，植物根系发达，截留雨水能力强，故水流速度、流水动能均小，侵蚀力弱，水土流失较轻微。但遇到大雨和暴雨或者前期降水过多时，坡草地容易形成土壤表层泻溜，侵蚀量反而会变大。特别是平坦塬面，不同土地利用方式对其侵蚀模数的影响有限，但对径流模数的影响很大。因为塬面径流占流域总量的67.4%，泥沙占流域总量的12.3%。其中村庄道路是主要产流区，径流量占塬面部位的87%，泥沙量占塬面部位的92%。而坡面径流占流域总量的8.6%，泥沙占流域总量的1.4%。但在沟谷部位，径流量只占流域总量的24%，泥沙占流域总量的86.3%。

沟床和红土泻溜是主要的产沙区，占沟谷泥沙的 96%，占流域泥沙总量的 83%。塬水下沟后，流域产沙量将增加的 77%左右，侵蚀模数增加 1.26~1.4 倍。[①]可见土地利用方式不同对塬面所造成的影响虽然不大，但对整个流域而言土地利用方式的影响还是十分明显的——主要表现为增加了流域径流量。就坡地而言，不同土地利用方式的影响明显而直接。

建筑用地面积随人口数量变化而变化，人口越多用地规模越大，反之则越小。其对黄土高原水土流失和地貌演变的影响主要指向地面的集流能力。建筑用地，无论是城镇村庄的建筑物或者道路的硬化地面，都有很强的集流作用，能使大量雨水迅速集中起来，形成远超常量的地表径流。这对流水侵蚀的各项参数影响很大，在一个相对完整的流域内，有无硬化地面，沟头的延伸速度、水土流失量会有很大的差异。[②]这将在本章第四节专门讨论。

难（未）利用土地——陡坡、断崖、河漫滩等水土易流失之所，人类活动干预不多，但人口压力过大、开采资源[③]或在非常岁月会被不同程度"开发"，受其影响水土流失也会有所增加。这类土地的利用方式变化不大，不再做专门论述。

---

① 黄河水利委员会西峰水土保持科学试验站：《黄河水土保持生态工程——泾河流域砚瓦川项目区可行性研究报告》，内部资料，2006 年，第 39-40 页。

② 姚文波：《硬化地面对黄土高原水土流失影响的初步研究》，《地理研究》2007 年第 26 卷第 6 期。

③ 地下矿产的开采一般不受地形等因素影响。近年来，侵蚀模数最大的河床采砂活动猖獗，就是典型例子。

三、自然条件相似情况下农耕区与林牧区土壤侵蚀情况对比

土地利用方式是人类活动的具体表现形式之一。如前所述的实验数据和监测结果，是针对特定类型土地利用方式做出的对比，在实际生产生活中，情况远比实验结果复杂。为了进一步明确土地利用对土壤侵蚀的影响力度，再选择自然条件相似的典型农耕植被区洪河流域与更偏林牧植被区的葫芦河流域进行对比（表7-4）。

表7-4　洪河与葫芦河流域相关指数对比

	葫芦河流域	洪河流域
流域面积/km^2	2 279	1 307
流域内年均降水量/mm	500～620	500～600
土地利用类型	林牧区	农耕区
多年平均径流总量/10^8 m^3	0.445	0.608
多年平均径流模数/［m^3/（km^2·年）］	0.63	1.48
多年平均侵蚀模数/［t/（km^2·年）］	154	9 830

资料来源：方雨松主编：《庆阳地区：水资源调查评价及水利水保区划成果》，内部资料，2003 年。

洪河流域的侵蚀模数和径流模数分别是葫芦河的 63.83 倍和 2.37 倍。表 7-4 数据中没有剔除硬化地面、降水量、地面坡度等因素所带来的影响，但仍能在一定程度上反映出，当自然条件相似而农业生产方式、人口数量不同时，两地的水土流失差异很大，农耕区水土流失明显大于林牧区。实际上，庆阳市南部高原沟壑区和子午岭林区（甘肃省境内）的自然条件，特别是年降水量比较接近。但前者的农耕地、建筑用地比例较高，林草地比例较低，土壤侵蚀

就相对严重。后者的情况正好相反。[①]由此得出的结论为，人类活动越频繁的地区，农耕地、建筑用地比例越高，土壤侵蚀越严重，地貌演变速度就越快。反之，人类活动越弱的地区，农耕地、建筑用地的比例越低，土壤侵蚀就越轻微，地貌演变的速度相应地越小。但在特殊情况下，有些农耕活动反而会抑制土壤侵蚀的发生。例如修建水平梯田、淤地坝等活动，对防止土壤侵蚀具有很大作用，进而延缓了地貌演变进程。这对山坡地微地貌的影响更明显。

一个地区水平梯田的建设水平与其水土流失情况，能在一定程度上反映农业生产集约化程度与水土流失之间的关联程度。试验表明，在其他条件相似的情况下，坡地中水平梯田比例越大，水土流失越轻微。未修建水平梯田、水平沟的林草地，较同样坡度已修建水平梯田的坡耕地的水土流失更严重。200 年一遇的特大暴雨——持续时间在 24 小时以内、一次降雨量 180 mm 以上者，郁闭度 80%以上的人工草坡可拦雨量约 30%；郁闭度在 60%~70%、有水平沟水平台地的造林地可拦雨量约 60%；没有水平沟和台地的造林地则达不到 60%；如果山坡被修建为连台水平梯田，且梯田地埂高出地面 30 cm，即使有外来水量（包括田间道路等处雨水）也可拦截 85%左右雨水，无外来水（指纯农田集水）时则可达 100%。除非遇到更大的暴雨，水平梯田一般不会产生外泄径流，其水土流失量最小。[②]所以在给定时间与地点内，农田地面越平整，农耕业和耕地所带来的水土流失就越轻微；经营越粗放，则水土流失就越严重。

农业生产集约度又与人口有关：人口稠密地区，开发力度大，农耕地比例大，相应地经营更集约一些；而人口稀疏地区，土地利

① 方雨松主编：《庆阳地区：水资源调查评价及水利水保区划成果》，内部资料，2003 年。
② 方雨松主编：《庆阳地区：水资源调查评价及水利水保区划成果》，内部资料，2003 年。

用系数小，但经营粗放。同理，人口稀少时期，土地压力小，生产可能更粗放；人口相对稠密的时期，土地压力大，生产可能更集约。从这个角度看，一个地区因人口增减所造成的土地利用方式的转变与水土流失量不一定成正相关。

是故研究土地利用对地貌演变的影响，须对不同比例的坡耕地、林草地、水平梯田进行试验对比，才能得出有可比性的试验数据和更为科学的结论，一概而论的分析会有误差。或云：以上分析不合理，因为水平梯田的修建使地面坡度发生了变化，不能再用其与坡草地、坡林地进行对比，这种说法欠妥。因为作为一种治理措施，水平梯田工程只是对小地貌作了改造，大地形并未改变。

四、历史时期黄土高原的水平梯田

在人类历史早期，虽然难考农业生产的集约度，不能确知坡耕地比例，但土地利用上相对要粗放一些，尽管先民们开辟良田时也会有平整土地的做法。

梁家勉等研究结果表明，先秦时期黄土高原就有梯田。《诗经·小雅·正月》"瞻彼阪田，有菀其特"中的阪田就是指梯田[1]，这一观点得到了很多人的支持。[2]刘忠义甚至认为关中出现梯田的明确记载的时间早于西周幽王六年（公元前776年）。

《诗经·小雅·信南山》中"信彼南山，维禹甸之"，《诗经·大

---

[1] 梁家勉：《中国梯田考》，《华南农学院第二次科学讨论会论文汇刊》，广州：华南农学院出版社，1956年。
[2] 毛延寿：《梯田史料》，《中国水土保持》1986年第1期；刘忠义：《关中地区梯田的形成》，《中国水土保持》1992年第1期；朱光远：《梯田、区田、代天，保水保肥增产》，《陇东报》2005年3月18日第3版。

雅·韩奕》中"奕奕梁山，维禹甸之"，记述的是大禹时期在关中地区的南山和梁山上治山为田之事。周祖公刘由邰（武功县杨陵区）迁豳（旬邑县、彬县）时（公元前 1801—公元前 1797 年），《诗经·大雅·公刘》有"既景乃冈，相其阴阳……度其隰原，彻田为粮"平治水土的记述。《诗经·小雅·正月》"瞻彼阪田，有菀其特"，阪是倾斜的山地，阪田是山坡上的田，为原始型的梯田。根据诗文和相沿的训话，此诗作于西周幽王六年（前 776 年）左右，且当在镐京（今西安市长安区）境内。①

朱光远认为《诗经·大雅》中的"乃耕乃理"，是对"周祖公刘率领部族开垦土地时，划分田块，修筑田埂，平田整地的记载"。②对此笔者无法置评。

也有人认为梯田最早出现在汉代。早在 2 000 年前"黄土高原南部地区的农民就有修梯田的习惯"。③其依据是《氾胜之书》记载：

> 汤有旱灾，伊尹作为区田，教民粪种，负水浇稼。区田以粪气为美，非必须良田也。诸山陵近邑高危倾阪及丘城上，皆可为区田。④

侯甬坚先生根据史料推测，红河流域的哈尼梯田最早出现于唐

---

① 刘忠义：《关中地区梯田的形成》，《中国水土保持》1992 年第 1 期。
② 朱光远：《梯田、区田、代天，保水保肥增产》，《陇东报》2005 年 3 月 18 日第 3 版。
③ 方正三：《关于黄土高原梯田的几个问题》，《中国水土保持》1985 年第 8 期；姚云峰、王礼先：《我国梯田的形成与发展》，《中国水土保持》1991 年第 6 期；阎文光：《梯田沟恤史考》，《水土保持科技信息》1989 年 12 月。
④（汉）氾胜之：《氾胜之书辑释·区田法》，万国鼎辑释，北京：中华书局，1957 年，第 62-99 页。

代或稍前，距今有 1 500 多年。[1]但多数学者认为有关梯田的记述，最早出现于 12 世纪南宋范成大《骖鸾集》"袁州仰山岭阪之间皆田，层层而上至顶，名梯田"之记载。[2]

　　且不说《诗经》《氾胜之书》中的阪田、区田是否为梯田，就云南、江西一带早在唐宋时期就有梯田的事实来看，黄土高原的梯田可能早于唐代。史学界公认，唐代以前黄河流域文化比较发达，既然相对落后的江南地区都开始修建梯田，就没有理由认为黄土高原地区梯田出现的时间晚于唐代。哈尼梯田的形成是农民面对其特有地形条件下的一种选择[3]，那么在人地关系较为紧张的时期，黄土高原山区的居民为什么就不能选择修筑梯田作为解决土地紧缺问题的途径？

　　成书于元代的《王祯农书》[4]《农政全书》[5]等都提到了梯田并绘有梯田图，尽管不是记载黄土高原的梯田，但图中所绘的梯田类似于今天的水平梯田。说明修建梯田不仅是历史事实，而且已上升到了理论层面。山西省洪洞县娄村群众修梯田至少有 500 年以上历史，从梁顶到沟底都修成反坡梯田与坝地，水土流失几乎完全绝迹[6]，这是在黄土高原地区修建水平梯田的实物证据。

　　以上研究虽然能证明黄土高原梯田出现的时间比较早，但以当

① 侯甬坚：《红河哈尼梯田形成史调查和推测》，《南开学报（哲学社会科学版）》2007 年第 3 期。
② 赵文礼：《黄河流域的梯田》，《中国水土保持》1983 年第 2 期。
③ 侯甬坚：《红河哈尼梯田形成史调查和推测》，《南开学报（哲学社会科学版）》2007 年第 3 期。
④（元）王祯：《王祯农书》卷一一《农器图谱·农器图谱之一·田制门》，《四库全书·子部（四）》，第 21 页。
⑤（明）徐光启：《农政全书》卷五《田制》，《四库全书·子部（四）》，第 16 页。
⑥ 方正三：《关于黄土高原梯田的几个问题》，《中国水土保持》1985 年第 8 期。

时的生产力水平和人均占有土地数量，即便在和平时期，当生产集约化水平较高时，似乎没有必要也不可能大规模修建水平梯田。因为已有的实证资料仅一例，就是山西省洪洞县娄村的反坡梯田。因此历史时期黄土高原的梯田，多数应该属于雏形梯田或者坡形梯田[①]，即以坡耕地（坡度大多在 40º 左右）为主，这是数千年来相沿成俗的耕作方法。

笔者于 2005 年在甘肃省庆阳市华池县紫坊乡（葫芦河发源地，原来以林草地为主，现在除陡坡外全部变成耕地，而且以坡度在 40º 左右的坡耕地为主）考察时，当地老乡认为"生荒地肥"，宁愿开生荒也不愿意修建水平梯田。[②]这正是经济规律左右了人们的行为方式。甘肃省庆阳市水平梯田修建最好的洪河流域，大规模修建水平梯田的历史不超过百年（大多数是 1949 年以来所建）。可见，梯田可能早就存在，但修建水平梯田特别是大规模修建水平梯田在早期是不可能的，尤其是在黄土高原地区，虽然我们并不排除有极少量水平梯田的存在。

所以耕地往往随地势起伏有所变化，原地、川台地如此，丘陵山地的梯田更如此。如下规律依然存在，即农耕地比例越大，水土流失量越大；林草地尤其是林地的比例越大，水土流失越轻微。但其影响大小不好定论。

---

① 赵文礼：《黄河流域的梯田》，《中国水土保持》1983 年第 2 期。
② 据他们说，这里就是他们的"祖爷爷开的生荒"，现在地力已经下降了，如果可能，他们还会以开荒为主要生存手段。

五、结论

　　农业生产将自然土壤改造成农业土壤。在农耕土地上，农作物生长期内植被郁闭度较大（郁闭度大小随作物种类不同而不同），但农地闲置时植被覆盖度为零。农耕土壤的抗蚀力明显小于自然土壤。与农业相比，只要不超载过牧，畜牧业对植被和土壤的影响都相对小一些。如果超载过牧，牲畜会刨啃草根，不仅地表植被遭受较严重的破坏，表层土壤结构也会被破坏。发展林业，是植被覆盖最好、自然土壤结构保存最完整的一种生产方式。因此历史时期土地利用方式的差异和变迁对黄土高原地貌演变产生了不同影响。

　　一般情况下，人口密度与土壤侵蚀、地貌演变呈较好的正相关，但当自然条件不同时就会有所不同。正常情况下，耕地的土壤侵蚀最严重，草地次之，林地最小；但在农业生产集约化程度较高的时期和地区，这种规律表现得不甚明显，甚至出现逆转。研究土地利用方式与土壤侵蚀和地貌演变之间关系，必须要弄清不同土地利用方式下的硬化地面、黄土质地的影响，将特定时期研究区的农业生产集约化水平有一个明确交代，否则就会论证失实。人口数量对环境的影响存在一个阈值，小于此阈值时人类活动及其后果不显得突出；达到这个阈值以后，不同生产方式所引起的水土流失差别就会很明显。

第四节　硬化地面及其影响

　　硬化地面是指经过人为特殊处理，使土壤的自然结构改变、集流能力大为增强的地面。在黄土高原地貌演变过程中，硬化地面发挥了特殊作用。一方面它是地貌环境的组成部分，是人类活动参与形成的特殊的微地貌形态。另一方面又是影响地貌环境演变的重要因素：通过改变土壤的自然结构，使地面的集流能力增强；毁坏植被，使已硬化地面植被覆盖度为零（或接近零）。在这里，降水→径流转化率高，径流系数远较自然地面为大。一次强度不大历时较短的降水，就可能形成径流，并在地表造成线状流水侵蚀。与同等条件的自然地表相比，有硬化地面参与集流的流域，土壤侵蚀更严重，地貌演变速度更快。

作为一种影响因子，硬化地面与黄土高原土壤侵蚀和地貌演变的关系尚未得到足够重视。虽然在分析黄土高原水土流失原因时，有学者关注了道路、村镇的作用[1]，并对道路、村庄、城镇、工矿建设中废弃土石所造成的水土流失作了量化研究，指出道路、村庄等集流作用促进了塬边沟蚀、洞穴侵蚀的快速发展。[2]农业领域也针对降水径流的转化问题进行了研究，特别是基于集流灌溉技术及其应用，研究不同地区不同类型地面的集雨效率和集流机制；同时也注意到不同地面的产流状况，会对土壤侵蚀产生不同影响。[3]但关注度总体上还不够高。在本节中，试图借助农业集雨节灌专家们的研究成果，对硬化地面进行初步量化研究。即通过特殊地点的实例分析，

---

[1] 朱显谟、任美锷：《中国黄土高原的形成过程与整治对策》，《中国历史地理论丛》1991年第4辑；史念海：《黄土高原历史地理研究》，郑州：黄河水利出版社，2001年。

[2] 唐克丽主编：《黄土高原地区土壤侵蚀区域特征及其治理途径》，北京：科学出版社，1991年，第39-52、68、181、184页。

[3] 吴普特等编著：《人工汇集雨水利用技术研究》，郑州：黄河水利出版社，2002年；张祖新等编著：《雨水集蓄工程技术》，北京：中国水利水电出版社，1999年；[荷] Will Critchley：《径流集蓄》，孙振玉等译，北京：中国农业科技出版社，1996年。

量化硬化地面的集流能力，探讨其对黄土高原地貌环境的影响力。

与硬化地面有关的下渗雨水及地下径流，也会造成黄土区的潜蚀和溶蚀，在地下形成"串珠状的陷穴和孔道，不久的将来就会发展为冲沟。"[1]但本节不打算涉及此问题。硬化工程弃土石所造成的水土流失亦非本节的讨论范畴。

一、硬化地面分类与研究方法

1．硬化地面分类

按照形态，将目前现存的硬化地面分为三类：道路、城镇街区、农家场院。

2．研究方法

通过计算不同类型硬化地面的单位面积年平均集流量，以及其与自然荒坡的对比，衡量各类硬化地面的集流能力；通过计算并分析不同类型硬化地面排水区域的土壤侵蚀情况，讨论其在黄土高原水土流失和地貌演变中所起的作用。

（1）地面多年平均年集流量计算公式：

$$W_d = R_p \cdot \sum_{i=1}^{n} A_i \cdot n_i$$

式中，W_d 为集流场全年集流量，m^3；R_p 为对应于某一频率的全年降水量，m；A_i 为场内某种集流面的面积，m^2；n_i 为该种集流面的全年集流效率；n 为集流面种类。[2]

---

[1]　景可、陈永宗：《黄土高原侵蚀环境与侵蚀速率的初步研究》，《地理研究》1983 年第 2 卷第 2 期。
[2]　陈智汉等：《黄土高原地区山坡地雨洪径流优化集存技术——池窖联蓄系统研究初报》，《水土保持研究》1998 年第 5 卷第 4 期。

农业领域将次降雨量＜5 mm 视为无效降水。但吴普特等认为，"在硬地面条件下，4 mm 的降雨即可产流"。①甘肃省农业科学院旱地农业研究所上肖站（镇原县上肖乡政府附近）经过多年实测，结合当地年均降水资料，得出不能形成径流的年降雨总量约为 50 mm。故 R_p＝集流地年均降水总量 P-50 mm。需要说明的是，上肖乡年均降水 549.15 mm，年均温 8.3℃，海拔 1 297 m，干燥度 1.17，降水季节分布不均，变率大。5—9 月降雨占全年的 75.4%，7—9 月占 54.5%，为典型的半湿润偏旱雨养农业区。②考虑到各地因降水量、蒸发量、干燥度等参数不同，会导致此数值有所不同，故选点尽可能使其与上肖乡的自然条件相似，以减小误差。

（2）集水效率。甘肃省庆阳市镇原县上肖乡农科站在研发旱地节水农业、实施"121"雨水集流工程时，在充分考虑雨量、雨强、蒸发量、地面坡度、集雨面材料等因素影响的情况下，针对不同性质集流面的集水能力进行长期测试得出表 7-5 的结果。冯应新等的研究结论也与之相近。③故自然条件与上肖乡相似的区域，均使用此表数值。

---

① 吴普特等对硬地面定义为：农村道路、场院等土壤容重较大、土体坚实的下垫面，本节将硬地面定义为表层容重大于 1.5 R/cm³ 的土层。

② 王勇等：《旱原地膜冬小麦集雨节水灌溉研究》，《干旱地区农业研究》1997 年第 3 期。

③ 冯应新等认为，甘肃省中东部半干旱区 5 种集流技术的平均集水效率分别为：梯田土壤水库 90%～100%；公路沥青路面沟渠+水窖 75%；水泥硬化庭院、瓦屋面+水窖 91.5%；农路三七灰土夯实+水窖 32%；荒山荒坡、闲散地、退耕地塑膜覆盖+水窖 85%；拦蓄了域内相应面积上 85%的降水径流。郑宝宿认为，在不同水文保证频率的年份，水泥瓦的集流效率为 62%～75%；混凝土的集水效率为 73%～80%；是天然地面可集蓄雨水的 11～14 倍；即使原土夯实，其集流效率也达到 13%～26%。冯应新、钱加绪：《甘肃省集水高效农业研究》，《西北农业学报》1999 年第 8 卷第 3 期；郑宝宿：《甘肃省雨水资源化利用与旱地农业发展》，《中国水土保持》1997 年第 9 期。

表 7-5 不同类型地面集水效率

地面类型	自然荒地	土质场院道路	瓦房顶	水泥、柏油等	塑料薄膜
集水效率/%	5~6	30	60	80	90

说明：数据得自甘肃省镇原县上肖乡农科站。甘肃省农业科学院旱地农业研究所研发旱地节水农业、实施"121"雨水集流工程时，对不同性质集流面的集水能力作了长期测试。

与上肖乡相差较大的地区，参考吴普特等的集流效率与降雨量关系式

$$\eta = \frac{P - A_o}{P} \times 100$$

式中，η 为集流效率，%；P 为降雨量，mm；A_o 为起流雨量（产流发生前的降雨量），mm。[1]

进行修正。鉴于不同质地硬化地面面积很难做到精确统计，文中各选点数据是在实地调查基础上对每一种硬化地面面积作估算，再分类计算。

二、实例分析

实验数据表明，同等条件下，自然荒坡径流系数是土质道路、场院的 1/6~1/5，瓦房顶的 1/12~1/10，水泥、沥青路面场院的 1/16~1/13。[2]当硬化地面产生的超强径流排入沟（河）谷时，该沟（河）谷的流水侵蚀会比其他沟谷更加严重。更重要的是，这个影响会扩展到该沟（河）所在的整个流域。下面分类举例说明。

---

[1] 吴普特等编著：《人工汇集雨水利用技术研究》，郑州：黄河水利出版社，2002 年。
[2] 使用不同类别硬化地面的集水效率计算所得。

1. 城镇（市）集流、泄洪与侵蚀

城镇（市）数量有限，在三类硬化地面中所占土地总面积最小。但地面硬化比例高，集流能力强，且多分布在地形条件较好的地区，加上人口多、生产生活废水排放量大，对所在流域产生的影响并不小。

因基础数据采集、统计难度太大，笔者无法研究整个董志塬的情况，只能利用现有资料，以董志镇、镇原县建制镇为样本进行分析。表 7-6 是董志镇和镇原县建制镇（不包括普通乡政府所在地）年集流情况统计。年集流量是依据前述集流公式的计算结果，公式中相关参数及其计算过程从略，仅对有关数据的来源及精度作以说明。相关城镇各类硬化材料面积，是在抽样调查基础上的估算结果。镇原县城镇用地中，柏油、混凝土地面，类似塑料屋顶处理材料以及机制瓦等面积，在大镇（县城所在）中占 80%左右，小镇则为 60%左右。其余为砂石地面，也有少量土质院落、花园草地等。集水效率则是根据不同硬化材料面积比例及其集水效率计算所得的平均值。

表 7-6　庆阳市部分城镇集流情况

地名	建制镇用地面积/m²	统计时间	年均降水量/mm[①]	集水效率/%	年集流量/m³	单位面积年集水能力/[m³/(m²·年)]
董志镇	337 741.1[②]	2003 年年底	575	60	106 388.446	0.315
镇原县	2 845 866.6[③]	2000 年	500～600	60～65	768 383.982	0.27

① 方雨松主编：《庆阳地区年降水量等值线图》，《庆阳地区：水资源调查评价及水利水保区划成果》，内部资料，2003 年。

② 《庆阳地区分县、乡土地总面积统计表》，甘肃省庆阳市土地管理局刘自立同志提供，在此表示感谢。

③ 庆阳地区土地管理处编：《庆阳地区土地管理志》，内部资料，庆阳：庆阳地区土地开发勘测规划室印刷，2001 年，第 142 页。

测算结果表明，董志镇年集流量 106 388.446 m³，是同面积自然地面年集流量 8 527.96 m³ 的 12 倍。单位面积年集水能力 0.315 m³/（m²·年），也是同面积自然地面 0.025 m³/（m²·年）的 12 倍。镇原县建制镇的集流情况与董志镇类似。

董志镇排水口是镇子东面的东沟。仅降水一项，因为董志镇的存在就使东沟径流量增加了 10 多倍。如果加上日常排放的生活、生产废水，东沟的径流量会更大。这与分散民居的情况有所不同。分散民居的生活生产规模有限，除雨天外其余时间排放的废水多数渗入地下，不能形成径流。硬化地面与自然地表的差别不仅表现在集流量上，还有集流速度。由于人工硬化过的地面，地表相对光滑，地表水汇集速度快，洪峰集中，相同降水条件下引发的流水侵蚀后果更严重。所以，城镇硬化地面对其所在流域土壤侵蚀的影响，一方面因为径流量的增加，导致侵蚀量和产沙量增加。另一方面也因径流深、洪峰流量的增加，侵蚀力大大增强。这对发生在厚层黄土区 V 型沟的下切侵蚀来说，作用更明显，而对已经下切至基岩的河段，影响力相对小一些。

历史时期董志镇是一个"四达通衢，贸易辐辏"的大镇[1]，集流能力虽说不能和现在相比，但因其历时久远，影响力十分可观。据研究，由于该镇的存在，董志东沟的溯源侵蚀十分剧烈，沟头平均延伸速度达 4.55 m/年。[2]笔者考察时发现，董志东沟所属之崆峒沟的发育，不仅与今天的董志镇有关，还与历史时期的米王秦汉古城、唐宋董志旧城以及宁州北上古道路有关。近两千年的各种影响叠加在一起，使崆峒沟沟头平均延伸速度达到 6.56 m/年，平均下切速度

① 《大清一统志》卷二〇三《庆阳府·关隘》，《四库全书·史部》，第 23 页。
② 史念海：《黄土高原历史地理研究》，郑州：黄河水利出版社，2001 年。

0.032 m/年，平均加宽速度 0.103 m/年，年均侵蚀量 $1.1×10^5$ m^3。

类似的情况还有很多。彭原沟及其支流的沟头平均延伸速度达到 3.367 4 m/年，沟谷平均下切速度为 0.062 6 m/年，平均每年下切 7 cm 左右，与东汉富平县城、唐宋彭原县城及附近村镇分不开。陕西省长武县鸦儿沟的沟头平均延伸速度 3.796～14.31 m/年，沟谷平均加宽速度 0.052～0.195 m/年，平均下切速率 0.011～0.041 m/年，平均侵蚀量 $2.21×10^4$～$8.33×10^4$ m^3/年，也与唐宜禄县城、明清以来的长武县城有关。宁夏灵武县红山堡之城东门外大沟，深数十米，"下接边墙城下之水洞沟"，"以致入城道路，横遭阻绝，不可通行"。灵武城南约 40 km 的苦水沟西岸古堡废墟及灵武城东南约 100 km 的两座古堡废墟附近，都形成了深沟，沟蚀的"剧烈进行，都是城堡修建以后的事，与红山堡所见 如出一辙"。据分析，"显然是由于天然植被经过大规模开垦以及过度的樵采和放牧之后，坡面径流强度增大、土壤失去庇护的结果"。[1]据史念海先生考证，周人迁入周原之初，周原包括"现今凤翔、岐山、扶风、武功四县的大部分，兼有宝鸡、眉县、乾县、永寿四县的小部分，东西延袤 70 余公里，南北宽达 20 余公里"，现在的周原早已支离破碎；其他如咸阳原、大原等[2]如今也是沟壑纵横的局面。虽然我们不能说这些沟谷都是城镇（市）集流所致，但许多大型沟壑的发育，肯定与城镇（市）的集流作用过大有关。

城镇周围四通八达的道路网，与城镇结合在一起，不难让我们得出这样的结论：城镇（堡、市）及其周围道路等硬化地面的强大集流作用，是相关流域地貌发育的主要原因之一。黄土高原一些古

---

① 侯仁之：《从人类活动的遗迹探索宁夏河东沙区的变迁》，《科学通报》1964 年第 3 期。
② 史念海：《黄土高原历史地理研究》，郑州：黄河水利出版社，2001 年。

城镇（堡、市）的废弃，不能说与城镇（堡、市）的强大集流作用无关。

2．道路的集流、泄洪与侵蚀

在黄土高原的各类硬化地面中，道路在土地总量中所占比例不小。例如，2000年甘肃省庆阳市交通用地占总土地的0.66%。[1]近年来随着经济的发展，交通用地增长速度惊人，其占比还在提高。相较于自然地面，道路质地致密坚硬，有效下渗水量小，容易形成超渗径流，导致道路及其附近地面土壤侵蚀格外严重。

黄土高原大多数村庄、乡村小道以土质地面为主，特别是乡村小道，多数缺乏有效保护设施，流水把路面低洼处侵蚀得凹凸不平、崎岖难行，为平整路面，人们从较高处铲土填塞凹坑，造成路面不断下陷，在山区形成"壕"，在平地形成"胡同"（图版7-1）。"胡同"深浅不一，被废弃后，或者重新变为耕地，或者成为村庄的排水通道。用作排水通道的"胡同"最后就变成了沟壑。

较大道路的路旁有排水沟，道路自身产生的径流就足以使排水沟逐步加深加宽，久而久之原来道路成了谷地，谷地继续下切至地下水出露时就成为河流，这类现象在山地丘陵区尤为普遍。

现代公路使用新技术新材料硬化地面，排水设施齐全，大量雨水集中排入泄洪区，山地路段雨水绝大多数排入了公路近旁的山坡。道路本身受到了保护，但附近泄洪区却因此遭受更为严重的侵蚀。由于土路面集水效率为30%，柏油路面为80%，柏油道路集流作用是土路面的2.7倍，因此现代公路的影响更大。

甘肃省郎肖公路镇原路段，在镇原县境内全长100 km。1957年

---

[1] 庆阳地区土地管理处编：《庆阳地区土地管理志》，内部资料，庆阳：庆阳地区土地开发勘测规划室印刷，2001年，第143页。

建成，经 1962 年、1965 年、1976 年三次改建，属三级公路。路面宽 8 m、最大坡度在 7%以下。1981 年后建成柏油路面。[1]但镇原县安家塔山塬头附近的两段弯道，其位置、坡度一直没有大的改变。据实地调查，此处两个混凝土排水沟的修建时间：处上位者是 1976 年，下位者是 1997 年。两段道路的集流面积分别为：处上位者约 3 192 m^2，下位者约 2 008 m^2，合计约 5 200 m^2。当地年平均降水量约 543 mm[2]，年集流量则为 2 067.52 m^3。宽 8 m、长 650 m 路段，每年约有 2 000 m^3 雨水向山坡倾泄（1981 年柏油路建成以前，下泄水量应该小一些），短短几十年间，就在直线距离约 500 m 的山坡上形成了一条深 25～35 m、上口宽 20～40 m、至少有 550 m 长的 V 型谷（图版 7-2）。仅 V 型谷上半部约 200 m 长的一段谷地，流失的土方量约达 90 000 m^3。[3]

类似图版 7-2 的较大水蚀沟，在安家塔山塬至姚川约 4 km 山路的罗沟一侧，共有 4 条。其中两条沟的顶端既有农家场院也有公路排水沟，另外两条沟的顶端只有公路排水沟与之相连。除图版 7-2 所示侵蚀沟的上半部有一片自然荒坡可以集流，其余三条沟附近山坡都是梯田，且多为水平梯田。说明来自附近坡地的径流很小，可以近似的看作是零，近几十年来造成侵蚀的水量基本来自公路和农家场院。650 m 长的三级公路就造成如此大的侵蚀量，在公路里程、

① 镇原县志编辑委员会编纂：《镇原县志》（下卷），内部资料，庆阳：庆阳市天祥印务有限责任公司承印，1987 年，第 602 页。

② 方雨松主编：《庆阳地区年降水量等值线图（1：50 万）》，《庆阳地区：水资源调查评价及水利水保区划成果》，内部资料，2003 年。

③ 因受测量工具、手段限制，除集流面积是使用测绳测算、山坡及沟道长度在 1：50 000 地形图测算外，其余数据均是估算所得，难免有误差。这里旨在说明公路集流所带来的危害很大，数字仅供参考。

等级日益增加的今天，因公路集流所造成的水土流失有多大？

表7-7是2000年镇原县交通用地集水量测算统计结果。表中年集流总量是采用集流公式计算所得。公路主要指柏油路，土路指砂石路和土质的村级公路，乡间小道不计。因为镇原县北部地区年均降水量不足500 mm，与上肖站差距较大，使用前述计算方法时，各参数都有明显误差。故其集水效率是在不考虑地面坡度影响的前提下，使用集流效率与降雨量的关系式 $\eta = (P - A_0)/P \times 100$，进行了重新计算。降水数据是对镇原县年降水量的估算平均值。自然荒地集流量计算与此同。此表只为说明道路影响力之大不容忽视，数据仅供参考。表7-7数据表明，镇原县各类道路集流量超过同面积自然地表的近8倍。意味着与道路相关沟谷的径流量增加了8倍，土壤侵蚀速率和地貌演变速度也会相应地呈几何倍数提高。

表7-7　2000年镇原县道路及其集流情况

行政区名称	交通用地总数/ m^2	公路占地/ m^2	土路占地/ m^2	年集流总量/ m^3	同面积自然荒地的集流量/ m^3
镇原县	65 040 933	17 889 466	47 151 466	11 305 603.73	1 463 422.34

资料来源：庆阳地区土地管理处编：《庆阳地区土地管理志》，内部资料，庆阳：庆阳地区土地开发勘测规划室印刷，2001年，第143页。

费迪南德·冯·李希霍芬在150多年前就注意到了道路侵蚀现象。

（北京）虽然街道很宽，但是并没有铺上石子，由于破坏严重，街面上甚至出现了好几道沟壑，高度经常相差6~7英尺（合1.83~

2.13 m）。原来的排水渠现在甚至比街面还高，也起不了什么作用了。所以每家门口都积着一摊脏水。

......

（山西忻州）一个凹沟里有一条 15～20 米深的狭道，是由风吹水洗把那里的尘土搬走而形成的。路上方 6 米高的地方还可以看到水平的辙痕，都是以前车轮在土坡上碾出的。岭边可以清楚地看到路逐渐越走越深。[①]

平坦的京城街道都能形成 1.8～2.1 m 深的沟壑，黄土高坡的道路侵蚀可想而知。

前述样本流域也有许多千年古道演变而成的沟谷。如位于泾河二级支流、蒲河一级支流茹河北岸，孟坝塬分支太平塬南向伸出塬头南坡上的井沟；泾河一级支流、陕西省咸阳市长武县的鸦儿沟；泾河二级支流、马莲河西岸一级支流砚瓦川的源头之一，位于甘肃省庆阳市西峰区和宁县境内的崆峒沟。实际考察所见远不止这些。甘肃省庆阳市镇原县中原乡武亭村的古城遗址（北纬 35°30′58.9″，东经 107°06′42.3″），应是北魏朝那县遗址。其南侧有一故道，深 2～5 m，今存 100 m，其余部分已为沟壑。但明显可以看出沟壑是沿古道发育的。陕西省庆阳市长武县洪家镇王东村干沟，也是在古道基础上演变而成的。此外，在泾河、马莲河、达溪河、黑河等河谷地带都有许多类似案例可供分析研究。"千年道路变成河"道出的不仅是现象，也是规律。

3．农家场院的集流作用及其影响

村庄的情况与城镇类似。其集流能力虽不及城镇大，但村庄数量多、分布广、占地面积大，所影响的范围也大。例如，2000 年甘肃省庆阳市居民点及工矿占地达 3.2%[①]，且分布在不同地形区。

山区居民点多以窑洞为主，院落、晒麦场基本是土质的，集流作用还不十分明显，在场院中央或附近挖一个渗坑[②]就可解决大部分雨水的去向（实际上，山区人家大部分雨水仍然排向了山沟里）。河谷川道、塬区[③]居民生活水平较高，砖瓦房、水泥场院比例大，场院所集雨水多，渗坑容纳不了多少雨水，就以各种不同形式排向了附近沟谷或山坡。

截至 2004 年年底，甘肃省镇原县南川乡沟卢村的居民住宅情况调查显示，该村土地总面积为 440 hm²，人口 1 790 人，境内丘陵山地、塬面、河谷川地各占一定比例，有较强的代表性，能够代表高原沟壑区的地形特点。就是这样一个小村庄，仅因居民点的硬化地面，每年约有 24 897.39 m³ 的雨水从这里排向沟谷、山坡，是同面积自然地表集流量的 5～6 倍。

表 7-8 是 2004 年沟卢村居民住宅集流情况统计。表中集流总量是利用集流公式计算的结果。因为该地年均降水量、蒸发量、干燥度等与上肖试验站很接近，表 7-5 中所涉及的各类硬化材料集水效率比较准确，公式适用性也较强。表中的各类庄基地面积是实地调

---

① 庆阳地区土地管理处编：《庆阳地区土地管理志》，内部资料，庆阳：庆阳地区土地开发勘测规划室印刷，2001 年，第 142 页。
② 渗坑是当地人，尤其是居住在塬面上的人家解决雨水去向的一种措施。院子中央保留一浅碟状凹坑，坑内的土质疏松，有利于雨水下渗。
③ 早些时候，塬面上的庄院大部分是当地所说的"地坑院"，院子中央有渗坑，因遇到大暴雨容易发生水灾，后来有钱人家把庄院都修在了塬面上。

查所得，但近年来农村住宅建设变化很快，此数据仅供参考。公式中所使用的集流效率估算平均值，是根据不同硬化地面面积及其集水效率计算所得，即特殊硬化面为60%，土质场院为30%。该地年平均降水量为540 mm左右。

表7-8　沟卢村居民住宅及集流情况

行政区名称	庄基总面积/m²	特殊硬化面积（楼房、瓦房、平顶屋、硬化场院等）/m²	未经特殊处理的农家场院面积/m²	年集流总量/m³	同面积自然荒地集流量/m³
沟卢行政村	160 800	8 570	152 230	24 897.39	4 341.6

说明：表中的各类庄基地面积是实地调查所得。调查数据时得到南川乡政府姚文瑞同志的协助，在此表示衷心感谢。

历史时期黄土高原有过多少这样的村镇或民居，已无法考证。沟卢村1 790人，年均形成24 897.39 m³径流量，剔除同面积自然荒地产流量4 341.6 m³，则硬化场院净产径流20 555.79 m³，人均达到11.48 m³。如果将此值应用到整个黄土高原，其结果将多么令人吃惊。

大量雨水排向山坡、沟谷所造成的结果就是四面八方指向村镇的沟头。其中既包含道路的影响，也有居民点的影响。山区和塬边附近居民点（或者废弃的窑洞）往往与较大的山谷相连。图版 7-3 是泾河一级支流洪河流域方家沟的一个分支沟谷。站在沟对面明显可以看到，该沟沟头附近有大量废弃窑洞，说明这里曾经是民居。在废弃窑洞上部不远的山湾是现在的村庄。山坡上那些沟壑顶端正连着一户或几户民居的场院，场院、道路的雨水从这里下泄，造成众多分支小沟壑。如果那些居民点使用的时间足够长，这些沟壑一定会演变为新的沟谷。塬面和川台地的"胡同"，多围绕村镇周围道路发育，其原因不能说与场院和屋顶集流作用较强无关（图版 7-4）。

三、硬化地面对黄土高原地貌演变之影响

1. 加剧了黄土高原的水土流失

众所周知，制约黄土高原工农业生产发展的最主要因素是干旱缺水。频繁不断的旱灾是黄土高原最严重的自然灾害之一。类似"延安地区明代（1368—1643 年）的 276 年里，共发生旱灾 115 次，平均 2.4 年发生 1 次；清代（1644—1912 年）的 269 年里，共发生旱灾 35 次，平均 7.7 年发生 1 次"的情况[①]，在黄土高原非常普遍。历史时期有多少人因为缺水而备受煎熬早已无法统计，但史书中频繁不断的旱灾记录，忠实地反映了黄土高原人对水的态度。因此善治者均以农田水利设施建设作为农业生产稳步发展的有效措施。如秦汉时期关中平原的郑国渠、漕渠、龙首渠、六辅渠、白渠、灵轵渠、成国渠、樊惠渠；唐代夏州朔方（今陕西横山西北）的延化渠，灵武（今宁夏灵武西北）、回乐（今宁夏吴忠）的光复渠、特进渠、白河；西夏时期宁夏平原唐徕渠、李王渠（亦称昊王渠或汉源渠）等灌溉设施的修建都被视为德政而备受赞扬，赞扬的背景逻辑就是缺水。

然而在严重缺水的同时，硬化地面却让大部分到达地面的大气降水以地表径流形式白白流失,流失部分是自然地面流失量的 5～16

---

① 赵景波、陈颖、周旗：《延安地区明代、清代干旱灾害与气候变化对比研究》，《自然灾害学报》2011 年第 5 期。

倍。对位于温带半湿润半干旱气候区的黄土高原来说，这是极其尴尬的。更为尴尬的是，水资源流失的同时，还伴随着土壤侵蚀及其造成的危害。

硬化地面超强的集流能力，会导致相关流域的流水侵蚀能力急剧增强。这是因为黄土高原的泥沙主要来自沟谷地，而沟谷地产沙过程集中表现为沟床下切、谷坡扩展和沟头前进。一般情况下，地势高差大，上方坡面来水多，谷坡扩展和沟头前进速度就快。[①]故上方坡面来水量与流域线状侵蚀形态的侵蚀量成正相关。蔡强国等进一步认为，径流深和洪峰流量对流域产沙量的影响很大，其中径流深的影响更突出。[②]硬化地面是同面积自然地面产流率的5～16倍，可导致其排水口下游流域径流加深、洪峰流量增大。特别是沟床纵比降较大的支流沟谷，因沟床多呈 V 形（图版 7-5），流量增大更多表现为径流深的增加，故可导致流域产沙量、侵蚀量成倍增加。平坦肥沃的土地因此而变得贫瘠不堪，原本贫瘠的土地则更加贫瘠。

黄土高原类似董志镇这样的城镇数不胜数，仅庆阳市就有 146 个县城乡镇和 1 个地级市区。其中相当一部分与董志镇一样坐落在塬面，相对高差较大。这些城镇的排水沟，基本为泾河二级、三级支流流域。因城镇集流的汇入，其径流总量与同面积其他流域相比，明显偏大甚至达到 2 倍，沟头附近有座城镇，就相当于该沟谷的流域面积增加了，增加幅度甚至可达 1 倍以上。更重要的是，因城镇汇流迅速，同样降水条件下，沟头附近有城镇的沟谷，与集流能力相同的沟谷相比，洪峰更高更尖瘦。例如，董志镇的存在，相当于

① 陈永宗：《黄土高原沟道流域产沙过程的初步分析》，《地理研究》1983 年第 2 卷第 1 期。
② 蔡强国、刘纪根、刘前进：《岔巴沟流域次暴雨产沙统计模型》，《地理研究》2004 年第 23 卷第 4 期。

董志东沟的流域面积增加了约 3.77 km²，这个数字与陇东地区多数泾河二级、三级支流的流域面积相当。但因洪峰集中，破坏力强，其造成的侵蚀量却更大。坐落在河谷阶地上的城镇，其影响力则小得多。硬化地面通过改变径流各项参数，增加相关流域流水侵蚀能力，使黄土高原的水土流失更为严重。

　　除此之外，塬面、河谷阶地等平坦地面的村庄道路本身也是泥沙主要来源地之一。据研究，高原沟壑区侵蚀模数最大的是沟谷地，为沟间地的 10 倍以上。如南小河沟流域侵蚀模数 4 369 t/（km²·年），其中塬面平均侵蚀模数 872 t/（km²·年），坡面 667 t/（km²·年），沟道 15 060 t/（km²·年）。但不同部位侵蚀模数又不同，沟床部位最大，为 128 600 t/（km²·年）。其次是 V 型谷谷坡的泻溜侵蚀，达 96 200 t/（km²·年）。再次是村庄道路。村庄道路所处的地形区不同，侵蚀模数也不同。即使是塬面的道路、村庄，侵蚀模数也可达 9 150 t/（km²·年），远比立崖 3 670 t/（km²·年）、牧荒地 746 t/（km²·年）为高。地面坡度 45° 是土壤侵蚀临界点。一般情况下，随着坡度的增大，土壤侵蚀会加剧，达到临界值后，则随坡度的增加而减小。[①]故立崖区的侵蚀模数反而小于村庄道路。所以泥沙的主要来源地除了沟道就是村庄道路。[②]

[①] 曹银真：《黄土地区梁峁坡地的坡地特征与土壤侵蚀》，《地理研究》1983 年第 2 卷第 3 期；Glew J R，Ford D C. A Simulation Study of the Development of Rillenkarren. Earth Surface Processes，1980，5（1）.

[②] 张胜利、李倬、赵文林等编著：《黄河中游多沙粗沙区水沙变化原因及发展趋势》，郑州：黄河水利出版社，1998 年；方雨松主编：《庆阳地区：水资源调查评价及水利水保区划成果》，内部资料，2003 年，第 46 页。也可参阅"南小河沟（十八亩台以上）治理前汛期不同土地类型多年平均径流泥沙来源"表及"塬面的村庄道路侵蚀状况"，见：唐克丽主编：《黄土高原地区土壤侵蚀区域特征及其治理途径》，北京：科学出版社，1991 年，第 184 页。

由此可见，硬化地面是加速黄土高原土壤侵蚀的主要因素之一。硬化地面越大，这种加速侵蚀表现得就越明显。而硬化地面又是人类活动的结果，只要有人类居住，就会有各类硬化地面，且随着人口数量的增加，村镇、道路等硬化地面的密度和面积也相应增加。因此，人口数量、硬化地面、水土流失三者之间存在层层递进的因果关系：人口增加→硬化地面面积加大→水土流失加剧，前面是因，后面为果。这种因果关系又衍生出一系列类似的因果关系式：水土流失加剧→贫困加剧→垦荒，垦荒→水土流失加剧→进一步垦荒等。

秦汉以来，黄土高原人口数量虽有多次反复，但总体上呈现弱增长趋势[1]，故硬化地面所造成的水土流失，虽然也有所变化，总趋势也是不断增加的。随着水土流失的日益严重，地表起伏越来越大，地面更加崎岖不平。就目前情况来看，黄土高原还处于地表侵蚀初期阶段，地表起伏幅度还会增大。而随着地面高差的增大，流水动能会增加，反过来又促使水土流失进一步加剧。进而演化为难以控制的恶性循环。近现代以来，民居中房屋比例增大，城镇及乡村民居广泛采用新硬化技术、新型建筑材料，铁路、公路特别是高级别的公路里程也在日益增加，使硬化地面的集水能力达到了空前水平，所引发的水土流失已经远非历史早期可比。

2. 影响了黄土高原地貌演变进程

按风成理论，黄土高原的初始地貌形态是在基底地貌上覆盖黄土后形成的。[2]所以，黄土高原的原始地貌起伏与现在相比要和缓很多。随着侵蚀作用介入，逐步演变为千沟万壑的地貌形态，硬化地

---

① 曹同民、李师翁编著：《庆阳生态与环境》，兰州：兰州大学出版社，2004年，第151-164页。
② ［苏］B.H. 帕夫林诺夫：《关于中国黄土的成因问题》，《科学通报》1956年第11期。

面强大的集流作用无疑发挥了促进作用。

在村庄、道路、城镇等有硬化地面存在的地方，大量本应渗入地下的雨水被集中起来，形成暂时性线状流水，使相关区域地表的流水侵蚀加剧。由于地面的硬化状况，对流水侵蚀的各项参数有很大影响，硬化措施不同，集流能力不同。新硬化技术进一步增强了地面的集流能力，受其影响水土流失尤为严重。

影响沟头前进速度的主要因素是地势高差和上方来水量。而上方来水量多少则主要取决于流域内汇水面积的大小。陈永宗对董志塬七道沟谷的汇水面积与沟头年平均前进速度做了统计，结果显示，二者成正相关。但是，崔家沟脑、汪家新庄北与夏家西沟畔之间却未呈现正相关[①]，说明还有其他影响因素存在，这里面就有硬化地面的作用。对于给定流域，流域汇水面积是给定值。在同一次降水过程中，雨量是给定值。此时，硬化地面积大小对沟道水量大小的影响显得尤为突出。特别是沟头附近，如果硬化地面积大，就会成倍增加来水量，沟头延伸速度也会成倍增加。

董志镇东门外之沟与镇原县南川乡方家沟相比，都是黄河四级支流。董志镇的年降水量为 575 mm，方家沟为 543 mm，两地都是高原沟壑农耕植被区，土地利用方式和植被覆盖度很接近。从地面状况看，前者更为平坦。依常理，方家沟的溯源侵蚀应大于董志东沟，但实际情况正相反，方家沟沟头延伸速度是 3.472 m/年[②]，比董志东沟 4.55 m/年[③]还小。其不容忽视的原因是董志镇硬化面大，集

① 陈永宗：《黄土高原沟道流域产沙过程的初步分析》，《地理研究》1983 年第 2 卷第 1 期。
② 姚文波、侯甬坚、高松凡：《唐以来方家沟流域地貌的演变与复原》，《干旱区地理》2010 年第 4 期。
③ 史念海：《黄土高原历史地理研究》，郑州：黄河水利出版社，2001 年。

流能力强，大量雨水的集中和排泄加速了该沟的溯源侵蚀。方家沟却因硬化地面小，单位面积集流量小，溯源侵蚀较弱。

董志镇东门外之沟与彭原古城北之沟，均位于董志塬，仅相差30多里地，各方面情况类似，但前者的沟头平均延伸速度为4.55 m/年，后者仅为 0.29 m/年。[①]其原因也与径流源头的集流面情况、集流能力大小有关。彭原古城废省，集流作用随时间推移日趋减弱，沟头延伸速度缓慢；董志东沟的情况正相反。

朱显谟、任美锷认为：

只有径流相对集中能将土粒、土块冲动时，才有线状侵蚀的发生和发展，所以当地面径流集中越大，越易发生细沟甚至切沟侵蚀。

……只有在单位时间内的降水量超过土壤的渗透能力时，才会发生径流。

……倘无人为因素的影响，在有足够植物生长尤其草本植物生长保护下，按照黄土高原原有降水情况，任何降水都将顺利入渗而不会产生径流。因此，对以超渗透径流侵蚀为主的黄土地区来说当无水土流失可言。[②]

黄土高原较平坦地面——塬面、川台地，如果没有植被破坏、居民点道路等集流场的集流，能够引起溯源侵蚀、沟头延伸和塬面切割现象的径流将很小，沟头延伸速度会小于彭原古城北之沟的0.29 m/年。但一些沟谷沟头的实际延伸速度远大于此，与人为硬化

① 史念海：《黄土高原历史地理研究》，郑州：黄河水利出版社，2001年。
② 朱显谟、任美锷：《中国黄土高原的形成过程与整治对策》，《中国历史地理论丛》1991年第4辑。

地面，使沟（河）谷溯源侵蚀速度增加、山坡沟状侵蚀加剧有密切关系。

并不是所有沟谷的形成都与硬化地面有关。正如刘东生先生所考察的，黄土沉积旋回后，受下伏基岩地形所控制，高原地表的初始地面就有起伏。[①]起伏不平的地表存在汇流条件，会发生线状流水侵蚀，形成侵蚀沟。然而，在一些地表平坦的塬面，如果不借助外力，则只能发生雨滴击溅侵蚀和面蚀，很难形成沟状侵蚀。考察历史时期黄土高原沟谷的形成和发育可发现，在一些平坦的塬面地区，凡是有或者曾经有硬化地面分布的地方，沟谷的形成和发展较快捷。如前面例证所述，道路、村庄、城镇的排水场所，很快形成了新的沟谷，并且发展迅速。毫无疑问，自有人类定居以后，硬化地面对黄土高原沟壑的发育就有贡献。

宁夏固原彭阳县城阳乡杨坪村的吊岔沟，以前是通往北方的一条大道，现在则是一条上口宽约 50 m，沟深约 28.5 m，横断面积约 712.5 m^2 的深沟，沟底已切至沙砾层。据史念海先生考证，董志东门村和董志城南村所濒临的两条沟，"本是由董志镇东门和南门前往宁县的大路，后来才由大路演变成为深沟的"；"南小沟的形成也是由于它本是一条道路"，而且是唐代庆州（今甘肃省庆城县）到原州（今甘肃省镇原县）和渭州（今甘肃省平凉县）的必经之路。现在的公路仍然经过这条沟。肖金镇和荔堡"附近的沟壑也都是这样发育的"。所以"在黄土高原修建道路，应该铺上路面，这不仅利于行车，而且也是防止侵蚀的一种方法"。[②]显然，铺上路面只能保护道路自身不受侵蚀。现代公路不是道路本身形成了沟壑，而是道路的集流作

① 刘东生等：《黄土与环境》，北京：科学出版社，1985 年，第 28-29 页。
② 史念海：《黄土高原历史地理研究》，郑州：黄河水利出版社，2001 年。

用超出自然土壤太多，产生的径流的侵蚀作用远远大于普通地面，因此更容易在其排水场所造成水土流失。但凡地名中有"壕"字者，多为古道路，而现在则为沟状地形，如"墩墩壕、山区壕"之类，有些继续作为小道使用，有些与自然沟已无多大区别。"千年道路变成河，对黄土高原来说非但千真万确，同时又特别普遍而惊人。我们在航空照片可以惊奇的看到，四面八方的沟头常常沿着道路网指向村镇"。[①]然而，没有道路是不行的，问题的关键是如何将集中的雨水有效利用，这是需要探讨的课题。

甘肃省镇原县武沟乡政府西接连有三个很大的崾岘，崾岘与塬面之间相对高差达 50～70 m，其中三岘和二岘之间的山丘名为关老爷殿，曾经是一个军事要塞，现在当地还流传着"同治回变"时发生在这里一些故事。我们虽然不清楚是先有崾岘还是先有要塞，仅从地名看，这座山丘与其他山丘不同，没有被称为山或峁，而是关老爷殿，就已经能说明一些问题了，即要塞对崾岘的形成和发育有贡献。黄土高原类似的例子举不胜举。

就历史时期而言，村落、民居、道路（包括乡间小道）和城镇等硬化地面，对黄土高原沟谷的形成和发育的贡献量有多大？本节尚无法给出确切答案，但是，可以毫不夸张地说，目前黄土高原部分沟壑的形成和发育，确与硬化地面密切相关。从另一层面说，必须要认识到硬化地面的危害性，水土保持工作如果忽视了此类因素，将是一大失误。最好是与节水农业专家们合作，把集雨灌溉与水土保持工作结合起来，既缓解黄土高原水资源紧缺矛盾，又能收水土保持之利，也为黄河下游地区解除了洪水隐患，一举数得。

---

① 朱显谟、任美锷：《中国黄土高原的形成过程与整治对策》，《中国历史地理论丛》1991年第4辑。

四、结论

①硬化地面对黄土高原水土流失的加剧无疑起了促进作用，而且随着人口的增加，硬化地面面积越来越大，水土流失越来越严重，这是历史时期黄土高原水土流失日益加剧的重要原因之一。

②黄土高原部分沟谷或河流溯源侵蚀之力度大小受硬化地面的影响：河、沟源头附近硬化地面面积越大，则单位面积地表集流量越大，溯源侵蚀动力源越充足、侵蚀速度越快；反之则速度缓慢。

③道路、城镇、村庄等硬化地面，促进了黄土高原相关沟壑的形成和发育。塬面上围绕村庄、城镇形成的四通八达的道路，都已经或正在演变成为沟壑，可能或已经在此基础上进一步发展为新的梁、塬、峁地形。

④黄土高原水土保持工作中，需要考虑解决硬化地面所集径流的去向，否则，效果有限。建议用硬化地面所集中的雨水，作为工农业生产和生活用水，以解决黄土高原水资源之不足。

第五节　小　结

人类活动对黄土高原地貌发育的影响，以硬化地面最为明显。相当数量的现代侵蚀沟是在古道路基础上发育起来的，其结果使原来的地貌形态发生变化：山脊演变成沟谷、相对完整的条状塬面被分割成大小不等的块状塬面。流域内如果有城镇或大量村庄存在，则该流域现代侵蚀沟发育的速度明显加快。这些快速发育的现代侵蚀沟导致黄土正地貌逐渐萎缩，负地貌迅速扩张，加速了黄土高原千沟万壑地貌形态的形成。

　　土地利用方式对黄土地貌发育的影响也比较明显。一般说来，农耕区因为人口密度大，人类活动频繁，土地利用以农耕地为主，会造成土壤侵蚀较为严重，地貌演变速度较快；林牧业区则相反。但土地利用方式转变与土壤侵蚀和地貌演变之间并不是简单的正相关关系，时地不同，其关系会有所不同。农耕区如果有较多的水平梯田，则水土流失可能不是很严重，甚至与林牧业区接近。造成农耕区土壤侵蚀较为严重的因素，虽与林草植被覆盖度的大小有关，但与人口密度、不同土地利用对地表土壤的干预度和硬化地面比例的关系更密切。林草植被覆盖度与土壤侵蚀、地貌演变之间不是简单的正相关关系。尽管实测数据中，林牧业区的侵蚀模数远大于农耕区。但如果将农耕区人口稠密、硬化地面比例高等因素的影响剔除后，与林牧业区的侵蚀模数孰大孰小，尚属未知。

　　人类活动直接造成的土壤侵蚀、地貌发生变化，自有人类生活在黄土高原以来就存在。一般来说，主要是修建窑洞住宅、村庄城镇造成的，其次是修建道路、水利工程、开挖矿山。其影响力受人口数量和开发力度的影响。据马宗申研究，"田"的形成与耕地上的沟洫有关，最初修建沟洫的目的是排涝。"经过自大禹到西周的千余年间的治理，洪水遗迹逐渐被克服。但是随着积水内涝现象的消失所俱来的，却是干旱现象的日趋严重。到了春秋战国时代农业生产中的主要问题不再是如何排除积水，而是如何引水灌溉的问题"。[①]大量的考古结果表明，黄土高原存在大量先秦时期文化遗址，表明这里是先秦人类活动的主要场所之一。沟洫作为一项水利设施，是否

①　马宗申：《关于我国古代洪水和大禹治水的探讨》，《农业考古》1982年第2期。

广泛存在，不好确定；有多少沟洫最后演变成了沟谷，也无法证明。但可以肯定的是，在气候非常湿润的时期，在相对平坦的地面上，修建沟洫一类的排水设施；在气候相对干旱的时期，修建灌溉渠道，都是有可能的，其对地貌的演变或多或少会起到直接或间接的作用。

人类的每一项活动对地表或大或小都会产生影响，这些影响有正面的也有负面的。就已有的表现来看，负面影响占主导。对自然环境产生的影响，如果在环境承受范围之内，环境经自我调节可消除之，其表现不甚明显。如果超出了环境的承受能力，其不良结果就会立即显现。

第八章 结 论

一、董志塬地貌演变规律

通过对董志塬 9 个完整流域和 77 个沟头调查样本研究发现：①黄土高原的古代侵蚀沟形成于全新世以前。[①]历史时期董志塬地貌的演变，主要表现为现代侵蚀沟的快速发育，面状侵蚀的影响不大。现代侵蚀沟发育的初始年代，基本局限在全新世以来的历史时期。主干沟道长度在 10 km 以上者，现代侵蚀沟的地貌年龄多在 2 000 年以上；主干沟道长度在 10 km 以下者，现代侵蚀沟地貌年龄多在 2 000 年以下。②利用近数十年试验获得的侵蚀模数值计算现代侵蚀沟的地貌年龄，结果往往偏小。而利用调查获得的近数十年沟头平均延伸速度计算现代侵蚀沟的地貌年龄，结果往往偏大。说明现代侵蚀沟的沟头延伸速度越来越慢。③现代侵蚀沟的发育速度，与人类活动的干预程度成正相关。发育速度较快的沟谷，或者是在古道

---

① 刘东生等：《黄土与环境》，北京：科学出版社，1985 年，第 28-31、42-43 页。

基础上发育的，或者是沟头部位存在古城镇（村庄）。④沟头前进速度 0.445～6.56 m/年，平均下切速率 0.032～0.323 m/年，平均加宽速度 0.103～0.636 m/年，年平均侵蚀量 $3.35×10^2$～$1.10×10^5$ m³/年。⑤历史时期董志塬地区水土流失呈现了日趋严重的特点。

为了避免因样本的特殊性造成研究结论有偏差，在董志塬四周的黄土塬上，再抽取 5 个完整流域的样本作对比研究。结果表明，这些样点流域现代侵蚀沟的演变与董志塬具有同样特点：①主干沟道长度越大，现代侵蚀沟的地貌年龄越大。②其水土流失情况在历史时期表现出日趋严重的特点。说明董志塬的地貌演变不是孤例，它与陇东盆地的其他黄土塬具有同样的演变规律：都表现出以塬为主体的正地貌因现代侵蚀沟的发育而萎缩，以现代侵蚀沟为标志的负地貌在扩张。③沟头前进速度 1.455～5.05 m/年，平均下切速率 0.011～0.068 m/年，平均加宽速度 0.052～0.211 m/年，年平均侵蚀量 $0.678×10^4$～$5.15×10^4$ m³/年。与董志塬数值接近，或者在其变化范围之内。④无论董志塬还是其附近地区，现代侵蚀沟的深度多为 2～150 m，以 30～70 m 最为常见。现代侵蚀沟的平均上口宽度多为 3～300 m，以 100～250 m 最集中。

通过研究样本流域的地貌演变，进一步总结出历史时期董志塬的地貌演变规律如下：

除塬面以外的部分，历史时期董志塬地貌的演变主要表现为古代侵蚀沟遭受现代侵蚀后，古代侵蚀沟的谷底由平底宽谷演变为 V 型谷。当现代侵蚀沟接近侵蚀基准面时，下切侵蚀就不再明显。现代侵蚀沟侧向侵蚀的发育基本与下切侵蚀同步进行：下切侵蚀剧烈的沟段，则沟谷的侧向扩展明显。现代侵蚀沟侵蚀最严重的是其上游。长度较大沟谷的上中游段，可看作沟谷发育的青幼年期，中下游段可看作沟谷发育的壮年期——处于沟谷发育的相对稳定阶段。个别特大流域的下游，出现沟谷发育的壮年后期——沟谷底部出现轻微沉积现象。

董志塬塬面的明显变化是自隋唐时期开始的。自秦汉时期开始，少量现代侵蚀沟深入塬面，塬面开始出现明显变化。但直到隋唐初也只有 0.22%的现代侵蚀沟深入到塬面，影响有限。隋唐至元明时期将近54.84%的沟谷伸入塬面，董志塬塬面不再完整。明清以后至今，蚕食董志塬塬面的沟谷数量又增加了44.94%。说明董志塬的地貌演变越来越剧烈。

有现代侵蚀沟发育的地方，塬面的平均萎缩幅度为 0.942～6.242 km，最大萎缩幅度不超过 9 km。没有现代侵蚀沟发育的地区，塬面后退幅度小于 2 m，变化不大。

活跃于董志塬塬面的现代侵蚀沟沟头平均延伸速度为 0.445～4.223 m/年，最大值一般不会超过 6.56 m/年；最小值 0.25 m/年，但这一数值可能会更小，笔者未能得出最小值。沟头延伸速度的大小，一般情况下与沟头距离流域源头的距离有关，即沟头越接近流域上游，其延伸速度越慢。但在人类活动频繁的沟谷，上述规律不存在。

二、董志塬地貌演变的驱动因素

影响董志塬地貌演变的因素可分为两大类：自然因素和人类活动。

自然因素主要表现为地震和降雨径流的变化。受区域范围所限，新构造运动地域差异不明显，其造成地壳隆升的差别不明显。植被变迁的影响不易界定。

董志塬及其附近地区处于新构造运动的隆升区。在外营力作用下，会逐渐被夷平。被夷平到何种程度，要视内外营力的大小而定。就目前来看，外营力的夷平作用仍处于初期阶段，地貌的起伏将进一步扩大。

在黄土高原地区，当地震烈度达到Ⅳ度时，就会造成黄土崩塌和滑坡。这与之前最小烈度为Ⅴ度或稍低时，才能引起崩塌和滑坡的认识略有不同。说明因黄土高原特殊的环境特征，其对地震的敏感度很高。因此，在董志塬地貌演变过程中，地震的作用不容忽视。

近 2 000 年来，陇东黄土高原的气候以魏晋南北朝时期最为湿润，之前和之后的气候都相对干旱，经历了由干旱到相对湿润，再由相对湿润到干旱的变化。董志塬的地貌演变，特别是现代侵蚀沟的发育，深受其影响。现代侵蚀沟迅速发育自北魏以后才开始进入高峰期，这与同时期的湿润气候有关。自此之后，随着越来越多的沟谷伸入塬面，董志塬塬面破碎程度逐渐增大。坡面上细沟、冲沟的发育，与 30 分钟最大雨强和坡面植被覆盖度成较好的正比关系。古代侵蚀沟中现代侵蚀沟的发育，则主要受降雨量、径流量大小所控制。对于现代侵蚀沟发育较快的沟谷来说，降雨径流的变化只是其中的一个原因，道路、城镇等因素也在起作用，而且后者的影响更为明显。对于更大数量的现代侵蚀沟发育较为缓慢的沟谷而言，降雨径流的影响就比较突出。

植被对现代侵蚀沟发育和地貌演变的影响，既有正的作用，也有负的作用。正作用更明显，即植被覆盖度越高，现代侵蚀沟的发育速度越快。但要确定其作用力的大小，尚需寻找更多的证据来做进一步研究。良好植被具有的保持水土的作用，虽已被无数次观测和试验所证明，但不能过分夸大其作用。植被的保持水土功能应区分不同地形部位：在塬面、坡面、川台地等处，可以起到良好的减水减沙作用；但在沟道部位，其作用有限。间歇性洪水侵蚀与经常性流水侵蚀，孰轻孰重，还难以区分；加之不受植被覆盖度影响的重力侵蚀是黄土高原现代侵蚀沟发育中极为重要的形式，无论沟头前进或沟谷加宽都是如此。植被覆盖度越大土壤侵蚀越轻微的规律，只适合面状侵蚀，对于沟状侵蚀，可能还需要慎重对待。尽管实测数据中，林牧业区的侵蚀模数远大于农耕区，但由于该数据没有将硬化地面和土地利用的影响从中分离，故还是不能确定植被覆盖度的影响力。单从林区侵蚀模数小于农耕区，就断定是由于植被覆盖度大小不同造成的，未免失之简单。

　　历史时期董志塬的植被经历了从森林草原到农耕植被的变迁过程。大致从公元初年开始，天然植被从塬面开始逐渐向平梁、缓坡地带退缩。董志塬四周现代侵蚀沟中的乔木逐渐被草本植物所取代，是唐宋以后逐步完成的。自然环境变迁尤其是气候变化没有造成森林植被大面积死亡，天然植被的变迁主要是人为因素造成的。

　　自然要素不是引起黄土历史地貌演变的唯一原因，人类活动的影响也很大。人类活动的影响主要表现为土地利用方式的转变和硬化地面的影响。这两种影响因素都与人口数量密切相关。

　　历史时期，董志塬属于不同行政区，其所属行政区面积大小也有所不同。就明清以前而言，董志塬的人口密度虽有起伏，但变化不是很大。明清以后，人口密度开始有了比较明显的增加。人口密度的大幅上升是近百年来的事。

　　人口数量对环境的影响，存在一个阈值，小于阈值时，人类活动及其后果不突出。而达到这个阈值以后，不同生产方式所引起的水土流失的差别明显。自秦汉时期大规模移民垦殖，董志塬塬面成为农耕区以后，塬面上的土地利用类型基本以耕地为主。而周围山地，则随着人口数量的起伏变化而有所变化。农耕区对地貌发育的影响力更大。原因是农耕区人口密度大，农耕地和建筑用地的比例远远大于林牧区。另外，历史时期的董志塬，处在农牧交错带附近，发生过很多次移民事件。其中既有以农耕为业的汉民，也有以畜牧为业的少数民族。就其对环境的影响而言，不同的移民群体，会产生不同的影响。

人类活动对黄土高原地貌发育的影响，以硬化地面最为明显。相当数量的现代侵蚀沟是在古道路基础上发育起来的，其结果使原来地貌形态发生变化：山脊变成沟谷、相对完整的塬面被分割成大小不等的块状。流域内如果有城镇或大量村庄存在，则该流域现代侵蚀沟的发育速度就明显加快。这些快速发育的现代侵蚀沟，导致黄土正地貌逐渐萎缩，负地貌迅速扩张，加速了黄土高原千沟万壑地貌形态的形成。就某一具体沟谷来讲，由于人类活动的影响，特别是围绕古城镇、古村落、古道路形成了董志塬发育最快捷的现代侵蚀沟，无论其沟头延伸速度还是年均侵蚀量，都远大于自然沟谷，是自然沟谷的 2～15 倍，甚至更大。但就整个董志塬地区现代侵蚀沟而言，受人类活动影响较大的沟谷毕竟是少数，长度较大的、受人类活动干预较多沟谷的数量及其所占比例十分有限。因此，尽管受人类活动影响较大的沟谷，沟谷发育速度惊人，但因其数量相对较小，对董志塬地貌发育的影响，却远没有以往研究所认为的那么严重。

不同土地利用方式对黄土地貌发育的影响也不同。农耕区因为人口密度大，人类活动频繁，土地利用以农耕地为主，土壤侵蚀较为严重，地貌演变速度较快；林牧业区则相反。但土地利用方式转变与土壤侵蚀和地貌演变之间并不是简单的正向关系，时地不同，其关系会有所不同。例如在有较多水平梯田的农耕区，水土流失可能不是很严重，甚至与林牧业区接近。造成农耕区土壤侵蚀较为严重的因素，虽与林草植被覆盖度有关，但主要是由人口密度、不同土地利用方式对地表土壤的干预度和硬化地面的比例造成的。

人类活动直接造成的土壤侵蚀，并导致地貌发生变化，自有人类生活在黄土高原以来就存在。主要是修建村镇城市、窑洞住宅造成的，其次是修建道路、水利工程、开挖矿山。其影响力受人口数量和开发强度的影响。

人类的每一项活动对地表或大或小都会产生影响，这些影响有正面的也有负面的。就已有的表现来看，负面影响占主导地位。人类活动对自然环境产生的影响，如果在环境承受范围之内，环境经自我调节可消除之，则其表现不甚明显。如果超出了环境的承受能力，其不良结果将立即显现。

参考文献

一、非连续出版物

1. 著作

艾青. 艾青诗选[M]. 北京：人民文学出版社，1997.

曹同民，李师翁. 庆阳生态与环境[M]. 兰州：兰州大学出版社，2004.

岑仲勉. 黄河变迁史[M]. 北京：人民出版社，1957.

陈永宗，景可，蔡强国. 黄土高原现代侵蚀与治理[M]. 北京：科学出版社，1988.

程民生. 中国北方经济史[M]. 北京：人民出版社，2004.

杜恒俭，陈华慧，曹伯勋. 地貌学及第四纪地质学[M]. 北京：地质出版社，1981.

冯连昌，郑晏武. 中国湿陷性黄土[M]. 北京：中国铁道出版社，1982.

甘枝茂. 黄土高原地貌与土壤侵蚀研究[M]. 西安：陕西人民出版社，1990.

葛剑雄. 中国人口史（第 1 卷）[M]. 上海：复旦大学出版社，2002.

何炳棣. 黄土与中国农业的起源[M]. 香港：香港中文大学出版社，1969.

侯甬坚. 历史地理学探索[M]. 北京：中国社会科学出版社，2004.

侯杨方. 中国人口史（第六卷·1910—1953）[M]. 上海：复旦大学出版社，2001.

华林甫. 中国历史地理学五十年（1949—1999）[M]. 北京：学苑出版社，2001.

《黄秉维文集》编辑小组. 自然地理综合工作六十年——黄秉维文集[M]. 北京：
　　科学出版社，1993.

黄春长，李万田. 祖国的黄土高原[M]. 北京：科学普及出版社，1987.

黄河水利委员会《黄河水利史述要》编写组. 黄河水利史述要[M]. 北京：水利电力出版社，1984.

冀朝鼎. 中国历史上的基本经济区与水利事业的发展[M]. 朱诗鳌，译. 北京：中国社会科学出版社，1979.

蓝文徵. 隋唐五代史（上编一册）[M]. 上海：商务印书馆，1946.

乐天宇，徐纬英. 陕甘宁盆地植物志[M]. 北京：中国林业出版社，1957.

雷明德，等. 陕西植被[M]. 北京：科学出版社，1999.

雷祥义. 黄土高原地质灾害与人类活动[M]. 北京：地质出版社，2001.

李学曾. 黄土高原是中华民族的摇篮和古文化的发祥地[A]//西北大学地理系黄土高原地理研究室编. 黄土高原地理研究. 西安：陕西人民出版社，1987.

梁方仲. 中国历代户口、田地、田赋统计[M]. 上海：上海人民出版社，1980.

林甘泉. 中国经济通史——秦汉经济卷（上）[M]. 北京：经济日报出版社，1999.

刘东生，等. 黄河中游黄土[M]. 北京：科学出版社，1964.

刘东生，等. 中国的黄土堆积[M]. 北京：科学出版社，1965.

刘东生，等. 黄土与环境[M]. 北京：科学出版社，1985.

陆大道. 地理学发展与创新——中国科学院地理研究所伴随共和国成长的五十年[M]. 北京：科学出版社，1999.

景可，陈永宗，李风新. 黄河泥沙与环境[M]. 北京：科学出版社，1993.

南京大学地理系. 普通水文学[M]. 北京：人民教育出版社，1961.

宁可. 中国经济通史·隋唐五代经济卷[M]. 北京：经济日报出版社，2008.

纽仲勋，等. 历史时期黄河下游河道变迁图[M]. 北京：测绘出版社，1994.

钮仲勋，王守春，等. 历史时期黄河流域环境变迁与水沙变化[M]. 北京：气象出版社，1994.

齐矗华. 黄土高原侵蚀地貌与水土流失关系研究[M]. 西安：陕西人民出版社，

1991.

陕西森林编辑委员会. 陕西森林[M]. 北京：中国林业出版社，1989.

陕西省交通地图. 陕西省地图册[M]. 西安：西安地图出版社，2005.

沈玉昌，龚国元. 河流地貌学概论[M]. 北京：科学出版社，1986.

史念海. 河山集（二集）[M]. 北京：生活·读书·新知三联书店，1981.

史念海. 河山集（三集）[M]. 北京：人民出版社，1988.

史念海. 黄土高原历史地理研究[M]. 郑州：黄河水利出版社，2001.

史念海，曹尔琴，朱士光. 黄土高原森林与草原的变迁[M]. 西安：陕西人民出
    版社，1985.

施雅风，孔昭宸. 中国全新世大暖期气候与环境[M]. 北京：海洋出版社，1992.

施雅风. 中国西北气候由暖干向暖湿转型问题评估[M]. 北京：气象出版社，
    2003.

孙鸿烈，张荣祖. 中国生态环境建设地带性原理与实践[M]. 北京：科学出版社，
    2004.

谭其骧. 中国历史地图集[M]. 北京：中国地图出版社，1982.

王元林. 泾洛河流域自然环境变迁研究[M]. 北京：中华书局，2005.

王永炎，等. 黄土与第四纪地质[M]. 西安：陕西人民出版社，1982.

王永炎，张宗祜. 中国黄土[M]. 西安：陕西人民美术出版社，1982.

吴普特，等. 人工汇集雨水利用技术研究[M]. 郑州：黄河水利出版社，2002.

西北陕西省水利科学研究所. 西北黄土的性质[M]. 西安：陕西人民出版社，
    1959.

萧正洪. 环境与技术选择——清代中国西部地区农业技术地理研究[M]. 北京：
    中国社会科学出版社，1998.

许倬云. 汉代农业——中国农业经济的起源及特性[M]. 王勇，译. 桂林：广西
    师范大学出版社，2005.

杨川德，邵新媛. 亚洲中部湖泊近期变化[M]. 北京：气象出版社，1993.

杨绳信. 清末陕甘概况[M]. 西安：三秦出版社，1997.

杨显惠. 定西孤儿院纪事[M]. 广州：花城出版社，2007.

曾昭璇，曾宪珊. 历史地貌学浅论[M]. 北京：科学出版社，1985.

张祖新，等. 雨水集蓄工程技术[M]. 北京：中国水利水电出版社，1999.

张胜利，李倬，赵文林，等. 黄河中游多沙粗沙区水沙变化原因及发展趋势[M].
    郑州：黄河水利出版社，1998.

张修桂. 中国历史地貌与古地图研究[M]. 北京：社会科学文献出版社，2006.

张增哲. 流域水文学[M]. 北京：中国林业出版社，1992.

张宗祜，等. 黄土高原区域地质问题及治理[M]. 北京：科学出版社，1996.

赵冈. 中国历史上生态环境之变迁[M]. 北京：中国环境科学出版社，1996.

赵景波. 西北黄土区第四季土壤与环境[M]. 西安：陕西科学技术出版社，1994.

赵丰. 唐代丝绸与丝绸之路[M]. 西安：三秦出版社，1992.

郑晏武. 中国黄土的湿陷性[M]. 北京：地质出版社，1982.

中国科学院《中国自然地理》编辑委员会. 中国自然地理·历史自然地理[M].
    北京：科学出版社，1982.

中国科学院《中国自然地理》编辑委员会. 中国自然地理·地貌[M]. 北京：科
    学出版社，1980.

中国科学院地理研究所渭河研究组. 渭河下游河流地貌[M]. 北京：科学出版社，
    1983.

中国科学院黄土高原综合科学考察队. 黄土高原地区自然环境及其演变[M]. 北
    京：科学出版社，1991.

中国科学院黄土高原综合科学考察队，郭绍礼. 黄土高原地区重点县综合治理
    与经济发展战略规划[M]. 北京：科学出版社，1991.

中国科学院黄土高原综合科学考察队. 黄土高原地区综合治理开发研究论

文集[M]. 北京：中国环境科学出版社，1993.

中国科学院黄土高原综合科学考察队. 黄土高原地区土壤侵蚀特征及其治理途
　　径[M]. 北京：中国科学技术出版社，1990.

中国科学院黄土高原综合科学考察队. 黄土高原地区城乡建设及繁荣农村经济
　　的途径[M]. 北京：中国经济出版社，1990.

中国科学院黄河中游水土保持综合考察队，中国科学院地质研究所. 黄河中游
　　第四纪地质调查报告[M]. 北京：科学出版社，1962.

中国科学院地理研究所. 黄河中游黄土区域沟道流域侵蚀地貌及其对水土保持
　　关系丛论[M]. 北京：科学出版社，1958.

中国植被编辑委员会. 中国植被[M]. 北京：科学出版社，1980.

朱士光. 黄土高原地区环境变迁及其治理[M]. 郑州：黄河水利出版社，1999.

2. 古籍

（1）刻本，影印本

全祖望. 鲒埼亭集外编[M]. 木刻影印本.

乾隆庆阳府志[M]. 清乾隆二十七年（1762 年）刻本石印本（原 42 卷，缺 11-42
　　卷），陕西师范大学图书馆藏.

道光赵城县志[M]. 据清道光七年（1828 年）刻本影印. 中国地方志集成·山西府
　　县志辑（第 52 册）[M]. 南京：凤凰出版社，2005.

陈子龙，等. 明经世文编（影印本）[M]. 北京：中华书局，1962.

（2）点校本，整理本

崔鸿. 十六国春秋[M]. 汤球辑. 广雅书局丛书本。

萧方，等. 三十国春秋[M]. 汤球辑. 广雅书局丛书本。

李泰，等. 括地志辑校[M]. 贺次君辑校. 北京：中华书局出版，1980.

李吉甫. 元和郡县图志[M]. 贺次君点校. 北京：中华书局，1983.

杜佑. 通典[M]. 王文锦，王永兴，刘俊文，等点校. 北京：中华书局，1988.

毕沅. 关中胜迹图志[M]. 张沛点校. 西安：三秦出版社，2004.

氾胜之. 氾胜之书辑释[M]. 万国鼎，辑释. 北京：中华书局，1957.

苏轼. 苏轼文集[M]. 孔凡礼，点校. 北京：中华书局，1986.

（3）地方志

乾隆合水县志[M]. 据清乾隆二十六年（1761 年）抄本影印，台北：成文出版社
　　有限公司，1970.

嘉靖陕西通志[M]. 西安：三秦出版社，2006.

雍正陕西通志[M]. 兰州：兰州古籍书店影印出版发行，1990.

顺治邠州志[M]. 北京：线装书局，2004.

民国邠州新志稿[M]. 民国十八年（1929 年）抄本影印。

清宁州志[M]. 兰州：兰州古籍书店影印出版发行，1990.

清山西通志[M]. 四库全书·史部（影印本）。

清甘肃通志[M]. 台北：商务印书馆，1983.

清甘肃全省新通志[M]. 清宣统元年（1909 年）刊本，陕西师范大学图书馆藏。

嘉靖庆阳府志[M]. 兰州：甘肃人民出版社，2001.

顺治庆阳府志[M]. 兰州：甘肃人民出版社，2001.

康熙长武县志[M]. 清康熙十六年（1677 年）刻本.

乾隆长武县志[M]. 据清嘉庆二十四年（1819 年）刻本传抄，陕西师范大学图书
　　馆，1981.

宣统长武县志[M]. 据清宣统二年（1910 年）刊本影印. 台北：成文出版社有限
　　公司，1969.

道光镇原县志[M]. 清道光二十六年（1846 年）刊本.

民国重修镇原县志[M]. 台北：成文出版社，1976.

（4）常用基本典籍

商鞅. 商君书校注[M]. 张觉，校注. 长沙：岳麓书社，2006.

司马迁. 史记[M]. 北京：中华书局，1959.

班固. 汉书[M]. 颜师古，注. 北京：中华书局，1962.

范晔. 后汉书[M]. 李贤，等注. 北京：中华书局，1985.

房玄龄，等. 晋书[M]. 北京：中华书局，1974.

魏收. 魏书[M]. 北京：中华书局，1974.

长孙无忌，等. 隋书[M]. 北京：中华书局，1973.

刘昫，等. 旧唐书[M]. 北京：中华书局，1975.

欧阳修，宋祁. 新唐书[M]. 北京：中华书局，1975.

李焘. 续资治通鉴长编[M]. 北京：中华书局，1979.

脱脱，等. 宋史[M]. 北京：中华书局，1985.

脱脱，等. 金史[M]. 北京：中华书局，1975.

宋濂，等. 元史[M]. 北京：中华书局，1976.

张廷玉，等. 明史[M]. 北京：中华书局，1974.

郦道元. 水经注[M]. 王先谦，校. 成都：巴蜀书社，1985.

王仲荦. 北周地理志[M]. 北京：中华书局，1980.

徐坚，等. 初学记[M]. 北京：中华书局，1962.

乐史. 太平寰宇记[M]. 四库全书本.

王存，等. 元丰九域志[M]. 四库全书本.

欧阳忞. 舆地广记[M]. 四库全书本.

潘自牧. 记纂渊海[M]. 四库全书本.

曾公亮，等. 武经总要[M]. 四库全书本.

李贤，等. 大明一统志[M]. 明天顺五年（1461）御制序刊本.

郑晓. 禹贡图说·序[M]. 文渊阁四库全书（电子版）.

胡广，等. 明实录[M]. 民国二十九年（1940 年）梁鸿志影印，据江苏国学馆图书馆传抄本影印，陕西师范大学图书馆藏.

嘉庆重修大清一统志[M]. 四库全书本.

王祯. 王祯农书[M]. 王毓瑚，校. 北京：农业出版社，1981.

沈括. 梦溪笔谈[M]. 侯真平，校点. 长沙：岳麓书社，2002.

贾思勰. 齐民要术. 四库全书本.

徐光启. 农政全书[M]. 陈焕良，罗文华，校注. 长沙：岳麓书社，2002.

胡玉冰. 西夏志略校证[M]. 兰州：甘肃文化出版社，1998.

张鉴. 西夏纪事本末[M]. 龚世俊，等校点. 兰州：甘肃文化出版社，1998.

3. 当代地方志

延安市地方志编纂委员会. 陕西省志·地理志[M]. 西安：西安出版社，2000.

咸阳市地方志编纂委员会. 咸阳市志[M]. 西安：陕西人民出版社，1996.

延安市地方志编纂委员会. 延安地区志[M]. 西安：西安出版社，2000.

靖边县地方志编纂委员会. 靖边县志[M]. 西安：陕西人民出版社，1993.

延川县志编辑委员会. 延川县志[M]. 西安：陕西人民出版社，1999.

镇原县志编辑委员会. 镇原县志[M]. 庆阳市天祥印务有限责任公司承印，1987.

《宁县志》编委会. 宁县志[M]. 兰州：甘肃人民出版社，1988.

《泰安范村史话》编委会. 泰安范村史话[M]. 西安：白云印务有限公司印制，2005.

《黄家庄史略》编辑组. 黄家庄史略[M]. 庆阳：《陇东报社》印刷厂，准印证号：甘新出 019 字总 685 号（2000）034 号。

二、连续出版物

蔡强国，刘纪根，刘前进. 岔巴沟流域次暴雨产沙统计模型[J]. 地理研究，

2004，23（4）.

曹银真. 黄土地区梁峁坡地的坡地特征与土壤侵蚀[J]. 地理研究，1983，2（3）.

陈连开. 关于中华文明起源研究中的几个问题[J]. 北方文物，1990（4）.

陈长琦，周群.《十六国春秋》散佚考略[J]. 学术研究，2005（7）.

陈传康. 形态比较法在自然地理学上的应用和这一应用的哲学意义[J]. 自然辩
　　证法研究通信，1957（1）.

陈传康. 陇东东南部黄土地形类型及其发育规律[J]. 地理学报，1956，22（3）.

陈浩. 黄土丘陵沟壑区流域系统侵蚀与产沙关系[J]. 地理学报，2000，55（3）.

陈浩，方海燕，蔡强国，等. 黄土丘陵沟壑区沟谷侵蚀演化的坡向差异——以晋
　　西王家沟小流域为例[J]. 资源科学，2006，28（5）.

陈浩，王开章. 黄河中游小流域坡沟侵蚀关系研究[J]. 地理研究，1999，18（4）.

陈浩，Y. Tsui，蔡强国，等. 沟道流域坡面与沟谷侵蚀演化关系——以晋西王家
　　沟小流域为例[J]. 地理研究，2004，23（3）.

陈加良，文焕然. 宁夏历史时期的森林及其变迁[J]. 宁夏大学学报（自然科学
　　版），1981（1）.

陈渭南. 毛乌素沙地全新世孢粉组合与气候变迁[J]. 中国历史地理论丛，1993
　　（1）.

陈先德，等. 跨世纪治理黄河大举措[J]. 黄河　黄土　黄种人，1993 年创刊号.

陈永宗. 掌握水土流失规律是实施水土保持的基础[J]. 中国水土保持，1981（6）.

陈永宗. 黄土高原沟道流域产沙过程的初步分析[J]. 地理研究，1983，2（1）.

陈永宗. 黄土高原的水土流失及其治理[J]. 水土保持通报，1981（1）.

陈智汉，等. 黄土高原地区山坡地雨洪径流优化集存技术——池窖联蓄系统研
　　究初报[J]. 水土保持研究，1998，5（4）.

崔友文. 黄河中游干草原和森林草原区的保土草种和造林树种问题[J]. 地理学
　　报，1957，23（1）.

戴英生. 从黄河中游古气候环境探讨黄土高原的水土流失问题[J]. 人民黄河，1980（4）.

戴应新. 大夏统万城址考古记[J]. 故宫学术季刊（台湾），1999，17（2）.

邓成龙，袁宝印. 末次间冰期以来黄河中游黄土高原沟谷侵蚀堆积过程初探[J]. 地理学报，2001，56（1）.

丁梦麟，等. 甘肃庆阳更新世晚期哺乳动物化石[J]. 古脊椎动物与古人类，1965，9（1）.

方正三. 关于黄土高原梯田的几个问题[J]. 中国水土保持，1985（8）.

冯应新，钱加绪. 甘肃省集水高效农业研究[J]. 西北农业学报，1999，8（3）.

傅伯杰，汪西林. DEM 在研究黄土丘陵沟壑区土壤侵蚀类型和过程中的应用[J]. 水土保持学报，1994，8（3）.

冯绳武. 民勤绿洲的水系变迁[J]. 地理学报，1963，29（3）.

甘枝茂，桑广书，甘锐，等. 晚全新世渭河西安段河道变迁与土壤侵蚀[J]. 水土保持学报，2002，16（2）.

高芸. 关于"以粮为纲"何时被写入政府文件的考证[J]. 中共党史研究，2008（2）.

葛全胜，等. 过去 2000 年中国东部冬半年温度变化[J]. 第四纪研究，2002，22（2）.

葛全胜，郑景云，满志敏，等. 过去 2000a 中国东部冬半年温度变化序列重建及初步分析[J]. 地学前缘，2002，9（1）.

耿占军. 清代渭河中下游河道平面摆动新探[J]. 唐都学刊，1995，11（1）.

龚高法，等. 历史时期我国气候带的变迁及生物分布界限的推移[C]//历史地理（第5辑）. 上海：上海人民出版社，1987.

龚时旸，蒋德麟. 黄河中游黄土丘陵区购到小流域的水土流失及治理[J]. 中国科学，1978（6）.

龚时旸，熊贵枢. 黄河泥沙来源和地区分布[J]. 人民黄河，1979（1）.

关恩威. 陕北盆地洛河流域西侧白水—甘泉沿线黄土地貌的初步考察[J]. 西北
　　大学学报，1958（2）.

郭文佳. 简论宋代的林业发展与保护[J]. 中国农史，2003（2）.

何汝昌. 甘肃环县楼房子晚更新世孢粉组[J]. 西北大学学报（自然科学版），1977
　　（1）.

何雨，贾铁飞. 黄土丘陵区与黄土源区地貌发育规律对比及与水土流失的关系——
　　以米脂、洛川为例[J]. 内蒙古师大学报（自然科学汉文版），1997（3）.

侯建才，李占斌，崔灵周. 黄土高原典型流域次降雨径流侵蚀产沙规律研究[J].
　　西北农林科技大学学报（自然科学版），2008，36（3）.

侯仁之. 从人类活动的遗迹探索宁夏河东沙区的变迁[J]. 科学通报，1964（3）.

侯仁之. 从红柳河上的古城废墟看毛乌素沙漠的变迁[J]. 文物，1973（1）.

侯甬坚. 红河哈尼梯田形成史调查和推测[J]. 南开学报（哲学社会科学版），2007
　　（3）.

黄秉维. 关于西北黄土高原土壤侵蚀因素的问题[J]. 科学通报，1954（6）.

黄秉维. 陕甘黄土区域土壤侵蚀的因素和方式[J]. 地理学报，1953，19（2）.

黄盛璋. 论黄河河源问题[J]. 地理学报，1955，21（3）.

黄盛璋. 再论黄河河源问题[J]. 地理学报，1956，22（1）.

谭其骧. 西汉以前的黄河下游河道[J]. 历史地理，1981年创刊号.

谭其骧. 何以黄河在东汉以后会出现一个长期安流的局面[J]. 学术月刊，1962
　　（2）.

江忠善，宋文经，李秀英. 黄土地区天然降雨雨滴特性研究[J]. 中国水土保持，
　　1983（3）.

江忠善，刘志. 降雨因素和坡度对溅蚀影响的研究[J]. 水土保持学报，1989（2）.

焦恩泽，张翠萍. 历史时期潼关高程演变分析[J]. 西北水电，1994（4）.

焦恩泽，张翠萍. 潼关河床高程演变规律研究[J]. 泥沙研究，1996（3）.

金德生，张欧阳，陈浩，等. 侵蚀基准面下降对水系发育与产沙影响的实验研究[J]. 地理研究，2003，22（5）.

景可，陈永宗. 黄土高原侵蚀环境与侵蚀速率的初步研究[J]. 地理研究，1983，2（2）.

居阅时. 帝王陵墓建筑的文化解释[J]. 同济大学学报（社会科学版），2004，15（5）.

李令福. 从汉唐渭河三桥的位置来看西安附近渭河的侧蚀[J]. 中国历史地理论丛，1999（增刊）.

李孝地. 黄土高原不同坡向土壤侵蚀分析[J]. 中国水土保持，1988（8）.

梁勤. 论唐代河陇地区经济的发展[J]. 陕西师大学报（哲学社会科学版），1982（4）.

梁四宝. 明代"九边"屯田引起的水土流失问题[J]. 山西大学学报（哲学社会科学版），1992（3）.

林超，李昌文. 阴阳坡在山地地理研究中的意义[J]. 地理学报，1985，40（1）.

刘东生. 新黄土和老黄土[J]. 中国地质，1959（5）.

刘东生，等. 黄河中游山西陕西一带黄土的初步观察[J]. 中国第四纪研究，1958，1（1）.

刘东生，张宗祜. 中国的黄土[J]. 地质学报，1962（1）.

刘尔铭. 黄河中游降水特征的初步分析[J]. 水土保持通报，1982（1）.

刘国旭. 试从气候和人类活动看黄河问题[J]. 地理学与国土研究，2002，18（3）.

刘禹，马利民，蔡秋芳，等. 采用树轮稳定碳同位素重建贺兰山1890年以来夏季（6—8月）气温[J]. 中国科学（D辑），2002，32（8）.

刘志，江忠善. 雨滴打击作用对黄土结皮影响的研究[J]. 水土保持通报，1988（1）.

刘壮壮，樊志民. 文明肇始：黄河流域农业的率先发展与文明先行[J]. 中国农
　　史，2015（2）.

刘忠义. 关中地区梯田的形成[J]. 中国水土保持，1992（1）.

罗来兴. 划分晋西、陕北、陇东黄土区域沟间地与沟谷地的地貌类型[J]. 地理学
　　报，1956，22（3）.

吕厚远，刘东生，郭正堂. 黄土高原地质、历史时期古植被研究状况[J]. 科学通
　　报，2003，48（1）.

毛延寿. 梯田史料[J]. 中国水土保持，1986（1）.

牟金泽，高懿堂. 无定河与永定河流域拦沙措施及减沙效益对比[J]. 人民黄河，
　　1985（3）.

牟金泽，孟庆枚. 论流域产沙量计算中的泥沙输移比[J]. 泥沙研究，1982（2）.

牟金泽，孟庆枚. 陕北部分中小流域输沙量计算[J]. 人民黄河，1983（4）.

牟永抗，吴汝柞. 水稻，蚕丝和玉器——中华文明起源的若干问题[J]. 考古，1993
　　（6）.

钱宁. 泥沙运动力学的发展与前瞻[J]. 力学进展，1979（4）.

钱宁，万兆惠，钱义颖. 黄河的高含沙水流问题[J]. 科学通报，1979（8）.

钱宁，张仁，李九发，等. 黄河下游挟沙能力自动调整机理的初步探讨[J]. 地理
　　学报，1981，36（2）.

冉大川，刘斌，罗全华，等. 泾河流域水沙变化水文分析[J]. 人民黄河，2002，
　　23（2）.

任伯平. 关于黄河在东汉以后长期安流的原因[J]. 学术月刊，1962（9）.

任怀国. 试论崔鸿的史学贡献——兼论《十六国春秋》的价值[J]. 潍坊学院学报，
　　2002，2（5）.

任振球. 公元前 2000 年左右发生的一次自然灾害异常期[J]. 大自然探索，1984
　　（4）.

任振球. 中国近五千年来气候的异常期及其天文成因[J]. 农业考古，1986（1）.

任振球，李致森. 行星运动对气候变迁的影响[J]. 科学通报，1980（11）.

宋保平. 论历史时期黄河中游壶口瀑布的逆源侵蚀问题[J]. 西北史地，1999（1）.

宋乃平. 西夏兴衰史中的地理环境[J]. 宁夏大学学报（社会科学版），1997，19
（2）.

甘肃省博物馆. 甘肃环县刘家岔旧石器时代遗址[J]. 考古学报，1982（1）.

桑广书. 新技术革命对地理学发展的影响[J]. 陕西师范大学继续教育学报，
2002，19（1）.

桑广书. 黄土高原历史时期植被变化[J]. 干旱区资源与环境，2005，19（4）.

桑广书，甘枝茂，岳大鹏. 历史时期周原地貌演变与土壤侵蚀[J]. 山地学报，
2002，20（6）.

桑广书，甘枝茂，岳大鹏. 元代以来黄土塬区沟谷发育与土壤侵蚀[J]. 干旱区地
理，2003，26（4）.

桑广书，甘枝茂，岳大鹏. 元代以来洛川塬区沟谷发育速度和土壤侵蚀强度研
究[J]. 中国历史地理论丛，2002（2）.

史念海. 论《禹贡》的导河和春秋战国时期的黄河[J]. 陕西师范大学学报，1978
（1）.

史念海. 周原的变迁[J]. 陕西师范大学学报（哲学社会科学版），1976（2）.

史念海. 周原的历史地理及周原考古[J]. 西北大学学报（哲学社会科学版），1978
（2）.

史念海. 黄河中游森林的变迁及其经验教训[J]. 红旗杂志，1981（5）.

史念海. 论两周时期黄河流域的地理特征[J]. 陕西师大学报（哲学社会科学版），
1978（3）.

史念海. 历史时期黄土高原沟壑的演变[J]. 中国历史地理论丛，1987（2）.

史式. 关于中华文明起源问题之管见[J]. 浙江社会科学，1994（5）.

苏秉琦，殷玮璋. 关于考古学文化的区系类型问题[J]. 文物，1981（5）.

孙周秦，宋进喜. 从大地湾遗址看中华文明的起源[J]. 天水师范学院学报，2008，28（4）.

汤国安，杨勤科，张勇，等. 不同比例尺 DEM 提取地面坡度的精度研究[J]. 水土保持通报，2001，21（1）.

唐克丽，席适勤，等. 杏子河流域坡耕地的水土流失及其防治[J]. 水土保持通报，1983，3（5）.

唐少卿，等. 历史时期甘肃黄土高原自然条件变化的若干问题[J]. 兰州大学学报（社会科学版），1984（1）.

汪丽娜，穆兴民，高鹏，等. 黄土丘陵区产流输沙量对地貌因子的响应[J]. 水利学报，2005，36（8）.

王乃昂. 历史时期甘肃黄土高原的环境变迁[C]//历史地理（第8辑），上海：上海人民出版社，1990.

王乃昂，赵强，胡刚，等. 近 2 ka 河西走廊及毗邻地区沙漠化过程的气候与人文背景[J]. 中国沙漠，2003，23（1）.

王尚义，任世芳. 两汉黄河水患与河口龙门间土地利用之关系[J]. 中国农史，2003（3）.

王守春. 黄河下游 1566 年后和 1875 年后决溢时空变化研究[J]. 人民黄河，1994（8）.

王兴奎，钱宁，胡维德. 黄土丘陵沟壑区高含沙水流的形成及汇流过程[J]. 水利学报，1982（7）.

王勇，等. 旱原地膜冬小麦集雨节水灌溉研究[J]. 干旱地区农业研究，1997，15（3）.

王元林. 历史时期黄土高原腹地塬面变化[J]. 中国历史地理论丛，2001（增刊）.

王涌泉. 黄河自古多泥沙[J]. 地名知识，1982（2）.

王铮. 历史气候变化对中国社会发展的影响——兼论人地关系[J]. 地理学报，1996，51（4）.

文焕然，何业恒. 历史时期"三北"防护林区的森林[J]. 河南师大学报，1980（1）.

文焕然，何业恒. 中国森林资源分布的历史概况[J]. 资源科学，1979（2）.

吴以敩，张胜利. 略论黄河流域水土保持的基本概念[J]. 人民黄河，1981（6）.

夏鼐. 碳-14 测定年代和中国史前考古学[J]. 考古，1977（4）.

夏军，乔云峰，宋献方，等. 岔巴沟流域不同下垫面对降雨径流关系影响规律分析[J]. 资源科学，2007，29（1）.

鲜肖威. 历史时期甘肃黄土高原的环境变迁[J]. 甘肃社会科学，1982（2）.

谢骏义. 甘肃东北部早更新世黄土地层及其哺乳动物群[J]. 地层学杂志，1985，9（2）.

邢宝宿. 甘肃省雨水资源化利用与旱地农业发展[J]. 中国水土保持，1997（9）.

许建民. 黄土高原浅沟发育主要影响因素及其防治措施研究[J]. 水土保持学报，2008，22（4）.

许炯心，孙季. 黄河下游 2300 年以来沉积速率的变化[J]. 地理学报，2003，58（2）.

严宝文，王涛，马耀光. 黄土高原水蚀沟谷发育阶段研究[J]. 人民黄河，2004，26（6）.

严文明. 黄河流域文明的发祥与发展[J]. 华夏考古，1997（1）.

严文明. 中国文明起源的探索[J]. 中原文物，1996（1）.

阎顺，孔昭宸，杨振京. 东天山北麓 2000 多年以来的森林线与环境变化[J]. 地理科学，2003，23（6）.

阎文光. 梯田沟恤史考[J]. 水土保持科技信息，1989（12）.

姚云峰，王礼先. 我国梯田的形成与发展[J]. 中国水土保持，1991（6）.

喻权刚. 陕北黄土丘陵区土壤侵蚀遥感研究[J]. 土壤侵蚀与水土保持学报, 1997, 11（3）.

袁宝印, 巴特尔, 崔久旭. 黄土区沟谷发育与气候变化的关系（以洛川黄土塬区为例）[J]. 地理学报, 1987, 42（4）.

张宝信, 安芷生. 黄土高原地区森林与黄土厚度的关系[J]. 水土保持通报, 1994, 14（6）.

章典, 詹志勇, 林初升, 等. 气候变化与中国的战争、社会动乱和朝代变迁[J]. 科学通报, 2004, 49（23）.

张德二. 我国历史时期以来降尘的天气气候学初步分析[J]. 中国科学（B 辑）, 1984（3）.

张德二. 历史时期"雨土"现象剖析[J]. 科学通报, 1984（24）.

张科利. 浅沟发育对土壤侵蚀作用的研究[J]. 中国水土保持, 1991（1）.

张汉雄, 等. 黄土高原的暴雨特性及分布规律[J]. 水土保持通报, 1982（1）.

张丕远, 王铮, 刘啸雷, 等. 中国近两千年来气候演变的阶段性[J]. 中国科学（B 辑）, 1994, 24（9）.

张荣祖, 张洁, 王宗祎. 青甘地区哺乳动物地理区划问题[J]. 动物学报, 1964, 16（2）.

张允锋, 赵学娟, 赵迁远, 等. 近 2000a 中国重大历史事件与气候变化的关系[J]. 气象研究与应用, 2008, 29（1）.

张宗祜. 西北陇东地区黄土形成问题[J]. 中国第四纪研究, 1958, 1（1）.

张宗祜. 中国黄土高原中几个剖面的岩性、地层分析[J]. 海洋地质与第四纪地质, 1983（3）.

赵景波, 杜娟, 黄春长. 黄土高原侵蚀期研究[J]. 中国沙漠, 2002, 22（3）.

赵淑贞, 任伯平. 关于黄河在东汉以后长期安流问题的研究[J]. 人民黄河, 1997（8）.

赵淑贞,任世芳,任伯平. 试论公元前500年至公元534年间黄河下游洪患[J]. 人民黄河,2001,23（3）.

赵文礼. 黄河流域的梯田[J]. 中国水土保持,1983（2）.

竺可桢. 中国近五千年气候变迁的初步研究[J]. 考古学报,1972（1）.

竺可桢. 中国近500年气候变迁的初步研究[J]. 中国科学,1973（3）.

朱莲青. 关于西北黄土高原水土流失原因的认识[J]. 科学通报,1954（6）.

朱士光,张利铭. 绿化黄土高原是治理黄河之本[J]. 中国林业,1980（8）.

朱士光. 内蒙古城川地区湖泊的古今变迁及其与农垦之关系[J]. 农业考古,1982（1）.

朱士光. 西汉关中地区生态环境特征与都城长安相互影响之关系[J]. 陕西师范大学学报（哲学社会科学版）,2000,29（3）.

朱士光. 汉唐长安城兴衰对黄土高原地区社会经济环境的影响[J]. 陕西师范大学学报（哲学社会科学版）,1998,27（1）.

朱显谟,任美锷. 中国黄土高原的形成过程与整治对策[J]. 中国历史地理论丛,1991（4）.

朱照宇,周厚云,谢久兵,等. 黄上高原全新世以来土壤侵蚀强度的定量分析初探[J]. 水土保持学报,2003,17（1）.

朱震达. 应用数量方法来研究黄土丘陵区的侵蚀地貌——以陕西绥德县韭园沟高舍巢寘"建设"高级农业合作社为例[J]. 地理学报,1958,24（3）.

朱志诚. 秦岭以北黄土区植被的演变[J]. 西北大学学报（自然科学版）,1981（4）.

三、未刊文献

1. 学位论文，会议论文

高博文. 搞好水土保持是实现黄土高原农业现代化和根治黄河的基础[C]//西北

地区农业现代化学书讨论会论文选集（第六卷）. 兰州：西北地区农业现代化学术讨论会，1980.

梁家勉. 中国梯田考[C]//华南农学院第二次科学讨论会论文汇刊. 广州：华南农学院出版社，1956.

罗来兴，朱震达. 编制黄土高原水土流失与水土保持图的说明与体会[C]//中国地理学会.1965 年地貌专业学术讨论会论. 北京：科学出版社，1965.

罗来兴. 陇东西峰南小河沟流域的地貌[C]//黄河中游黄土区域沟道流域侵蚀地貌及其对水土保持关系论丛. 北京：科学出版社，1958.

陆中臣，袁宝印，厉强. 黄土高原流域环境治理前景[C]//黄土高原地区自然环境及其演变. 北京：科学出版社，1991.

谭其骧. 《山经》河水下游及其支流考[C]//中华文史论丛（第七辑）. 上海：上海古籍出版社，1978.

王克鲁，等. 陕北陇东泾、洛河流域第四纪地质调查报告[C]//黄河中游第四纪地质调查报告. 北京：科学出版社，1962.

王守春. 古代黄土高原植被的地域分异及其变迁[C]//黄河流域环境演变与水沙运行规律研究文集（第三集）. 北京：地质出版社，1992.

谢志仁. 2000 年来百年尺度海面波动及其影响的征兆[C]//张兰生. 中国生存环境历史演变规律研究（一）. 北京：海洋出版社，1993.

张维邦. 黄土高原生态环境的历史变迁[C]//张维邦. 黄土高原治理研究——黄土高原环境问题与定位实验研究. 北京：科学出版社，1992.

周昆叔. 初论我国黄土的古气候[C]//第三届全国第四纪学术会议论文集. 北京：科学出版社，1982.

张多勇. 泾河中上游汉安定郡属县城址及其变迁研究（硕士论文）. 兰州：西北师范大学，2007.

2. 手稿、档案文献

关于划分农村阶级成分的决定[A]. 1950-06-30.

农村粮食统购统销定量供应暂行办法[A]. 1955-08.

市镇粮食定量供应暂行办法[A]. 1955-08.

中华人民共和国户口登记条例[A]. 1958.

中共中央转发农业部党组《关于全国农业工作会议的报告》[A]. 1960-03.

中国共产党第八届中央委员会第十次全体会议通过. 农村人民公社工作条例修正草案[A]. 1962-09-27.

方雨松. 庆阳地区：水资源调查评价及水利水保区划成果[Z]. 内部资料，2003.

黄河水利委员会西峰水土保持科学试验站. 水土保持试验研究成果汇编（1952—1980，第一集）[Z]. 内部资料，1982.

黄河水利委员会西峰水土保持科学试验站. 水土保持试验研究成果汇编（1981—1985，第二集）[Z]. 内部资料，1986.

黄土高原沟壑区塬面土壤侵蚀课题研究组. 南小河沟流域降雨特性分析及其设计暴雨的推求[Z]. 内部资料，黄委会西峰水土保持科学试验站，陕西机械学院水利水电科研所，1985.

黄委会西峰水土保持科学试验站. 黄河水土保持生态工程——泾河流域砚瓦川项目区可行性研究报告[Z]. 内部资料，2006.

李红雄. 陇东古城调查与保护[Z]. 庆阳：庆阳市瑜华印务有限责任公司，甘准字 019 号总 1226 号（2007）027 号，2007.

庆阳市水土保持局. 中国黄土高原甘肃省董志塬保护项目立项建议书[Z]. 2008.

庆阳地区行政公署发展计划处，环保处. 庆阳地区生态环境保护规划（2001—2015 年）[Z]. 内部资料.

庆阳地区行政公署土地管理处. 庆阳地区土地管理志[Z]. 内部资料，2001.

宁县文物概况一览表[Z].

宋尚智. 南小河沟流域水土流失规律及综合治理效益分析（手稿）[Z]. 1962.

镇原县文物概况一览表[Z].

四、外文文献

1．专著、译著

Pumpelly R. Geological Researches in China Mongolia and Japan During the Years 1862—1865. Smithson Contribution to Knowledge，1866，15.

R. P. C. Morgan Soil Erosion Richard Clay 1978.

Obrutschew, B. A. 黄土问题[M]. 乐涛, 刘东生, 等译. 北京：科学出版社，1958.

О.К. Леонтьев Г.И. Рычаговг. 普通地貌学[M]. 朱新美，译，李世玢，校. 北京：人民教育出版社，1982.

费迪南德·冯·李希霍芬. 李希霍芬中国旅行日记（全 2 册）[M]. 北京：商务印书馆，2016.

马可·波罗. 马可·波罗游记[M]. 梁生智，译. 北京：中国文史出版社，1998.

马可·波罗. 马可·波罗行纪[M]. 冯承钧，译. 上海：上海书店出版社，2001.

Will Critchley. 径流集蓄[M]. 孙振玉，等译. 北京：中国农业科技出版社，1996.

2．期刊

Glew J R，Ford D C. A Simulation Study of the Development of Rillenkarren[J]. Earth Surface Processes，1980，5（1）.

Richthofen F V. On the Mode of Origin of the Loess[J]. Geol. 1882，Mag.9.

Renard G R，Foster G R，Weesies G A，et al. RUSLE Revised Universal Soil Loss Equation[J]. Journal of Soil and Water Conservation，1991，46（1）.

Obrutschew V A. Orographish und Geologischen Umerisz Der Central Mongolei Ordes[J]. Oest Kansu und Nord Shensi，1894，30.

Obrutschew V A. Das Lossland des Nordwesterns China[J]. Geog，1895，1.

Renard K G，Foster G R ，Weesies G A，et al. RUSLE Revised Universal Soil Loss Equation[J]. Journal of Soil and Water Conservation，1991（1）.

Fester G R，Lene L J. User Requirements USDA-water Erosion Prediction Project （WEPP）[R]. NSEAL Report No.1. West Lafayette，1987.

Marqués M A，Mora E. The Influence of Aspect on Runoff and Soil Loss in a Mediterranean Burnt Forest（Spain）[J]. Catena，1992，19（3-4）.

Berjak M，Fincham R，Liggit B，et al. Temporal and Spatial Dimensions of Gully Erosion in Northern Natal South Africa [J].Proceedings of the Symposium of ISPRS，1986，26（4）.

Alexvan Breda W. The Distribution of Soil Erosion as a Function of Slope Aspect and Parent Material in Ciskei South Africa[J]. Geo Journal，1991，23（1）.

Churchill RR. Aspect-induced Differences in Hillslope Processes [J]. Earth Surface Processes and Landforms，1982，7（2）.

Famiglietti J S，Rudnicki J W，Rodell M . Variability in Surface Moisture Content Along a Hillslope Transect：Rattlesnake Hill Texas[J]. Journal of Hydrology （Amsterdam），1998，210（1-4）.

Western A，Blöschl G，Bloschl G. On the Spatial Scaling of Soil Moisture[J]. Journal of Hydrology，1999，217（3-4）.

Hack J T，Goodlett J C. Geomorphology and Forest Ecology of a Mountain Region in the Central Appalachians[J]. United States Geological Survey Professional Paper，1960.

Beaty C B. Asymmetry of Stream Patterns and Topography in the Bitterroot Range Montana[J]. Journal of Geology，1962，70.

附　录

附表 1　董志塬塬面面积统计表①

塬面块数	项目区总面积/hm²	合计		西峰区			宁县			庆城县			合水县		
		塬面面积/hm²	占项目面积/%	项目区面积/hm²	塬面面积/hm²	占项目面积/%	项目区面积/hm²	塬面面积/hm²	占项目面积/%	项目区面积/hm²	塬面面积/hm²	占项目面积/%	项目区面积/hm²	塬面面积/hm²	占项目面积/%
合计	276 550	96 008	34.72	98 990	48 489	49.0	62 191	26 508	42.6	101 156	16 875	16.7	14 214	4 136	29.1
1		94 625	34.22	98 990	48 489		62 191	26 508		101 156	15 547	15.4	14 214	4 081	28.7
2		582	0.21								582	0.58			
3		151	0.05								151	0.15			

①附表 1 和附表 2 是甘肃省庆阳市水保局与中科院地理所岳天祥研究员课题组历时数月的最新统计成果。

塬面块数	合计			西峰区			宁县			庆城县			合水县		
	项目区总面积/hm²	塬面面积/hm²	占项目面积/%	项目区面积/hm²	塬面面积/hm²	占项目面积/%	项目区面积/hm²	塬面面积/hm²	占项目面积/%	项目区面积/hm²	塬面面积/hm²	占项目面积/%	项目区面积/hm²	塬面面积/hm²	占项目面积/%
4		139	0.05								139	0.14			
5		129	0.05								129	0.13			
6		100	0.04								100	0.10			
7		87	0.03								87	0.09			
8		61	0.02								61	0.06			
9		39	0.01								39	0.04			
10		39	0.01								39	0.04			
11		55	0.02											55	0.39

说明：面积是以塬边线为准统计的。项目区是指"泾水之北、马莲河以西、蒲河以东"的区域，包括坡地和沟谷。

附表 2　董志塬沟道等级统计表

河流名称	沟道等级	合计		等级(0.5~1km)	长度/km	等级(1~3km)	长度/km	等级(3~5km)	长度/km	等级(5~10km)	长度/km	等级>10km	长度/km
		条数	长度/km										
	合计	3 249	4 587	1 869	1 345	1 147	1 784	148	572	63	434	22	451
河流	一级沟道	373	1 116	113	83	166	283	46	185	33	228	15	337
	二级沟道	1 349	1 872	742	539	509	804	68	256	23	160	7	115
	三级沟道	1 100	1 211	697	499	366	549	30	118	7	46	0	0
	四级沟道	371	342	274	197	93	132	4	13	0	0	0	0
	五级沟道	56	46	43	29	13	16	0	0	0	0	0	0
泾河	泾河小计	74	131	25	18	37	57	7	26	5	30	0	0
	一级沟道	41	91	6	4	25	39	6	23	4	24		0
	二级沟道	29	37	16	11	11	17	1	3	1	5		0
	三级沟道	4	3	3	2	1	1		0		0		0
	四级沟道	0	0		0		0		0		0		0
	五级沟道	0	0		0		0		0		0		0

河流名称	沟道等级	合计		等级(0.5~1 km)	长度/km	等级(1~3 km)	长度/km	等级(3~5 km)	长度/km	等级(5~10 km)	长度/km	等级>10 km	长度/km
		条数	长度/km										
马莲河	马莲河小计	2 037	2 846	1 190	862	713	1 098	86	333	34	241	14	314
	一级沟道	176	524	65	47	74	125	19	75	11	78	7	199
	二级沟道	725	1 097	376	277	288	443	38	145	16	117	7	115
	三级沟道	768	884	482	346	254	393	25	99	7	46	0	0
	四级沟道	314	297	226	163	84	121	4	13	0	0	0	0
	五级沟道	54	44	41	28	13	16	0	0	0	0	0	0
蒲河	蒲河小计	704	1 029	398	285	249	404	36	146	15	95	6	99
	一级沟道	93	338	16	12	42	78	17	71	12	78	6	99
	二级沟道	389	467	238	169	133	221	15	59	3	17	0	0
	三级沟道	186	194	115	83	67	96	4	15	0	0	0	0
	四级沟道	35	29	28	20	7	9	0	0	0	0	0	0
	五级沟道	1	1	1	1	0	0	0	0	0	0	0	0
蔡家庙沟	小计	336	462	192	136	121	185	15	52	6	49	2	39
	一级沟道	43	121	16	11	19	31	3	11	3	29	2	39
	二级沟道	158	218	82	59	62	101	11	37	3	21	0	0
	三级沟道	117	109	78	55	38	50	1	4	0	0	0	0
	四级沟道	17	12	15	10	2	2	0	0	0	0	0	0
	五级沟道	1	1	1	1	0	0	0	0	0	0	0	0

河流名称	沟道等级	合计		等级（0.5~1 km）	长度/km	等级（1~3 km）	长度/km	等级（3~5 km）	长度/km	等级（5~10 km）	长度/km	等级＞10 km	长度/km
		条数	长度/km										
小黑河	小黑河小计	58	73	38	26	15	20	3	12	2	14	0	0
	一级沟道	7	24	1	1	3	4	1	5	2	14		0
	二级沟道	33	35	23	16	8	11	2	7		0		0
	三级沟道	16	12	12	7	4	5		0		0		0
	四级沟道	2	2	2	2				0		0		0
	五级沟道	0	0		0		0		0		0		0
小黑河支沟	小黑河支沟小计	40	47	26	19	12	19	1	3	1	5	0	0
	一级沟道	13	18	9	7	3	6		0	1	5		0
	二级沟道	15	19	7	6	7	10	1	3		0		0
	三级沟道	9	9	7	5	2	4		0		0		0
	四级沟道	3	2	3	2		0		0		0		0
	五级沟道	0	0		0		0		0		0		0

说明：一级沟道就是和董志塬周围的泾河、马莲河、蒲河、大黑河、小黑河、蔡家庙沟等河流直接相连的沟道，二级沟道是和一级沟道直接相连的沟道，三级沟道是和二级沟道直接相连的沟道，依此类推。

致　谢

本书是在博士论文的基础上修改完成的，书中大部分数据、引用文献都是 2009 年以前的。此次修改参考了部分新文献，以及少量新数据。

感谢导师侯甬坚教授给了我从事科学研究的机会，让我在陕西师范大学西北环发中心度过了平生最快乐、最充实的三年。当先生以他独有的眼光和胸襟接纳了这个四十岁"高龄"的学生并给予耐心指导时，这本书才有了面世机会。

本书得以面世，还与很多师友的帮助分不开。复旦大学历史地貌学家张修桂先生、西北农林科技大学土壤侵蚀专家李靖先生、中科院水保所土壤侵蚀专家田均良先生、中科院水保所研究员刘文兆先生、陕西师范大学数学与信息科学学院教授曹怀信先生、黄委会西峰水土保持科学试验站老站长宋尚智先生等的指导和帮助，使我受益良多。特别是刘文兆先生，之所以能多次参与水保所相关课题研究并让本书得以出版，离不开先生的指导和帮助，他是我的另外一位导师。谨向几位先生致以衷心的感谢！

野外考察工作，得到陇东学院张多勇教授、庆阳市博物馆的李红雄馆长、镇原县博物馆姚志峰馆长、华池县文化馆杨立刚、环县文化局杨涛局长，以及泾川县博物馆、西峰博物馆、庆城县博物馆、长武县博物馆、宁县博物馆许多考古专家和学者的大力协助。资料收集工作得到庆阳市林业局已故的李红瑞科长，庆阳市水保局冯强副局长，秦同华记者，庆阳市不动产登记事务中心刘自立主任，平凉市原国土资源局路畅调研员，崇信县原国土资源局的晏局长，西北师范大学地理环境学院张勃教授，黄委会西峰技术监督局赵安成副局长、李怀有主任、白文瑗主任等的大力协助。借此书面世之机，向他们表示衷心的感谢。

　　还要感谢我的家人。此书能有机会出版，也离不开他们的帮助。60多岁的七叔、二弟姚文钊、三弟姚文瑞在我身后默默地分担了许多担子，甚至在研究工作上也提供了力所能及的帮助；妻子刘亚宁用她瘦弱的肩膀扛起了全家的生活重担，替我照顾年迈的父母和未成年的女儿。年迈的父母，是我最大的精神依托，是他们在忍饥挨饿的时代，坚持让我成为小山村里最早接受大学教育的人，每当懈怠的时候，想起他们的教导和坚持，才能度过许多艰难时光。

　　本书的研究和野外考察工作还得到国家重点研发计划课题（No.2016YFC0501602）的大力支持与帮助，谨在此致以诚挚的感谢。

　　谨以此书向各位师长、亲友致以最真挚的感谢！

姚文波
2019年11月15日

"中国区域环境变迁研究丛书"已出版图书书目

1. 林人共生：彝族森林文化及变迁

2. 清代黄河"志桩"水位记录与数据应用研究

3. 陕北黄土高原的环境（1644—1949年）

4. 矿业·经济·生态：历史时期金沙江云南段环境变迁研究

5. 历史时期董志塬地貌演变过程及其成因

图版 3-1　文化层剖面

图版 3-2　新石器时期石斧

图版 3-3　先周时期贝壳币

图版 3-4　两汉时期的五铢钱、货泉币

（a） （b）

图版 3-5 战国秦汉时期建筑残件

图版 3-6 战国秦汉时期灰陶棺

（a） （b）

图版 3-7 战国秦汉时期金属器物

图版 3-8　灰砖佛龛

图版 3-9　魏晋南北朝时期陶罐

（a）

（b）

图版 3-10　庙头嘴古城遗址瓦陶碎片

图版 3-11　甘肃省庆阳市西峰区彭原乡李家寺行政村附近出土的窖藏青铜器

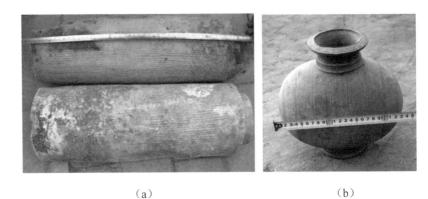

（a） （b）

图版 3-12　枣嘴沟北岸胡同中出土的汉代筒瓦和陶罐

（a） （b）

图版 3-13　彭原行政村南庄组唐彭原县城城墙

说明：（a）为西北城墙的一部分，（b）为东南城墙的一部分。（a）中的断崖，是切入城内地面的沟谷的西南侧的一部分。图上看见的灰色部分，是一处填满灰烬的墓穴。苜蓿地外侧明显低于别处地面，当是西北城墙外的护城壕。城墙上的窑洞，部分是后期民居。（b）最左侧的城墙较高处为古城东南角，紧邻湫沟，经 GPS 手持机定位，位于北纬 35°47′12.2″，东经 107°38′29.9″处。城墙下的这块农田，应是护城壕所在，其中的一段已成沟壑。

| （a） | （b） | （c） |

图版 3-14　彭原行政村南庄组唐宋彭原县城城内地面的粗布纹瓦块和地层剖面

图版 3-15　彭原行政村南庄组前头嘴的红色条带与黄土层

图版 3-16　驿马西沟形态

说明：图中人所站的位置，距离驿马关古城墙西南角大约 10 m。驿马西沟从沟底箭头处折向西南，其上口宽度和深度近年来进一步增加。

（a）　　　　　　　　　　　　　　　（b）

图版 3-17　驿马西沟沟底侵蚀情况

说明：（a）所摄的沟底景象，位于（b）西南方向约 20 m 处，此处沟底的侵蚀情况在（b）中表现得更明显。因（b）所显示的沟谷位于左图沟谷上游，其上口宽度小，沟底光线暗，无法拍摄到更好的沟底照片；实地考察所看到的沟底 4～5 m 深的狭窄沟道两侧基本都是直立的峭壁，部分沟段还出现反坡向沟道。

图版 3-18　驿马中学东墙外北胡同沟西岸景观

说明：数十年来由于北胡同沟的侧向侵蚀、沟坡扩展，这里原有的公路已完全被沟谷所占据。图上有人的地面是原来的公路路面，比驿马中学所在地面低 3 ~ 5 m，为典型的胡同道路。

图版 3-19　驿马镇东、北胡同沟西岸废弃的农家庄院

说明：这是 1960 年大滑坡南侧，滑坡的影响不是十分严重，但沟谷侧蚀造成的崩塌和滑塌使该农户院子不足 3 m 宽。从此处往北直至驿马中学，滑坡对上下两层窑洞住宅造成了严重毁坏。

图版 3-20　驿马镇北胡同沟西岸大滑坡后残存的上层窑洞顶部

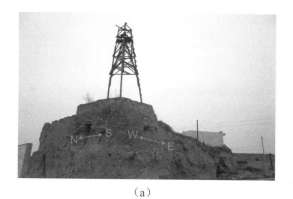

（a）

（b）

图版 3-21　驿马关西南角残存城墙

图版 4-1　早胜镇三维视图

图版 4-2　官草沟及其西岸的 G211 国道

图版 4-3　宁县中村乡政平村（唐定平县）东北凝寿寺塔及官草沟沟口

（a）　　　　　　　　　　（b）

图版 4-4　方家沟沟口 1 号和 2 号墓出土陶器

图版 4-5　方家沟沟口 5 号墓

图版 4-6　镇原县南川乡方家沟赫连勃勃墓碑

图版 4-7　镇原县南川乡方家沟庙台子古庙遗址瓦砾

图版 4-8　方家沟流域全景

（a）　　　　　　　　　　　　　　　（b）

图版 6-1　形成在现代侵蚀沟边缘上的滑坡及堰塞湖景观（甘肃省平凉市崇信
县锦屏镇梁坡村牛哚嘴社）

说明：此处原为一个凸出的山嘴（a），上部为黄土，厚约 70 m，下部为第三纪质
地疏松的红色页岩，厚约 80 m。滑坡主要发生在黄土层，但滑坡体也造成了下部凸出的
页岩岩嘴发生崩塌。滑坡体厚约 40 m、宽约 80 m，后壁高 7～20 m，体积约 10 万 m³。
滑坡体下方沟底形成了两个小堰塞湖，两座坝体均高约 5 m，其中较大的一个已蓄水，
水体面积约 30 m²（b）。

(a)　　　　　　　　　　　　　(b)

图版 6-2　贺石沟崩塌和滑塌景观（甘肃省庆阳市镇原县新城乡新城行政村西
　　　　　庄自然村）

　　说明：（a）中箭头所指豁口原来为一连接的土梁，地震造成此处崩塌。其豁口宽
5~10 m、厚 2~4 m、高 12 m 左右，体积约 240 m³。（b）中小型滑塌也是"5·12"
地震造成的，滑塌壁大约宽 20 m、高 15 m，滑塌体厚 1~2 m，体积 300~400 m³。

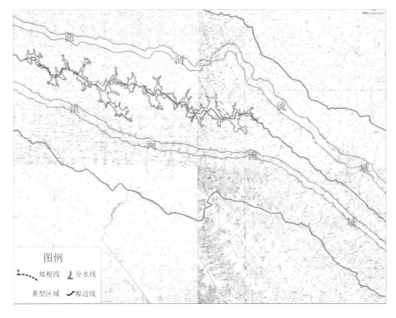

图版 6-3　茹河与洪河分水线之间阴阳坡面积比较

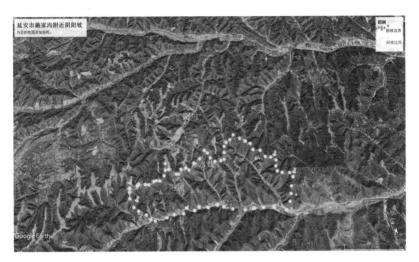

图版 6-4　陕西省延安市安塞区施家沟附近阴阳坡位置

图版 6-5　山西省吕梁市离石区王家沟流域

(a)　　　　　　　　　　(b)

(c)　　　　　　　　　　(d)

图版 6-6　2003 年 10 月 28 日暴雨后陕西省长武县王东沟发生的沟坡地表泻
　　　　溜（刘文兆 摄）

　　说明：陕西省长武县王东沟位于陇东高原南部，多年平均降水量 580 mm。2003
年是有气象记录以来降水量最大的一年，达到了 965.3 mm。其中 7 月 153.9 mm、8
月 312 mm、9 月 142.9 mm、10 月 114.6 mm，都超过了 100 mm。照片是 2003 年
10 月 28 日暴雨后拍摄。

图版 7-1　茹河南岸二级阶地面上的胡同、道路

图版 7-2　镇原县安家塔山公路附近的水蚀沟（局部）

图版 7-3　废弃的窑洞与侵蚀沟（镇原县南川乡方家沟）

图版 7-4　董志塬随处可见的村庄、胡同与沟谷相关实例

图版 7-5　董志塬村镇附近沿道路发育的 V 型沟